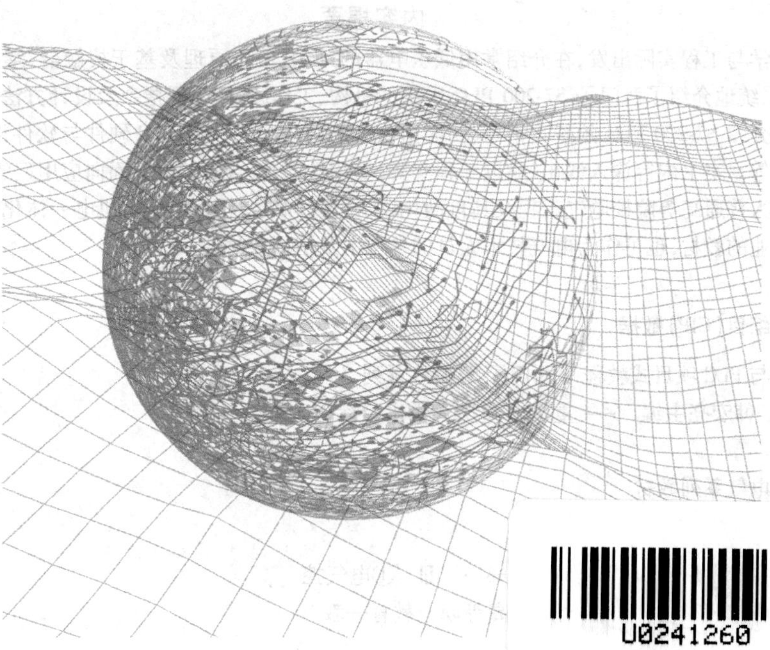

电气控制与PLC项目式教程

（西门子S7-200系列）

主　编　陈经文　胡　瑞　韩宏亮
副主编　曾曲洋　鲍海锋　王兴芳

重庆大学出版社

内容提要

本书从教学与工程实际出发，在介绍常用低压电器的结构、工作原理及基于接触器、继电器的控制系统设计基础上，系统地介绍了西门子 S7-200 PLC 系统的机构、工作原理、编程指令及设计方法。本书结合大量应用实例详细介绍 S7-200 PLC 的基本指令、功能指令等的用法和 S7-200 PLC 硬件与软件设计、PLC 控制系统的应用设计等。本书内容深入浅出、贴近工程实际、实用性强，符合高校教育面向应用型的发展要求。

本书可作为普通高等院校电气工程及其自动化、机械设计制造及其自动化、机电一体化等相关专业及高职高专相关专业的教材，也可作为电气技术人员的参考书及培训教材。

图书在版编目(CIP)数据

电气控制与 PLC 项目式教程：西门子 S7-200 系列 / 陈经文，胡瑞，韩宏亮主编. -- 重庆：重庆大学出版社，2022.8

高职高专电气系列教材

ISBN 978-7-5689-3502-9

Ⅰ. ①电… Ⅱ. ①陈… ②胡… ③韩… Ⅲ. ①电气控制—高等职业教育—教材 ②PLC 技术—高等职业教育—教材 Ⅳ. ①TM571.2 ②TM571.6

中国版本图书馆 CIP 数据核字(2022)第 142252 号

电气控制与 PLC 项目式教程(西门子 S7-200 系列)

DIANQI KONGZHI YU PLC XIANGMU SHI JIAOCHENG(XIMENZI S7-200 XILIE)

主 编 陈经文 胡 瑞 韩宏亮

副主编 曾曲洋 鲍海锋 王兴芳

策划编辑：范 琪

责任编辑：姜 凤 版式设计：范 琪

责任校对：谢 芳 责任印制：张 策

*

重庆大学出版社出版发行

出版人：饶帮华

社址：重庆市沙坪坝区大学城西路 21 号

邮编：401331

电话：(023) 88617190 88617185(中小学)

传真：(023) 88617186 88617166

网址：http://www.cqup.com.cn

邮箱：fxk@cqup.com.cn（营销中心）

全国新华书店经销

重庆俊蒲印务有限公司印刷

*

开本：787mm×1092mm 1/16 印张：12.75 字数：313 千

2022 年 8 月第 1 版 2022 年 8 月第 1 次印刷

ISBN 978-7-5689-3502-9 定价：59.00 元

前 言

在生产过程、科学研究和其他产业领域中,电气控制技术的应用十分广泛。在机械设备控制中,电气控制比其他控制方法使用得更为普遍。随着科学技术的发展,特别是大规模集成电路的问世和微处理机技术的应用,出现了可编程序控制器(Programmable Logic Controller,PLC),它不仅可以取代传统的继电接触器控制系统,还可以进行复杂的过程控制和构成分布式自动化系统,使电气控制技术进入了一个崭新的阶段。目前 PLC 在我国的应用相当广泛,尤其是小型 PLC,采用类似继电器逻辑的过程操作语言,使用十分方便,备受电气工程技术人员的青睐,因此,了解和学习这些重要的技术对机电类和电气类专业的高职高专学生来说是必不可少的。

在本书的编写过程中,我们始终坚持高职教育应以培养技能型应用人才为目标,因此,在简明扼要地介绍基本理论和基础技能的同时,重点突出了实践性环节,主要体现在大量增加的应用性实例的编程,从工程实际出发,由易到难,循序渐进,使读者在简单的实际应用中领悟西门子 S7-200 PLC 系列编程的技巧和方法,感悟实践渗透理论带来认知的快捷与方便,通过学习、实践,逐步进入一般工程应用的组织、规划、设计、调试和运行等领域。

本书以任务驱动为导向,各模块从项目实际入手,深入浅出。内容上可分为 4 个部分:项目一主要介绍了常用低压电器及其控制电路,项目二主要介绍了西门子 S7-200 CPU 22X 系列 PLC 的基本构成、内部元器件、基本指令及应用举例,项目三主要介绍了西门子S7-200 CPU 22X 系列 PLC 步进顺控指令及应用,项目四主要介绍了西门子 S7-200 CPU 22X 系列 PLC 功能指令及应用举例、实际应用系统的设计方法等。

本书由三峡电力职业学院陈经文、胡瑞、韩宏亮担任主编,曾曲洋、鲍海锋、王兴芳担任副主编。书中部分项目的编写参考了相关资料,在此表示衷心的感谢。

限于编者水平有限,书中疏漏、错误之处在所难免,恳请读者批评指正。

编 者

2021 年 11 月

目 录

绪 论

1）电气控制技术的发展概况

电气控制技术是随着科学技术的不断发展和生产工艺不断提出新的要求而得到飞速发展。从最早的手动控制发展到自动控制，从简单的控制设备发展到复杂的控制系统，从有触点的硬接线继电器控制系统发展到以微处理器或计算机为中心的网络化自动控制系统。随着新电器元件的不断出现和计算机技术的发展，电气控制技术也在持续发展。现代电气控制技术正是综合应用了计算机、自动控制、电子技术、精密测量等许多先进的科学技术成果而迅速发展起来的，并向着集成化、智能化、信息化、网络化的方向发展。

低压电器是现代工业过程自动化的重要元器件，是组成电气成套设备的基础配套器件，是低压用电系统和控制系统安全运行的基础和保障。而继电接触器控制系统则主要由继电器、接触器、按钮、行程开关等组成，其控制方式是断续的，所以又称为断续控制系统。这种系统具有结构简单、价格低廉、维护容易、抗干扰能力强等优点，至今仍是机床和其他许多机械设备广泛采用的基本电气控制形式，也是学习更先进电气控制系统的基础。这种控制系统的缺点是采用固定接线方式，灵活性差，工作频率低，触点易损坏，可靠性差。

电气控制系统的执行机构包括电机拖动部分、液压与气压传动部分。电机拖动已由最早的采用成组拖动方式→单独拖动方式→生产机械的不同运动部件分别由不同电机拖动的多电动机拖动方式，发展成今天无论是自动化功能，还是生产安全性方面都相当完善的电气自动化系统。

液压传动与控制是现代工程机械的基础技术，因其在功率质量比、无级调速、自动控制、过载保护等方面的独特技术优势，已成为国民经济中多行业、多类机械装备实现传动与控制的重要技术手段。

从20世纪30年代开始，机械加工企业为了提高生产效率，采用机械化流水作业的生产方式，对不同类型的零件分别组成自动生产线。随着产品机型的更新换代，生产线承担的加工对象也随之改变，这就需要改变控制程序，使生产线的机械设备按新的工艺过程运行，而继电接触器控制系统采用固定接线很难适应这一要求。大型自动生产线的控制系统使用的继电器数量有很多，这种有触点的电器工作频率较低，在频繁动作情况下寿命较短，从而造成系统故障，使生产线的运行可靠性降低。为了解决这一问题，20世纪60年代初，利用电子技术研制出矩阵式顺序控制器和晶体管逻辑控制系统来代替继电接触器控制系统，对复杂的自动控制系统则采用电子计算机控制,由于这些控制装置本身存在某些不足,均未能获得广泛应用。1968 年,美国最大的汽车制造商——通用汽车公司为适应汽车型号不断更新,提出把计算机的完备功能以及灵活性、通用性好等优点和继电接触器控制系统的简单易懂、操作方便、价格低廉等优点结合起来,做成一种能适应工业环境的通用控制装置,并把编程方法和程序输入方式加以简化,使不熟悉计算机的人员也能很快掌握其使用技术。根据这一设想,美国数字设备公司(Digtial Equipment Corporation,DEC)于 1969 年率先研制出第一台可编程控制器(简称“PLC”),在通用汽车公司的自动装配线上试用获得成功。从此以后,许多国家的著名厂商竞相研制,各自形成系列且品种更新快,功能不断增强,从最初的逻辑控制为主发展到能进行模拟量控制,具有数据运算、数据处理和通信联网等多种功能。PLC 的另一个突出优点是可靠性高,无故障运行时间平均可达 10 万 h 以上,可以大大减少设备维修费用和停产造成的经济损失。当前 PLC 已成为电气自动控制系统中应用最为广泛的核心装置之一,在工业自动控制领域占有十分重要的地位。

2)本课程的性质与任务

本课程是一门实用性很强的专业课,主要内容是以电动机或其他执行电器为控制对象,介绍继电接触器控制系统和 PLC 控制系统的工作原理、典型机械的电气控制线路以及 PLC 控制系统的设计方法。当前 PLC 控制系统应用十分普遍,已成为实现工业自动化的主要手段,是教学的重点所在。但是,一方面,根据我国目前情况,继电接触器控制系统仍然是机械设备较常用的电气控制方式,而且低压电器正在向小型化、智能化发展,出现了功能多样的电子式电器,使继电接触器控制系统性能不断提高,因此,它在今后的电气控制技术中仍然占有相当重要的地位;另一方面,PLC 是计算机技术与继电接触器控制技术相结合的产物,而且 PLC 的输入、输出仍与低压电器密切相关,因此,掌握继电接触器控制技术也是学习和掌握 PLC 应用技术所必需的基础。

本课程的目标是培养学生的实际应用能力,具体要求如下:

①熟悉常用控制电器的结构原理、用途,具有合理选择、使用主要控制电器的能力。

②熟练掌握继电接触器控制线路的基本环节,具有阅读和分析电气控制线路的工作原理的能力。

③熟悉典型设备的电气控制系统,具有从事电气设备安装、调试、维修和管理等知识。

④掌握 PLC 的基本结构和工作原理,能够根据工艺过程和控制要求进行简单的 PLC 控制系统的硬件设计和安装调试。

⑤熟悉 PLC 的内部元器件的结构与功能,掌握 PLC 的指令系统与编程应用,提高 PLC 控制系统程序的设计能力与技巧,增强实际控制系统的设计与调试能力。

⑥了解 PLC 的网络和通信原理。

项目一

基于传统电气控制的三相异步电动机常用控制电路的安装与调试

任务一　三相异步电动机点动控制电路的安装与调试

【内容提要】

本任务主要通过学习刀开关、熔断器、按钮开关、接触器、低压断路器等低压电器的用途、基本结构、工作原理及主要参数和图形符号，完成三相异步电动机点动控制电路的安装与调试。

三相异步电动机点动控制

【学习要求】

①掌握常用低压电器的工作原理、图形符号及用途。

②了解各低压电器的技术参数，以便正确选取电器元件。

③随着电器技术的不断发展，为提高系统的可靠性，应根据实际控制要求尽量选用合适的电器元件。

【任务导入】

作为电气控制中常见的传动设备，三相异步电动机的手动控制电路如图 1.1 所示。其电路结构简单，但不适合频繁操作，操作劳动强度大且不能进行远距离自动控制。应怎样实现三相异步电动机的自动控制？

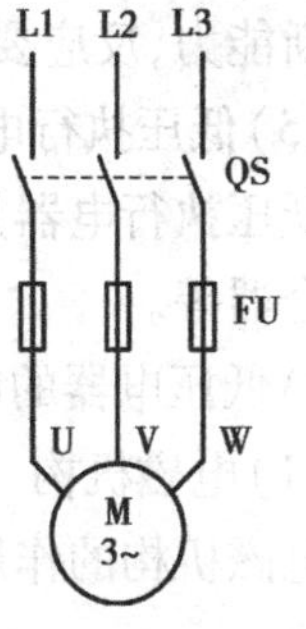

▲图 1.1　三相异步电动机的手动控制电路

【知识链接】

在完成具体电路控制前，让我们先来了解与之相关的基础知识链接。

学习情境 1：了解低压电器的基础知识

电器是根据外界特定的信号和要求，自动或手动接通和断开电路，断续或连续地改变电路参数，实现对电路或非电路对象的切换、控制、保护、检测、变换和调节的电气设备。

电器的种类繁多，构造各异。根据其工作电压的高低，电器可分为高压电器和低压电器两种。工作在交流额定电压 1 200 V 及以下，直流额定电压 1 500 V 及以下的电器称为低压电器。

常用低压电器

1）常用低压电器分类

由于低压电器的功能、品种和规格的多样化，工作原理也各不同，因而有不同的分类方法。根据低压电器与使用系统之间的关系，习惯上按用途可分为以下几类。

（1）低压配电电器

低压配电电器主要用于低压供电系统。这类低压电器有刀开关、自动开关、隔离开关、转换开关以及熔断器等。对这类电器的主要技术要求是分断能力强，限流效果好，动稳定及热稳定性能好。

（2）低压控制电器

低压控制电器主要用于电力拖动控制系统。这类低压电器有接触器、继电器、控制器等。对这类电器的主要技术要求有一定的通断能力，操作频率高，电器和机械寿命长。

（3）低压主令电器

低压主令电器是主要用于发送控制指令的电器。这类电器有按钮、主令开关、行程开关和万能开关等。对这类电器的主要技术要求是操作频率较高，抗冲击，电气和机械寿命较长。

（4）低压保护电器

低压保护电器是主要用于对电路和电气设备进行安全保护的电器。这类低压电器有熔断器、热继电器、电压继电器、电流继电器和避雷器等。对这类电器的主要技术要求要有一定的通断能力，反应要灵敏，可靠性要高。

（5）低压执行电器

低压执行电器是主要用于执行某种动作和传动功能的电器。这类低压电器有电磁铁、电磁离合器等。

2）低压电器的电磁机构和执行机构

（1）电磁机构

电磁机构的作用是将电磁能转换为机械能并带动触点的闭合或断开，完成通断电路的控制作用。

电磁机构由吸引线圈、铁芯和衔铁组成，其结构形式按衔铁的运动方式可分为直动式和拍合式，图 1.2 和图 1.3 分别是直动式和拍合式电磁机构的常用结构形式。图中，吸引线圈的作用是将电能转换为磁能，即产生磁通，衔铁在电磁吸力作用下产生机械位移使铁芯吸合。通入直流电的线圈称为直流线圈，通入交流电的线圈称为交流线圈。

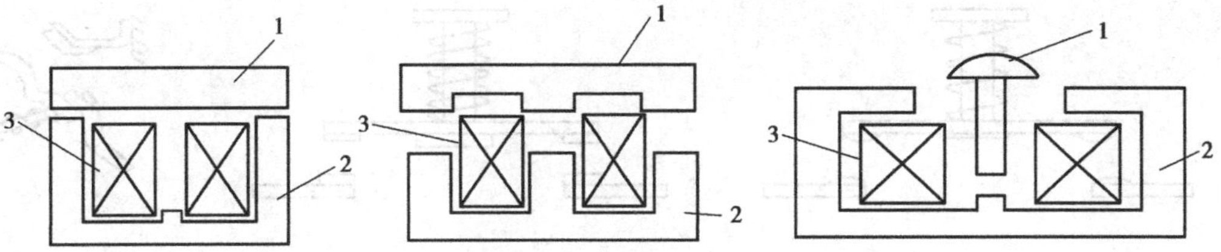

▲图 1.2　直动式电磁机构

1—衔铁;2—铁芯;3—吸引线圈

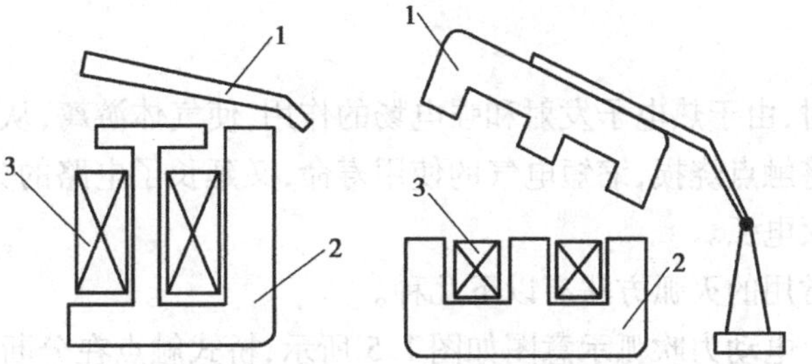

▲图 1.3　拍合式电磁机构

1—衔铁;2—铁芯;3—吸引线圈

对于直流线圈而言,铁芯不发热,只是线圈发热,因此,线圈与铁芯接触以利散热。将线圈做成无骨架、高而薄的瘦高型,以改善线圈自身散热。铁芯和衔铁由软钢或工程纯铁制成。

对于交流线圈而言,除线圈发热外,由于铁芯中有涡流和磁滞损耗,铁芯也会发热。为了改善线圈和铁芯的散热情况,在铁芯与线圈之间留有散热间隙,并且把线圈做成有骨架的矮胖型。铁芯用硅钢片叠成,以减小涡流。当线圈通过工作电流时产生足够的磁动势,从而在磁路中形成磁通,使衔铁获得足够的电磁力,克服反作用力而吸合。在交流电流产生的交变磁场中,为避免因磁通过零点造成衔铁的抖动,需在交流电器铁芯的端部开槽,嵌入一铜短路环,使环内感应电流产生的磁通与环外磁通不同时过零,使电磁吸力总是大于弹簧的反作用力,因而可以消除铁芯的抖动。

另外,线圈根据在电路中的连接方式可分为串联线圈(即电流线圈)和并联线圈(即电压线圈)。串联(电流)线圈串接在线路中,流过的电流大,为减小对电路的影响,线圈的导线粗,匝数少,线圈的阻抗较小。并联(电压)线圈并联在线路上,为减小分流作用,降低对原电路的影响,需要较大的阻抗,因此线圈的导线细且匝数多。

(2)触点系统

触点的作用是接通或分断电路,因此,要求触点具有良好的接触性能和导电性能。电流容量较小的电器,其触点通常采用银质材料。这是因为银质触点具有较低和较稳定的接触电阻,其氧化膜电阻率与纯银相似,可以避免触点表面氧化膜电阻率增加而造成接触不良。

触点结构有桥式和指形两种,如图 1.4 所示为触点结构形式。

桥式触点又分为点接触式和面接触式。点接触式适用于电流不大且触点压力小的场合,面接触式适用于大电流的场合。指形触点在接通与分断时产生滚动摩擦,可以去掉氧化膜,故其触点可以用紫铜制造,它适合于触点分合次数多、电流大的场合。

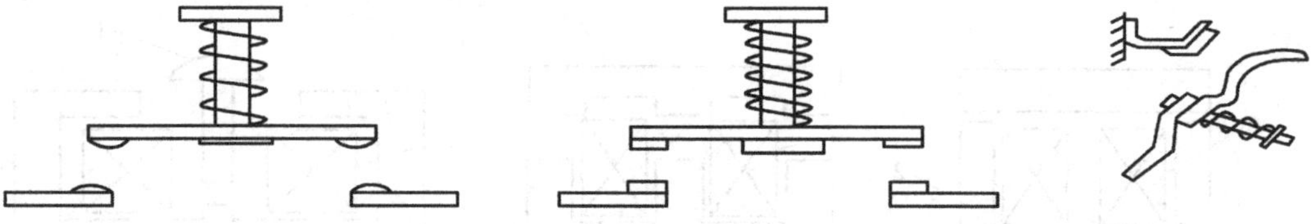

(a)桥式触点(点接触)　　(b)桥式触点(面接触)　　(c)指形触点

▲图1.4　触点结构形式

(3)灭弧系统

触点分断电路时,由于热电子发射和强电场的作用,使气体游离,从而在分断瞬间产生电弧。电弧的高温能将触点烧损,缩短电气的使用寿命,又延长了电路的分断时间。因此,应采用适当措施迅速熄灭电弧。

低压控制电器常用的灭弧方法有以下几种。

①电动力吹弧。电动力吹弧示意图如图1.5所示,桥式触点在分断时本身具有电动力吹弧功能,不用任何附加装置便可使电弧迅速熄灭。这种灭弧方法多用于小容量交流接触器中。

②磁吹灭弧。在触点电路中串入吹弧线圈,如图1.6所示,该线圈产生的磁场由导磁夹板引向触点周围,其方向由右手定则确定(如图中“×”所示),触点间的电弧所产生的磁场,其方向为“⊗”“⊙”所示。这两个磁场在电弧下方方向相同(叠加),在弧柱上方方向相反(相减),因此,弧柱下方的磁场强于上方的磁场。在下方磁场作用下,电弧受力的方向为力 $\boldsymbol{F}$ 所指的方向,在力 $\boldsymbol{F}$ 的作用下,电弧被吹离触点,经引弧角引进灭弧罩而熄灭。

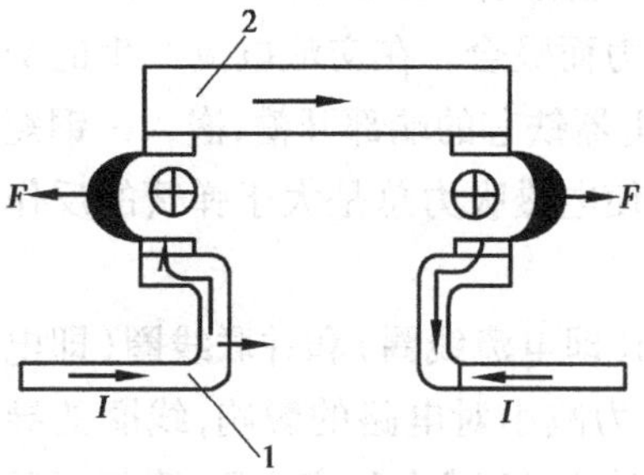

▲图1.5　电动力吹弧示意图

1—静触点;2—动触点

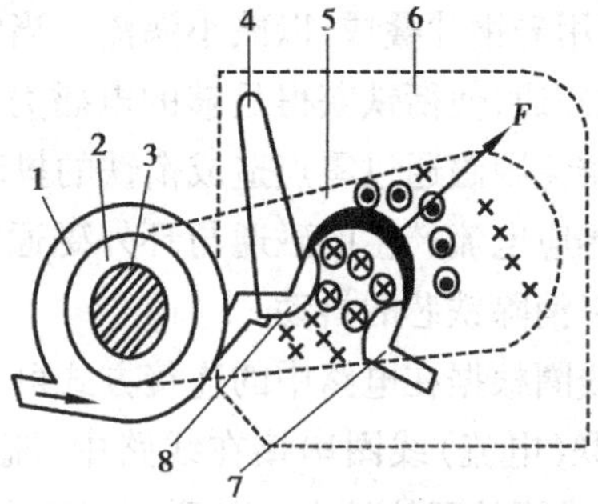

▲图1.6　磁吹灭弧示意图

1—磁吹线圈;2—绝缘套;3—铁芯;4—引弧角;5—导磁夹板;6—灭弧罩;7—动触点;8—静触点

③栅片灭弧。栅片灭弧是一组薄铜片,它们彼此之间相互绝缘,如图1.7所示。当电弧进入栅片被分割成一段段串联的短弧,而栅片就是这些短弧的电极。每两片电弧之间都有150~250 V的绝缘强度,使整个灭弧栅的绝缘强度大大加强,以致外电压无法维持,电弧迅速熄灭。由于栅片灭弧效应在交流时要比直流强得多,因此交流电器常常采用栅片灭弧。

学习情境 2：认识刀开关

刀开关是一种手动配电电器，主要用来手动接通或断开交、直流电路，通常只作为隔离开关使用，也可用于不频繁地接通与分断额定电流以下的负载，如小容量电动机、电阻炉等。

刀开关按极数可分为单极、双极和三极，其结构主要由操作手柄、触刀、触点座和底座组成。依靠手动来实现触刀插入触点座与脱离触点座的控制。

刀开关安装时，手柄要向上，不得倒装或平装，避免由重力自由下落而引起误动作和合闸。接线时电源线接上端，负载线接下端。刀开关文字符号为 QS，图形符号如图 1.8 所示。

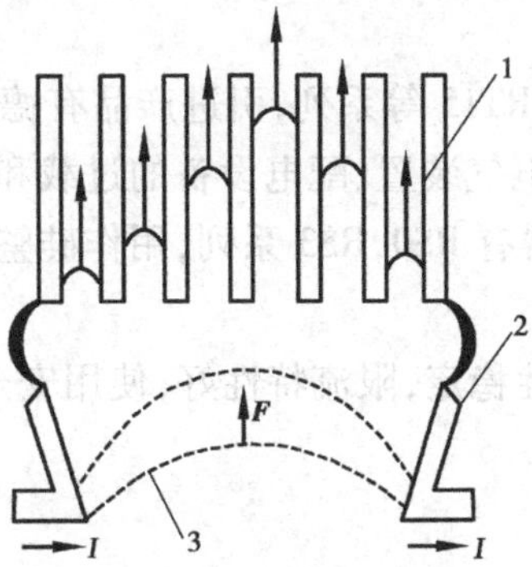

▲图 1.7　栅片灭弧示意图

1—灭弧栅片；2—触点；3—电弧

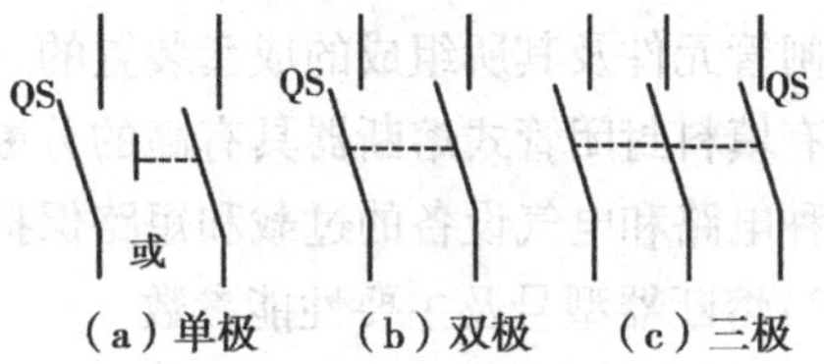

▲图 1.8　刀开关图形符号

学习情境 3：认识熔断器

熔断器是低压电路和电动机控制线路中主要用作短路保护的电器，使用时串联在被保护的电路中。当电路发生短路故障，通过熔断器的电流达到或超过某一规定值时，以其自身产生的热量使熔体熔断，从而自动分断电路起保护作用。熔断器具有结构简单，价格便宜，动作可靠，使用维护方便等优点，因此得到广泛应用。

熔断器的分类及功能

熔断器的工作原理

熔断器的结构

1）熔断器的分类

熔断器种类繁多，常用的有以下几种。

（1）插入式熔断器（无填料式）

插入式熔断器常用的有 RC1A 系列，主要用于低压分支路及中小容量的控制系统的短路保护，也可用于民用照明电路的短路保护。

RC1A 系列结构简单，它由瓷盖、底座、触点、熔丝等组成，其价格低，熔体更换方便，但其分断能力低。

（2）螺旋式熔断器

螺旋式熔断器有 RL1，RL2，RL6，RL7 等系列，其中 RL6 和 RL7 系列熔断器分别取代 RL1 和 RL2 系列，常用于配电线路及机床控制线路中作短路保护。螺旋式快速熔断器有 RLS2 等系列，常用作半导体元器件的保护。

螺旋式熔断器由瓷底座、熔管、瓷帽等组成。瓷管内装有熔体，并装满石英砂,将熔管置入底座内,旋紧瓷帽就可以接通电路。瓷帽顶部有玻璃圆孔,其内部有熔断指示器,当熔体熔断时,指示器跳出。螺旋式熔断器具有较高的分断能力,限流性好,有明显的熔断指示,可以不使用工具就能安全更换熔体,在机床中被广泛采用。

(3)无填料封闭管式熔断器

常用的无填料封闭管式熔断器有 RM1,RM10 等系列,主要用于低压配电线路的过载和短路保护。

无填料封闭管式熔断器分断能力较低,限流特性较差,适合于线路容量不大的电网中,其最大的优点是熔体便于拆换。

(4)有填料封闭管式熔断器

常用的有填料封闭管式熔断器有 RT0,RT12,RT14,RT15 等系列,引进产品有德国 AEG 公司的 NT 系列。有填料封闭管式熔断器主要作为工业电气装置、配电设备的过载和短路保护,也可配套用于熔断器组合电器中。有填料快速熔断器有 RS0,RS3 系列,用作硅整流元件和晶闸管元件及其所组成的成套装置的过载和短路保护。

有填料封闭管式熔断器具有高的分断能力,保护特性稳定,限流特性好,使用安全,可用于各种电路和电气设备的过载和短路保护。

2)熔断器型号及主要性能参数

(1)熔断器型号的含义

熔断器型号的含义如下所示。

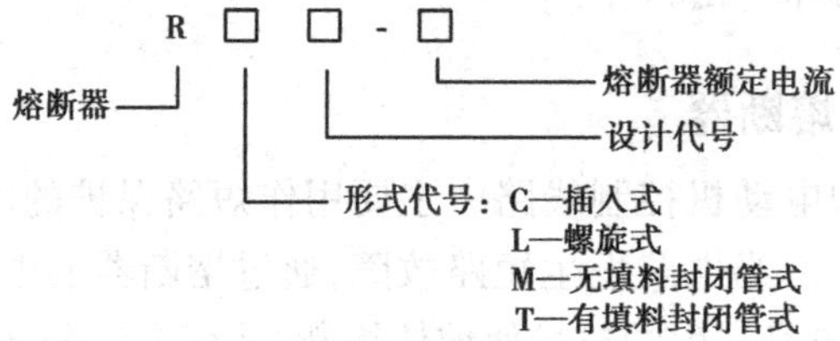

(2)主要性能参数

①额定电压:保证熔断器能长期正常工作的电压。

②额定电流:保证熔断器能长期正常工作的电流。它是由熔断器各部分长期工作时允许温升决定的,与熔体的额定电流是两个不同的概念。熔体的额定电流是指在规定的工作条件下,长时间通过熔体而熔体不熔断时的最大电流值。通常一个额定电流等级的熔断器可以配用若干个额定电流等级的熔体,但熔体的额定电流不能大于熔断器的额定电流值。

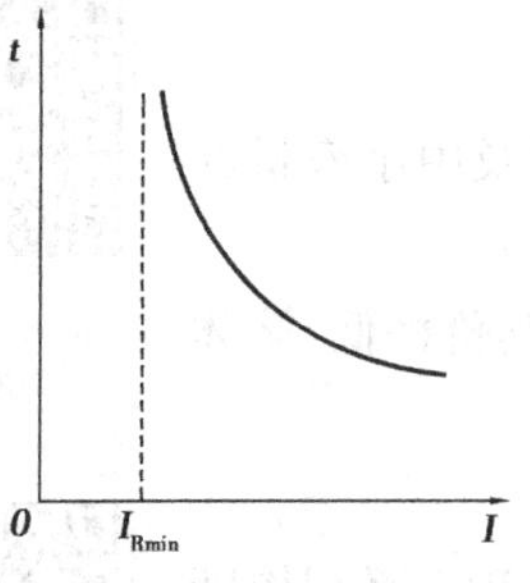

▲图 1.9 熔断器的时间-电流特性

③极限分断电流:熔断器在额定电压下所能断开的最大短路电流。

④时间-电流特性:在规定的工作条件下,表征流过熔体的电流与熔体熔断时间关系的函数曲线,也称为保护特性或熔断特性,如图 1.9 所示。

学习情境4：认识按钮开关

按钮开关

按钮是一种手动且可以自动复位的主令电器，其结构简单，使用广泛，在控制电路中用于手动发出控制信号以控制接触器、继电器等。

按钮由按钮帽、复位弹簧、桥式触点和外壳等组成。触点额定电流 5 A 以下，其结构如图 1.10 所示，图形符号及文字符号如图 1.11 所示。

按钮按用途和结构不同，可分为启动按钮、停止按钮和复合按钮等。

启动按钮带有常开触点，手指按下按钮帽，常开触点闭合；手指松开，常开触点复位。启动按钮的按钮帽一般采用绿色。停止按钮带有常闭触点，手指按下按钮帽，常闭触点断开；手指松开，常闭触点复位。停止按钮的按钮帽一般采用红色。复合按钮带有常开触点和常闭触点，手指按下按钮帽，常闭触点先断开，常开触点后闭合；手指松开时，常开触点先复位，常闭触点后复位。

控制按钮可做成单式（一个按钮）、复式（两个按钮）和三联式（有三个按钮）的形式。为便于识别各个按钮的作用，避免误操作，通常将按钮帽做成不同颜色以示区别，其颜色有红、绿、黄、蓝、白、黑等。

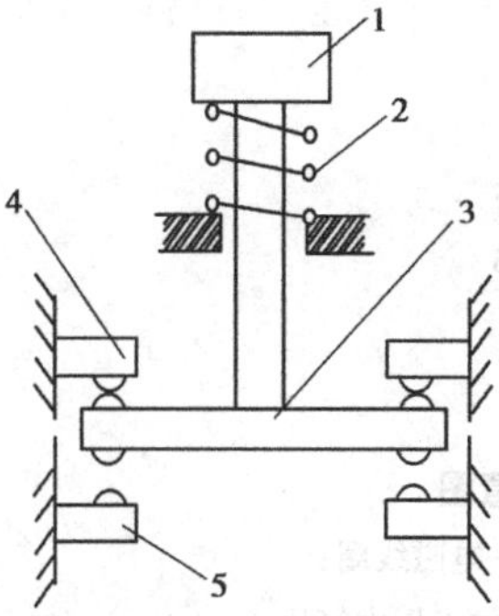

▲图 1.10　控制按钮结构示意图

1—按钮帽；2—复位弹簧；3—动触点；4—常闭触点；5—常开触点

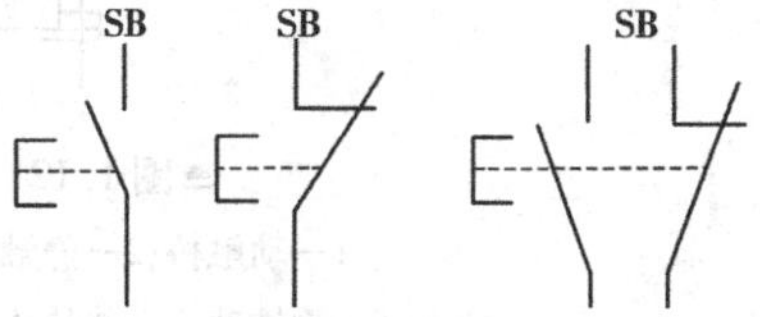

▲图 1.11　控制按钮的图形符号和文字符号

学习情境5：认识接触器

交流接触器的介绍

交流接触器的功能

接触器是一种自动电磁式电器，适用于远距离频繁接通或断开交直流主电路及大容量控制电路。其主要控制对象是电动机，也可用于控制其他负载，如电焊机、电容器、电阻炉等。它不仅能实现远距离自动操作和欠电压释放保护及零电压保护功能，而且控制容量大、工作可靠、操作频率高、使用寿命长。常用的接触器分为交流接触器和直流接触器两大类。

1）接触器结构及工作原理

图 1.12 为 CJ20 交流接触器结构示意图，交流接触器由以下 4 个部分组成。

（1）电磁机构

电磁机构由电磁线圈、铁芯和衔铁组成，其功能是操作触点的闭合和断开。

(2)触点系统

触点系统包括主触点和辅助触点。主触点用在通断电流较大的主电路中,一般由三对常开触点组成,体积较大。辅助触点用在通断小电流的控制电路,体积较小,它有"常开"和"常闭"触点("常开""常闭"是指电磁系统未通电动作前触点的状态)。常开触点(又称为动合触点)是指线圈未通电时,其动、静触点处于断开状态,当线圈通电后就闭合。常闭触点(又称为动断触点)是指在线圈未通电时,其动、静触点处于闭合状态,当线圈通电后,则断开。

线圈通电时,常闭触点先断开,常开触点后闭合;线圈断电时,常开触点先复位(断开),常闭触点后复位(闭合),其中间存在一个很短的时间间隔。分析电路时,应注意这个时间间隔。

(3)灭弧系统

容量在10 A以上的接触器都有灭弧装置,常采用纵缝灭弧罩和栅片灭弧结构。

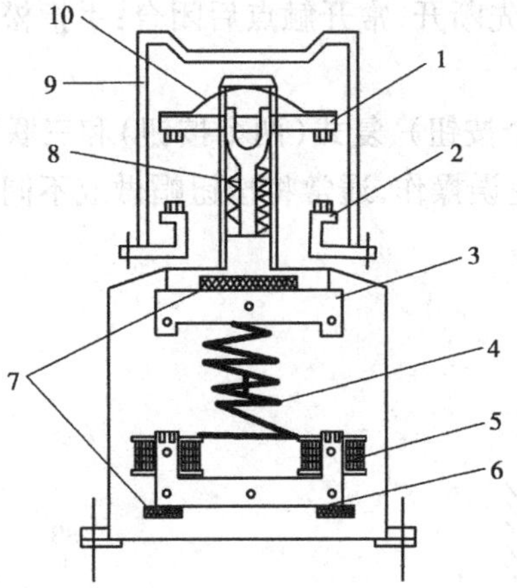

▲图1.12 CJ20交流接触器结构示意图

1—动触桥;2—静触点;3—衔铁;4—缓冲弹簧;5—电磁线圈;6—静铁芯;7—垫毡;8—触点弹簧;9—灭弧罩;10—触点压力簧片

(4)其他部分

其他部分包括弹簧、传动机构、接线柱及外壳等。

当交流接触器线圈通电后,在铁芯中产生磁通,由此在衔铁气隙处产生吸力,使衔铁向下运动(产生闭合作用);在衔铁带动下,动断(常闭)触点断开,动合(常开)触点闭合。当线圈断电或电压显著降低时,吸力消失或减弱,衔铁在弹簧的作用下释放,各触点恢复原来位置。这就是接触器的工作原理。

接触器的图形符号如图1.13所示,文字符号为KM。

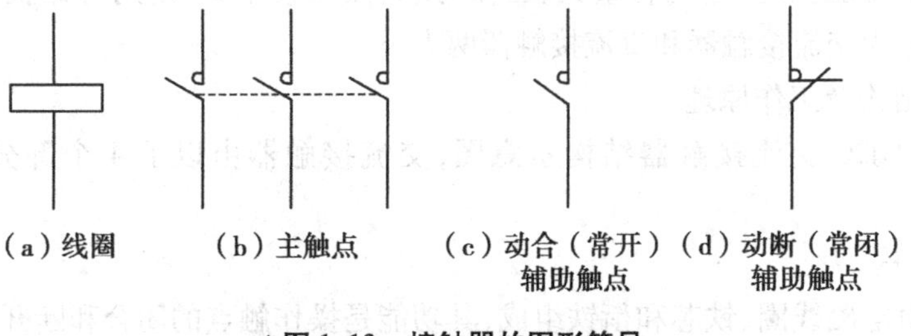

▲图1.13 接触器的图形符号

直流接触器的结构和工作原理与交流接触器基本相同，仅铁芯结构和灭弧系统等方面不同。

2)接触器的型号及主要技术参数

目前，我国常用的交流接触器主要有 CJ20，CJX1，CJX2，CJ12 和 CJ10 等系列。引进产品应用较多的有德国 BBC 公司制造技术生产的 B 系列、德国 SIEMNS 公司的 3TB 系列、法国 TE 公司的 LC1 系列等。常用的直流接触器有 CZ18，CZ21，CZ22，CZ10，CZ2 等系列，CZ18 系列是取代 CZ0 系列的新产品。

(1)型号含义

交流接触器的型号含义如下：

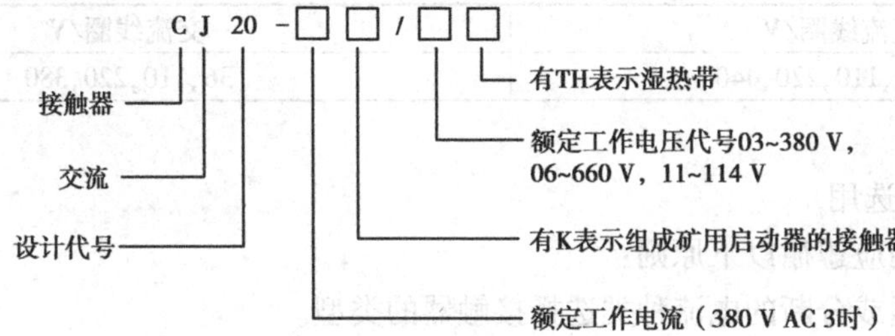

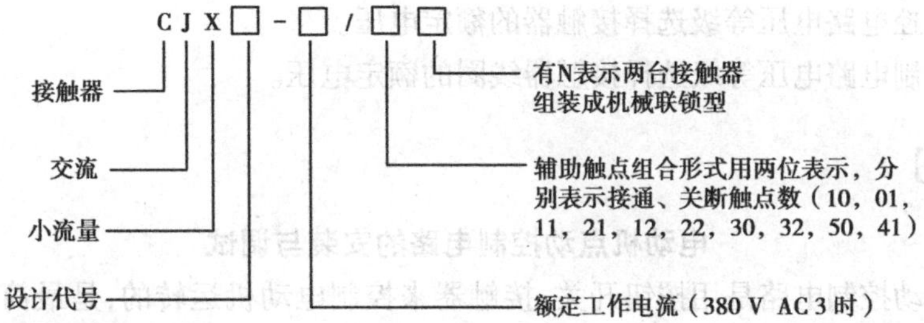

直流接触器的型号含义如下：

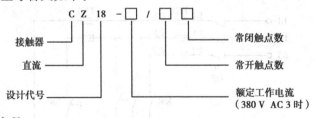

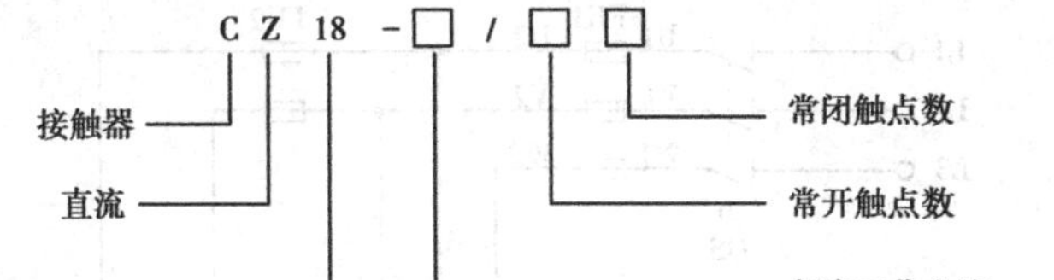

(2)主要技术参数

①额定电压：指主触点的额定工作电压。

②额定电流：指主触点的额定电流。表 1.1 列出了交、直流接触器的电压、电流额定值。

表 1.1　接触器的额定电压和额定电流的等级表

技术参数	直流接触器	交流接触器
额定电压/V	110，220，440，660	220，380，500，660
额定电流/A	5，10，20，40，60，100，150，250，400，600	5，10，20，40，60，100，150，250，400，600

③线圈额定电压：常用的额定电压等级见表 1.2。

④接通和分断能力:接触器在规定条件下,能在给定电压下接通或分断的预期电流值。在此电流值下接通或分断时,不应发生熔焊、飞弧和过分磨损等。在低压电器标准中,接触器的用途规定了它的接通和分断能力,可查阅相关手册获得。

⑤机械寿命和电寿命:机械寿命是指需要维修或更换零、部件前(允许正常维护包括更换触点)所能承受的无载操作循环次数;电寿命是指在规定的正常工作条件下,不需修理或更换零、部件的有载操作循环次数。

⑥操作频率:指每小时的操作次数。交流接触器最高为 600 次/h,而直流接触器最高为 1 200 次/h。操作频率直接影响接触器的电寿命和灭弧罩的工作条件,交流接触器还影响线圈的温升。

表 1.2 接触器线圈的额定电压等级表

直流线圈/V	交流线圈/V
24,48,110,220,440	36,110,220,380

(3)接触器的选用

接触器的选用应遵循以下原则:

①根据被接通或分断的电流种类选择接触器的类型。

②根据被控电路中电流大小和使用类别选择接触器的额定电流。

③根据被控电路电压等级选择接触器的额定电压。

④根据控制电路电压等级选择接触器线圈的额定电压。

【任务实战】

电动机点动控制电路的安装与调试

电动机点动控制电路是用按钮开关、接触器来控制电动机运转的,是最简单的控制电路之一,其控制电路如图 1.14 所示。

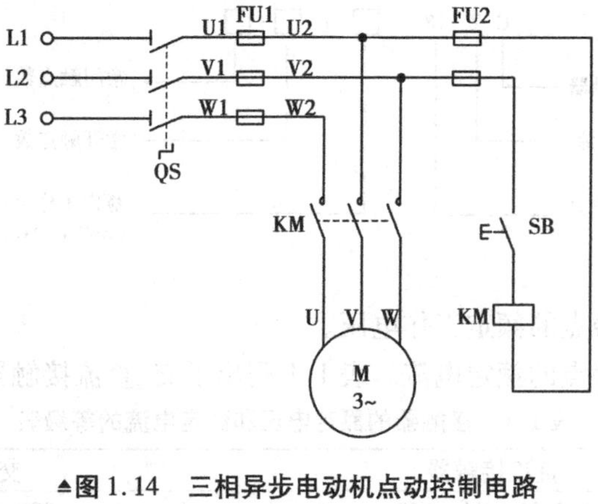

▲图 1.14 三相异步电动机点动控制电路

三相异步电动机点动控制电路的工作过程如下:启动时,合上刀开关 QS,将主电路引入三相电源。按下启动按钮 SB,KM 线圈得电,主触点闭合,电动机接通电源开始启动。当松开启动按钮 SB 后,KM 线圈失电,主触点断开,切断电动机电源,电动机自动停车。

(1)元件选择与检查

根据之前的学习情境知识,请参照图 1.14 选出合适的低压电器元件并检查其功能完好性。

(2)电路的安装与连接

装接电路的原则:应遵循"先主后控,先串后并;从上到下,从左到右;上进下出,左进右出"的原则进行接线。其意思是接线时应先接主电路,后接控制电路;先接串联电路,后接并联电路;并且按照从上到下,从左到右的顺序逐根连接;对于电气元件的进出线,则必须按照"上面为进线,下面为出线,左边为进线,右边为出线"的原则接线,以免造成元件被短接或接错。

(3)电路的检查

接好电路后,应使用万用表等电气仪表对电路进行检查,确保线路无误后方可通电试车。

(4)通电试车

通电试车时应注意安全,观察按钮的按下情况与电动机的运行状态。

【知识拓展】

低压断路器

低压断路器(又称为自动开关)可用来分配电能,不频繁地启动异步电动机,对电源线路及电动机等实行保护,当它们发生严重的过载或短路及欠电压等故障时能自动切断电路,其功能相当于熔断器式断流器与过流、欠压、热继电器的组合,而且在分断故障电流后一般不需要更换零部件,因而得到广泛的应用。

1)低压断路器结构及工作原理

低压断路器由操作机构、触点、保护装置(各种脱扣器)、灭弧系统等组成。低压断路器工作原理如图 1.15 所示。

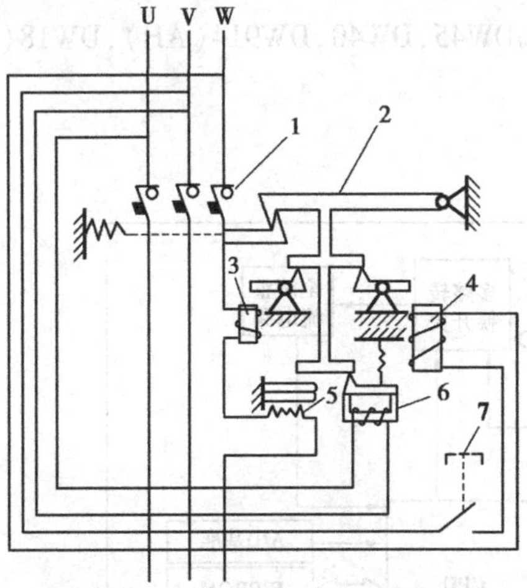

▲图 1.15　低压断路器的工作原理示意图

1—主触点;2—自由脱扣机构;3—过流脱扣器;4—分磁脱扣器;5—热脱扣器;6—欠压脱扣器;7—按钮

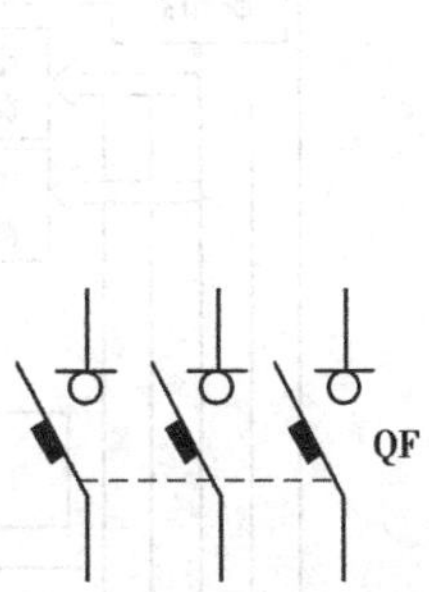

▲图 1.16　低压断路器的图形符号

低压断路器的主触点是靠手动操作或电动合闸的,主触点闭合后,自由脱扣机构将主触点锁在合闸位置上。过电流脱扣器的线圈和热脱扣器的热元件与主电路串联,欠电压脱扣器的线圈和电源并联。当电路发生短路或严重过载时,过电流继电器的衔铁闭合,使自由脱扣器机构动作,主触点断开主电路。当电路过载时,热脱扣器的热元件发热使双金属片向上弯曲,推动自由脱扣机构动作。当电路欠电压时,欠电压脱扣器的衔铁释放,也使自由脱扣器机构动作。分磁脱扣器则作为远距离控制用,在正常工作时,其线圈是断电的,在需远距离控制时按下启动按钮,使线圈得电,衔铁带动自由脱扣器机构动作,使主触点断开。

低压断路器的图形符号如图 1.16 所示,文字符号为 QF。

2)低压断路器类型及主要参数

①万能式断路器:具有绝缘衬垫的框架结构底座将所有的构件组装在一起,用于配电网络的保护。其主要型号有 DW10 和 DW15 两个系列。

②塑料外壳式断路器:具有用模压绝缘材料制成的封闭外壳将所有构件组装在一起。用作配电网络的保护和电动机、照明电路及电热器等控制开关。其主要型号有 DZ5,DZ10,DZ20 等系列。

③模块化小型断路器:由操作机构、热脱扣器、电磁脱扣器、触点系统、灭弧室等部件组成,所有部件都置于一个绝缘壳中。在结构上具有外形尺寸模块化(9 mm 的倍数)和安装导轨化的特点,该系列断路器可作为线路和交流电动机等的电源控制开关及过载、短路等保护用。常用型号有 C45,DZ47,S,DZ187,XA,MC 等系列。

④智能化断路器:传统断路器的保护功能是利用了热磁效应原理,是通过机械系统的动作来实现的。智能化断路器的特征是采用了以微处理器或单片机为核心的智能控制器(智能脱扣器)。它不仅具备普通断路器的各种保护功能,同时还具有实时显示电路中的各种电参数(电流、电压、功率因数等),对电路进行在线监视、测量、试验、自诊断、通信等功能;能够对各种保护功能的动作参数进行显示、设定和修改。将电路动作时的故障参数存储在非易失存储器中以便查询。智能化断路器原理框图如图 1.17 所示。

目前,国内生产的智能化断路器主要型号有 DW45,DW40,DW914(AH),DW18(AE-S),DW48,DW19(3WZ),DW17(ME)等系列。

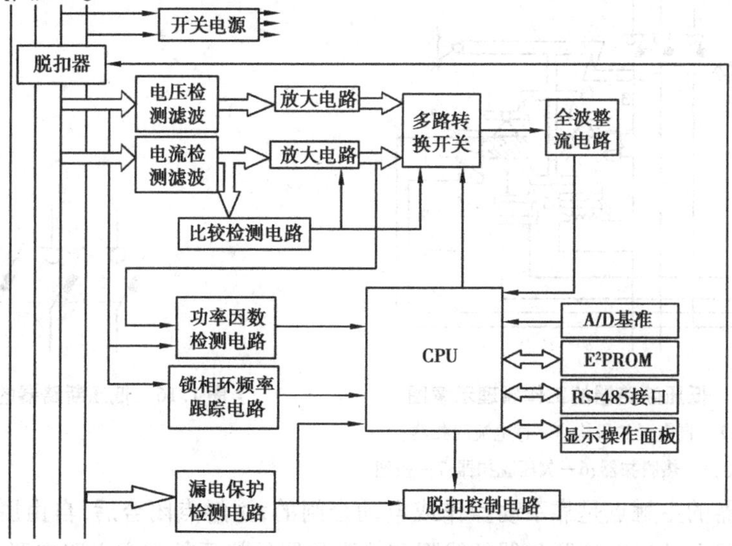

▲图 1.17 智能化断路器原理框图

【思考问题】

1. 自行画出三相异步电动机点动控制的电路图，标注出元器件符号及其中文名称。
2. 说明画出的电路图中具有哪些电气保护环节，说明保护类型及保护器件。

任务二　三相异步电动机全压启动控制电路的安装与调试

【内容提要】

本任务主要通过学习电气控制线路的图形、文字符号及绘制原则，了解继电器的基本概念和作用，完成三相异步电动机全压启动控制电路的安装与调试。

电动机全压启动的控制

【学习要求】

①掌握电气控制线路的图形、符号和绘制原则。
②掌握基本电气控制电路的特点和各电器触点间的逻辑关系。
③能分析复杂的电气控制线路图。
④能根据控制要求，设计出简单的控制线路。

【任务导入】

在生产过程中，要经常对电气控制系统进行维护，这时就会接触到各种各样的电气图纸，那么到底电气图有哪些类型，电气图又应如何绘制呢？

在任务一中，完成了三相异步电动机点动控制电路的安装与调试，但在实际生活中，更多情况需要电动机在额定电压下稳定持续地运行。如何实现电动机的连续运行呢？

【知识链接】

在各行各业广泛使用的电气设备和生产机械设备中，其自动控制线路大多数以各类电动机或其他执行电器为被控对象，以继电器、接触器、按钮、行程开关、保护元件等器件组成的自动控制线路，通常称为电气控制线路。

各种生产机械的电气控制设备有着各种各样的电气控制线路，这些控制线路无论是简单的还是复杂的，一般都是由一些基本控制环节组成的，在分析线路原理和判断其故障时，都是从这些基本控制环节入手。因此，掌握基本电气控制线路，对生产机械设备电气控制线路的工作原理分析及维修有着重要意义。

学习情境 1：认识电气控制线路

电气控制线路是用导线将电动机、电器、仪表等电器元件按照一定的要求和方式联系起来，并能实现某种功能的电气线路。为表达电气控制线路的组成、工作原理及安装、调试、维修等技术要求，需要用统一的工程语言即用图的形式来表示。在图上用不同的图形符号来表示各种电器元件，用不同的文字符号来进一步说明图形符号所代表的电器元件的基本名称、用途、主要特征及编号等。因此，电气控制线路应根据简单易懂的原则，采用统一规定的图形符号、文字符号和标准画法来进行绘制。

1)常用电气设备图形符号和文字符号

(1)图形符号和文字符号

电气控制系统图中,各种电气元件的图形符号和文字符号必须符合统一的国家标准。为便于掌握引进的先进技术和先进设备,加强国际交流,国家标准局颁布了《电气简图用图形符号》(GB/T 4728)和《电气技术中的文字符号制订通则》(GB 7159—1987)。规定从 1990 年 1 月 1 日起,电气控制电路中的图形和文字符号必须符合现行国家标准。一些常用电气设备图形符号及文字符号见表 1.3。

表 1.3 电气控制电路中的常用图形符号和文字符号

名 称	图形符号(GB/T 4728.1—2005)	文字符号(GB 7159—1987)	名 称	图形符号(GB/T 4728.1—2005)	文字符号(GB 7159—1987)
交流发电机		GA	接地的一般符号		E
交流电动机		MA	保护接地	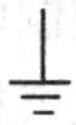	PE
三相笼型异步电动机	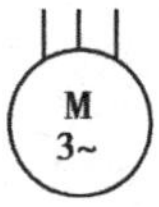	MC	接机壳或接地板	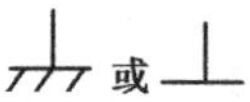	PU
三相绕线型异步电动机		MW	单极控制开关	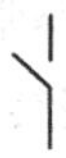	SA
直流发电机		GD	三极控制开关	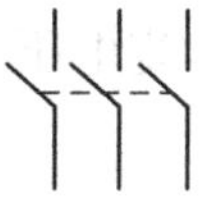	SA
直流电动机	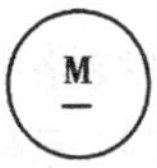	MD	隔离开关		QS
直流伺服电动机		SM	三极隔离开关	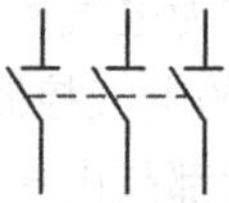	QS
交流伺服电动机		SM	负荷开关		QL
直流测速发电机		TG	三极负荷开关	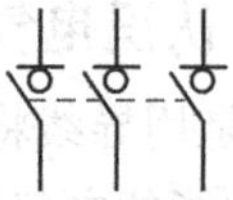	QL

续表

名　称	图形符号（GB/T 4728.1—2005）	文字符号（GB 7159—1987）	名　称	图形符号（GB/T 4728.1—2005）	文字符号（GB 7159—1987）
交流测速发电机		TG	断路器		QF
步进电动机		TG	三极断路器	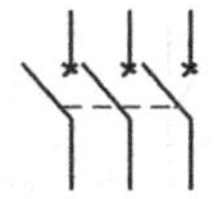	QF
双绕组变压器	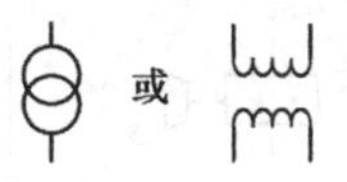	T	电压互感器线圈	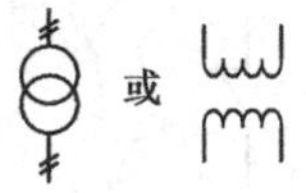	TV
位置开关常开触点		SQ	欠压继电器线圈		KV
位置开关常闭触点		SQ	通电延时（缓吸）线圈	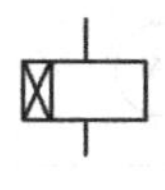	KT
做双向机械操作的位置开关	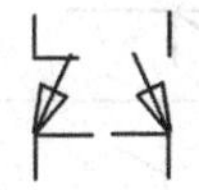	SQ	断电延时（缓放）线圈	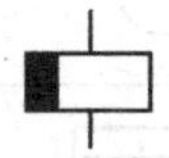	KT
常开按钮	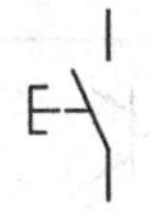	SB	延时闭合常开触点		KT
常闭按钮	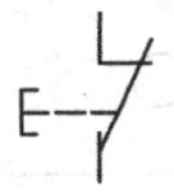	SB	延时断开常开触点		KT
复合按钮		SB	延时闭合常闭触点	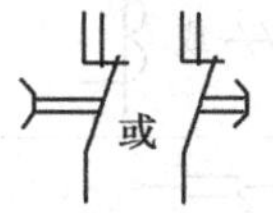	KT
交流接触器线圈	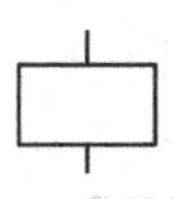	KM	延时断开常闭触点	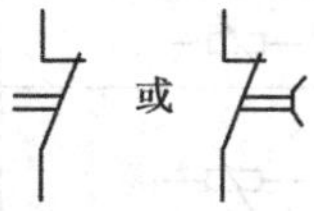	KT
接触器常开触点		KM	热继电器热元件	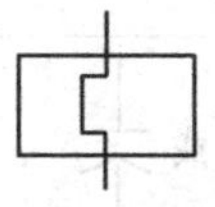	FR
接触器常闭触点	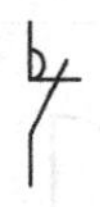	KM	热继电器常闭触点	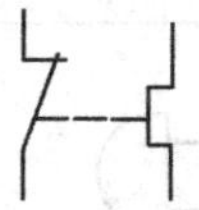	FR

续表

名　称	图形符号（GB/T 4728.1—2005）	文字符号（GB 7159—1987）	名　称	图形符号（GB/T 4728.1—2005）	文字符号（GB 7159—1987）
中间继电器线圈	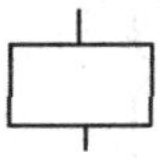	KA	熔断器		FU
中间继电器常开触点		KA	电磁铁	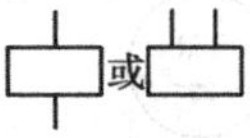	YA
中间继电器常闭触点		KA	电磁制动器	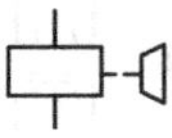	YB
过流继电器线圈	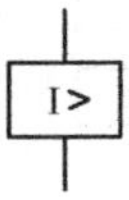	KA	电磁离合器	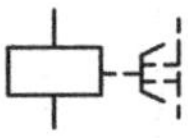	YC
电流表		PA	照明灯		EL
			信号灯		HL
电压表		PV	二极管	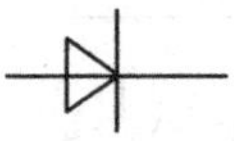	V
电能表	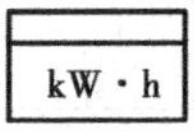	PJ	NPN 晶体管		V
晶闸管	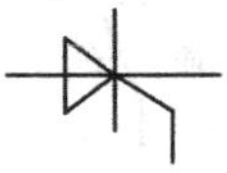	V	PNP 晶体管		V
可拆卸端子		X	端子		X
电流互感器	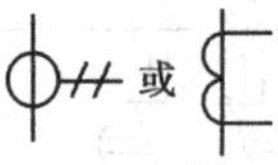	TA	控制电路用电源整流器	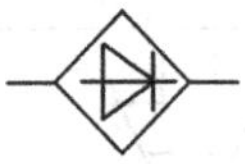	VC
电阻器		R	电抗器		L
电位器		RP			
压敏电阻	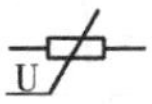	RV			
电容器一般符号		C	极性电容器	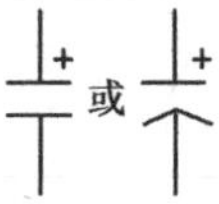	C
电铃	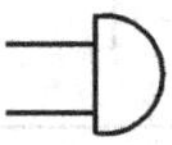	B	蜂鸣器	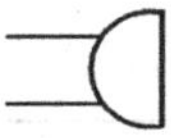	B

(2)接线端子标记

电气控制系统图中各电器接线端子用字母数字符号标记,符合国家现行标准《电器接线端子的识别和用字母数字符号标志接线端子的通则》(GB 4026)的规定。

三相交流电源引入线用 L1,L2,L3,N,PE 标记。直流系统的电源正、负、中间线分别用 L+,L-,M 标记。三相动力电器引出线分别按 U,V,W 顺序标记。

三相感应电动机的绕组首端分别用 U1,V1,W1 标记,绕组尾端分别用 U2,V2,W2 标记,电动机绕组中间抽头分别用 U3,V3,W3 标记。

对于数台电动机而言,其三相绕组接线端标记以 1U,1V,1W;2U,2V,2W 等来区别。三相供电系统的导线与三相负荷之间有中间单元时,其相互连接线用字母 U,V,W 后面加数字来表示,且用从上到下、由小到大的数字表示。

控制电路各线号采用三位或三位以下的数字标记,其顺序一般为从左到右、从上到下,凡是被线圈、触点、电阻、电容等元件所间隔的接线端点都应标以不同的线号。

2)电气控制图绘制原则

电气控制系统图一般有电气原理图、电气元件布置图和电气安装接线图 3 种。

3)电气原理图

电气原理图是根据控制线路原理绘制的,具有结构简单、层次分明、便于研究和分析线路工作原理的特性。电气原理图只包括所有电气元件的导电部件和接线端点之间的相互关系,不按各电气元件的实际位置和实际接线情况来绘制,也不反映元件的大小。现以如图 1.18 所示 CW6132 型车床的电气原理图为例来说明电气原理图绘制的基本规则和应注意的事项。

(1)绘制电气原理图的基本规则

①原理图一般分主电路和辅助电路两部分画出。主电路是指从电源到电动机绕组的大电流通过的路径。辅助电路包括控制电路、照明电路、信号电路及保护电路等,由继电器的线圈和触点,接触器的线圈和触点、按钮、照明灯、控制变压器等元件组成。通常主电路用粗实线表示,画在左边(或上部);辅助电路用细实线表示,画在右边(或下部)。

②各电气元件不画实际的外形图,采用国家规定的统一标准来画,文字符号也采用国家标准。属于同一电器的线圈和触点,都要采用同一文字符号表示。对同类型的电器,在同一电路中的表示可在文字符号后加注阿拉伯数字符号来区分。

③各电气元件和部件在控制线路中的位置,应根据便于阅读的原则安排。同一电气元件的各部件根据需要可不画在一起,但文字符号应相同。

④所有电器的触点状态,都应按没有通电和没有外力作用时的初始开、关状态画出。例如,继电器、接触器的触点,按吸引线圈不通电时状态画,控制器手柄处于零位时状态画,按钮、行程开关触点按不受外力作用时状态画出等。

⑤无论是主电路还是控制电路,各电器元件一般按动作顺序从上到下、从左到右依次排列,可水平布置或垂直布置。

⑥有直接电联系的交叉导线的连接点,要用黑圆点表示;无直接电联系的交叉导线的连接点,交叉处不能画黑圆点。

(2)图面区域的划分

电气原理图上方的 1,2,3,…数字是图区编号(图区编号也可以设置在图的下方),是便于检索电气线路、方便阅读分析、避免遗漏而设置的。

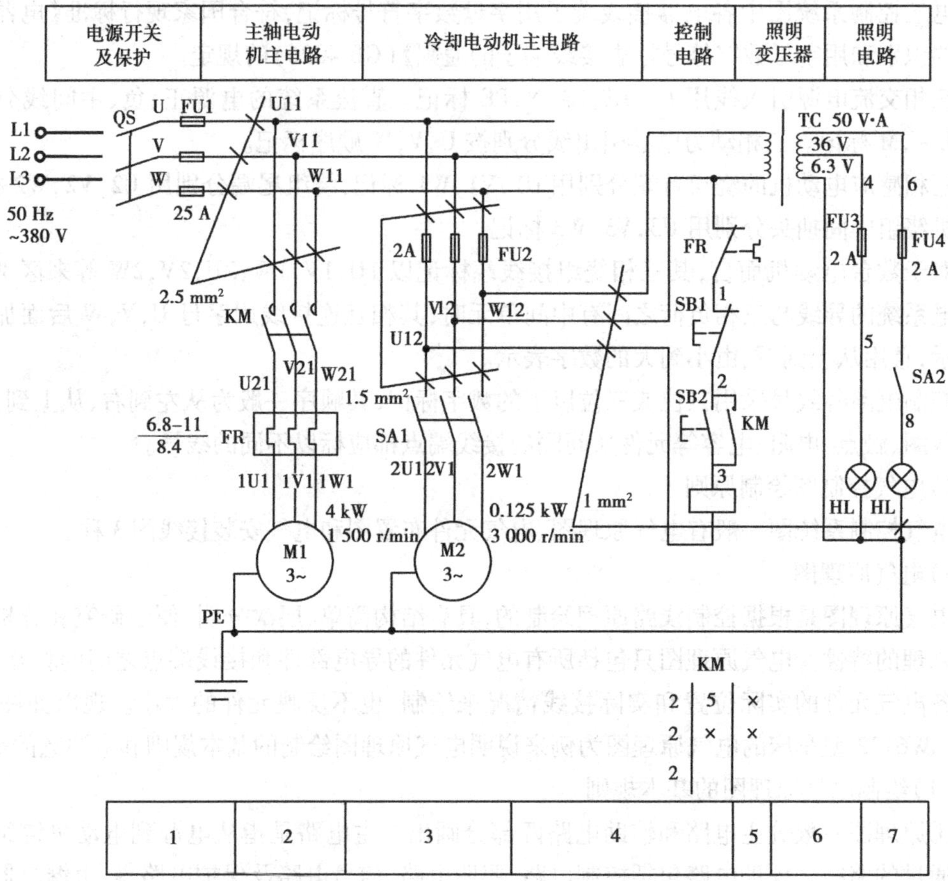

▲图 1.18　CW6132 型车床的电气原理图

图区编号下方的“电源开关及保护……”等字样,表明对应区域下方元件或电路的功能,使读者能清楚地知道某个元件或某部分电路的功能,以利于理解整个电路的工作原理。

(3)符号位置的索引

符号位置的索引用图号、页次和图区编号的组合索引法,索引代号的组成如下:

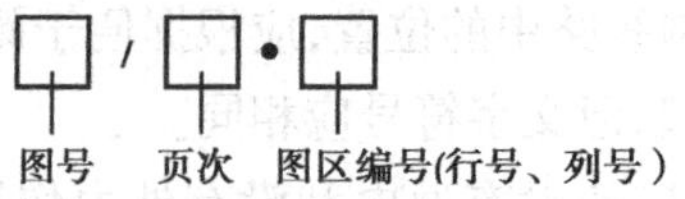

当某图仅有一页图样时,只写图号和图区的行、列号,在只有一个图号多页图样时,则图号可省略,而元件的相关触点只出现在一张图样上时,只标出图区号(无行号时,只写列号)。

在电气原理图中,接触器和继电器线圈与触点的从属关系应用附图表示。即在原理图中相应线圈的下方,给出触点的图形符号,并在其下面注明相应触点的索引代号,对未使用的触点用“×”表明,有时也可采用省去触点图形符号的表示法。如图 1.18 所示的图区 4 中 KM 的线圈下是接触器 KM 相应触点的位置索引。

在接触器的位置索引中,左栏为主触点所在的图区号(3 个触点都在图区 2),中栏为辅助常开触点(一个在图区 5 中,另一个没有使用),右栏为辅助常闭触点(两个均没有使用)。

(4)电气原理图中技术数据的标注

电气元件的技术数据,除在电气元件明细表中标明外,也可用小号字体标注在其图形符号的旁边,如图1.18中FU1额定电流为25 A。

4)电气元件布置图

电气元件布置图主要用来表明各种电气设备在机械设备和电气控制柜中的实际安装位置,为机械电气控制设备的制造、安装、维修提供必要的资料。各电气元件的安装位置是由机床的结构和工作要求决定的,如电动机要和被拖动的机械部件在一起,行程开关应放在要取得信号的地方,操作元件要放在操纵箱等操作方便的地方,一般元件应放在控制柜内。

机床电气元件布置主要由机床电气设备布置图、控制柜及控制板电气设备布置图、操作台及悬挂操纵箱电气设备布置图等组成。如图1.19所示为CW6132型车床电气位置图。

5)电气安装接线图

为了进行装置设备或成套装置的布线或布缆,必须提供其中各个项目(包括元件、器件、组件、设备等)之间的电气连接的详细信息,包括连接关系、线缆种类和敷设路线等。用电气图的方式表达的图称为接线图。

安装接线图是检查电路和维修电路不可缺少的技术文件,根据表达对象和用途的不同,接线图有单元接线图、互连接线图和端子接线图等。《电气技术用文件的编制　第1部分:规则》(GB/T 6988.1—2008)详细规定了安装接线图的编制规则。主要包括:

①在接线图中,一般都应标出项目的相对位置、项目代号、端子间的电连接关系、端子号、等线号、等线类型、截面积等。

②同一控制盘上的电气元件可直接连接,而盘内元器件与外部元器件连接时必须绕接线端子板进行。

③接线图中各电气元件图形符号与文字符号均应以原理图为准,并保持一致。

④互连接线图中的互连关系可用连续线、中断线或线束表示,连接导线应注明导线根线、导线截面积等。一般不表示导线实际走线途径,施工时由操作者根据实际情况选择最佳走线方式。如图1.20所示为CWB132型车床电气互连接线图。

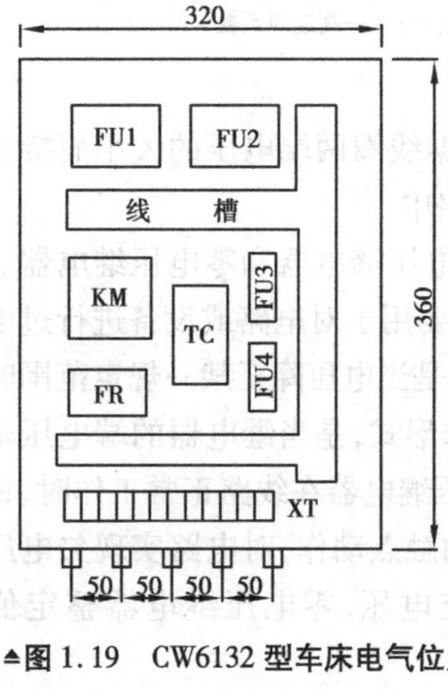

▲图1.19　CW6132型车床电气位置图

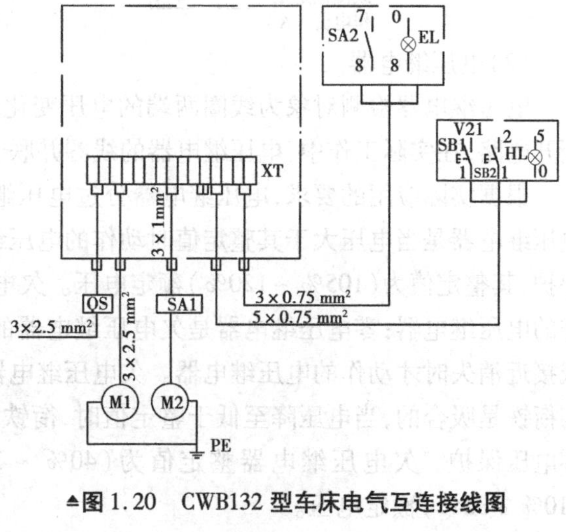

▲图1.20　CWB132型车床电气互连接线图

学习情境2：认识继电器

继电器是一种根据电气量(如电压、电流等)或非电气量(如温度、时间、压力、转速等)的变化接通或断开控制电路,以实现自动控制和保护电力拖动装置的电器。继电器一般由感测机构、中间机构和执行机构3个基本部分组成。感测机构把感测到的电气量或非电气量传递给中间机构,将它与额定的整定值进行比较,当达到整定值(过量或欠量)时,中间机构便使执行机构动作,从而接通或断开被控电路。

速度继电器

继电器种类繁多,常用的有电流继电器、电压继电器、中间继电器、时间继电器、热继电器以及温度、计数、频率继电器等。

1)电流继电器和电压继电器

(1)电流继电器

根据线圈中电流的大小而接通和断开电路的继电器称为电流继电器。使用时电流继电器的线圈与负载串联,其线圈的匝数少而线径粗。当线圈电流高于整定值动作的继电器时称为过电流继电器;低于整定值时动作的继电器称为欠电流继电器。过电流继电器线圈通过小于整定电流时继电器不动作,只有超过整定电流时,继电器才动作。过电流继电器的动作电流整定范围为:交流过电流继电器为(110% ~400%)I_N,直流过电流继电器为(70% ~300%)I_N。欠电流继电器线圈通过的电流大于或等于额定电流时,继电器吸合,只有电流低于整定值时,继电器才释放。欠电流继电器动作电流整定范围为:吸合电流为(30% ~65%)I_N,释放电流为(10% ~20%)I_N。

型号意义如下:

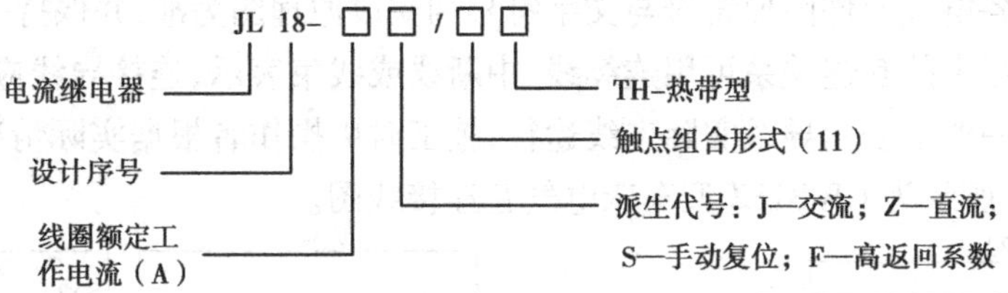

(2)电压继电器

电压继电器检测对象为线圈两端的电压变化信号。根据线圈两端电压的大小而接通或断开电路,在实际工作中,电压继电器的线圈并联于被测电路中。

根据实际应用的要求,电压继电器分过电压继电器、欠电压继电器和零电压继电器。过电压继电器是当电压大于其整定值时动作的电压继电器,主要用于对电路或设备进行过电压保护,其整定值为(105% ~120%)额定电压。欠电压继电器是当电压降至某一规定范围时动作的电压继电器;零电压继电器是欠电压继电器的一种特殊形式,是当继电器的端电压降至或接近消失时才动作的电压继电器。欠电压继电器和零电压继电器在线路正常工作时,铁芯与衔铁是吸合的,当电压降至低于整定值时,衔铁释放,带动触点动作,对电路实现欠电压或零电压保护。欠电压继电器整定值为(40% ~70%)额定电压,零电压继电器整定值为(10% ~35%)额定电压。

过电流、欠电流继电器图形符号,如图1.21所示,文字符号为KA。电压继电器图形符号，如图1.22所示，文字符号为KV。

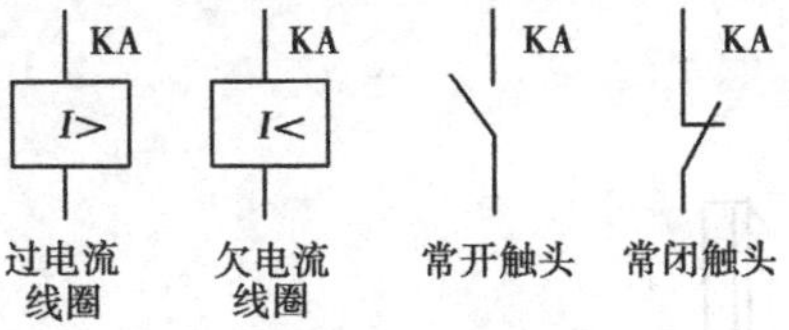

▲图1.21　过电流、欠电流继电器图形符号

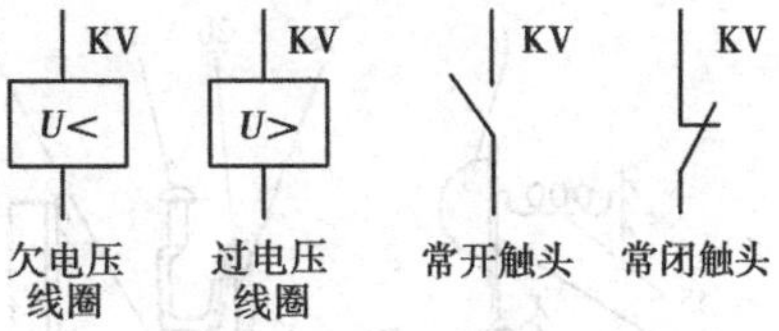

▲图1.22　电压继电器图形符号

2）中间继电器

中间继电器在控制电路中主要用来传递信号、扩大信号功率以及将一个输入信号变换成多个输出信号等。中间继电器的基本结构及工作原理与接触器完全相同。但中间继电器的触点对数多，且没有主辅之分，各对触点允许通过的电流大小相同，多数为5 A。因此，对工作电流小于5 A的电气控制线路，可用中间继电器代替接触器实施控制。

中间继电器的图形符号如图1.23所示，文字符号为KA。

目前，国内常用的中间继电器有JZ7、JZ8（交流）、JZ14、JZ15、JZ17（交、直流）等系列。引进产品有德国西门子公司的3TH系列和BBC公司的K系列等。

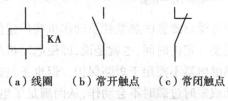

（a）线圈　（b）常开触点　（c）常闭触点

▲图1.23　中间继电器图形符号

JZ15系列中间继电器型号的含义如下：

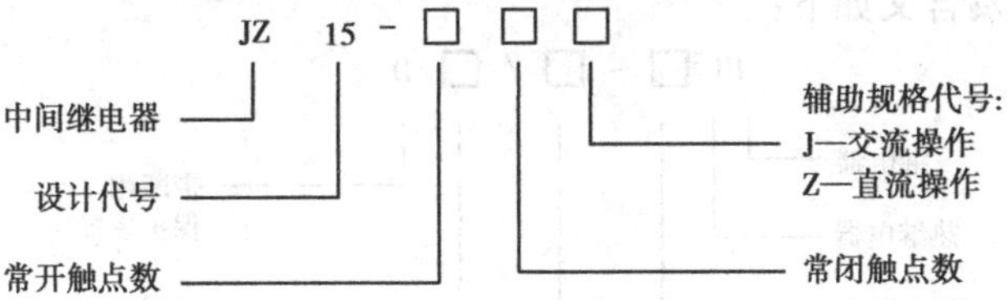

3）热继电器

热继电器是利用电流的热效应原理工作的保护电器。热继电器主要用于电动机的过载保护、断相保护。

（1）热继电器结构及工作原理

热继电器主要由热元件、双金属片、动作机构、触点、调整装置及手动复位装置等组成，如图1.24所示。

热继电器的热元件串接在电动机定子绕组中，一对常闭触点串接在电动机的控制电路中，当电动机正常运行时，热元件中流过的电流小，热元件产生的热量虽能使金属片弯曲，但不能使触点动作。当电动机过载时，流过热元件的电流加大，产生的热量增加，使双金属片产生弯曲的位移增大，经过一定时间后，通过导板推动热继电器的触点动作，使常闭触点断开，切断电动机控制电路，使电动机主电路失电，电动机得到保护。

热继电器

当故障排除后,按下手动复位按钮,使常闭触点重新闭合(复位),可以重新启动电动机。

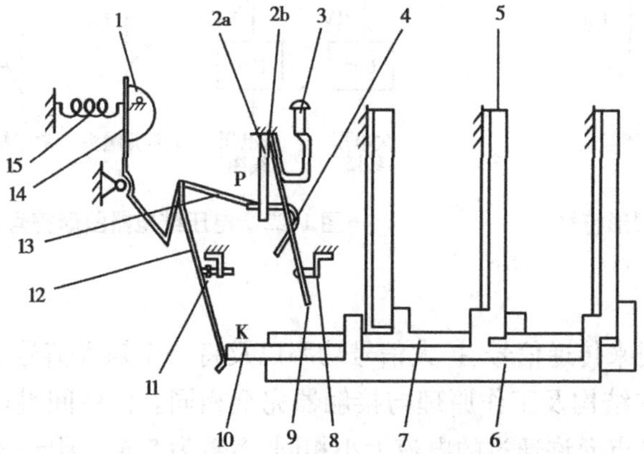

▲图 1.24 热继电器工作原理示意图

1—凸轮;2a,2b—簧片;3—手动复位按钮;4—弓簧;
5—主双金属片;6—外导板;7—内导板;8—静触点;
9—动触点;10—杠杆;11—调节螺钉;12—补偿双金属片;
13—推杆;14—连杆;15—压簧

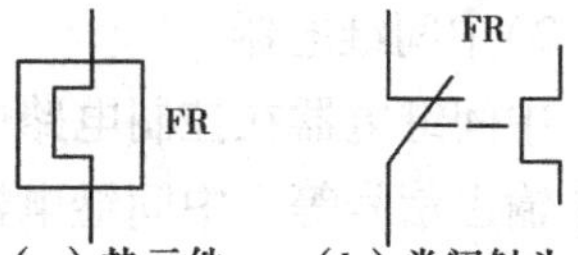

(a)热元件　(b)常闭触头

▲图 1.25 热继电器图形符号

由于热继电器主双金属片受热膨胀的热惯性及动作机构传递信号的惰性原因,热继电器从电动机过载到触点动作需要一定的时间,也就是说,即使电动机严重过载甚至短路,热继电器也不会瞬时动作,因此,热继电器不能用于短路保护。但也正是这个热惯性和机械惰性,保证了热继电器在电动机启动或短时过载时不会动作,从而满足了电动机的运行要求。热继电器的文字符号为 FR,图形符号如图 1.25 所示。

(2)热继电器型号及主要参数

热继电器的型号及含义如下:

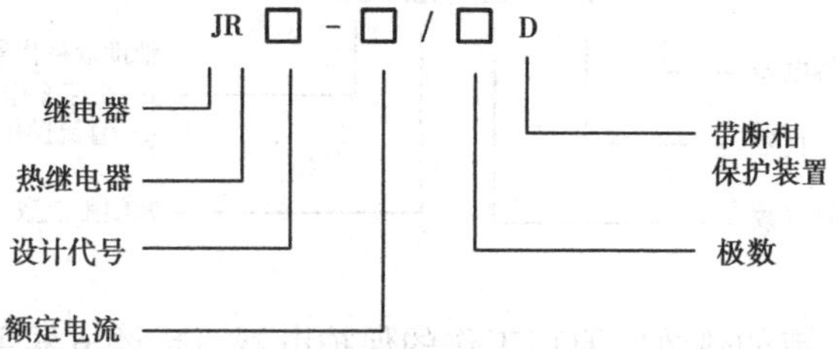

热继电器的主要参数如下:

①热继电器额定电流:是热继电器中可以安装的热元件的最大整定电流值。

②热元件额定电流:热元件整定电流调节范围的最大值。

③整定电流:热元件能够长期通过而不致引起热继电器动作的最大电流值。通常热继电器的整定电流与电动机的额定电流相当,一般取(95% ~105%)额定电流。

【任务实战】

电动机全压启动控制电路的安装与调试

电动机接通电源后,由静止状态逐渐加速到稳定的运行状态的过程称为电动机的启动。全压启动,即是将额定电压直接加在电动机的定子线组上使电动机运转。在变压器容量允许的情况下，电动机应尽可能地采用全压启动。这样，控制电路简单，提高了电路的可靠性，且减少了电气维修工作量。如图 1.26 所示为三相笼型异步电动机单向全压启动控制电路。

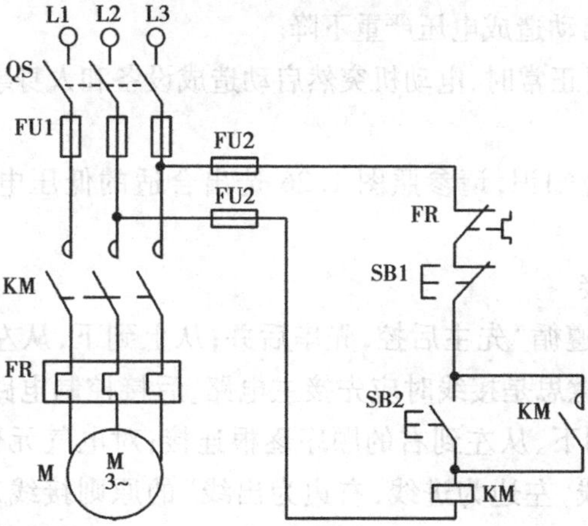

▲图 1.26　三相笼型异步电动机单向全压启动控制电路

(1)控制电路工作过程

启动时，合上刀开关 QS，主电路引入三相电源。按下启动按钮 SB2，KM 线圈得电，主触点闭合，电动机接通电源开始全压启动，同时 KM 辅助触点闭合。当松开启动按钮 SB2 后，KM 线圈仍能通过其辅助触点通电并保持吸合状态。这种依靠接触器本身辅助触点使其线圈保持通电的现象称为自锁。起自锁作用的触点称为自锁触点。

按下 SB1 按钮，KM 线圈失电，主触点复位(开)，切断电动机电源，电动机自动停车。同时 KM 自锁触点复位(开)，控制电路回到启动前的状态。

(2)控制电路的保护环节

①短路保护。当控制电路发生短路故障时，控制电路应能迅速断开电源，熔断器 FU1 是作为主电路短路保护。熔断器 FU2 为控制电路的短路保护，熔断器仅做短路保护而不能起过载保护，这是因为，一方面熔断器的规格必须根据电动机启动电流的大小做适当选择；另一方面还要考虑熔断器保护特性的反时限保护特性。

②过载保护。热继电器 FR 作电动机的过载保护之用。当电动机过载、堵转或断相等都会引起定子绕组电流过大，热继电器根据电流的热效应，而使热继电器 FR 动作，即 FR 的常闭触点断开，则使 KM 线圈断电，从而使 KM 主触点断开，切断电动机电源。由于热惯性，热继电器不会受电动机短时过载、冲击电流或短路电流的影响而瞬时动作，所以在使用热继电器做过载保护的同时还必须设有短路保护，并且选做短路保护的熔断器熔体的额定电流不应超过 4 倍热继电器发热元件的额定电流。

③欠压和失压保护。欠压和失压保护是依靠启动按钮复位功能和接触器本身的电磁机构来实现的。当电动机正在运行时，如果电源电压因某种原因过分地降低或消失时，接触器 KM 衔铁自行释放，电动机停止，同时 KM 自锁触点断开。当电源电压恢复正常时，接触器 KM 线圈也不可能自行通电，即电动机不会自行启动，要使电动机启动，操作者必须再次按下启动按钮。

控制电路具有欠压和失压保护功能后,具有以下 3 个方面的好处:

a. 防止电压严重下降时电动机低压运行。

b. 避免电动机同时启动造成电压严重下降。

c. 防止电源电压恢复正常时,电动机突然启动造成设备和人身事故。

1)元件选择与检查

根据之前的学习情境知识,请参照图 1.26 选出合适的低压电器元件并检查其功能完好性。

2)电路的安装与连接

装接电路的原则:应遵循“先主后控,先串后并;从上到下,从左到右;上进下出,左进右出”的原则进行接线。其意思是接线时应先接主电路,后接控制电路;先接串联电路,后接并联电路; 并且按照从上到下、从左到右的顺序逐根连接;对电气元件的进出线,则必须按照“上面为进线,下面为出线,左边为进线,右边为出线”的原则接线,以免造成元件被短接或接错。

3)电路的检查

接好电路后,应使用万用表等电气仪表对电路进行检查,确保线路无误后方可通电试车。

4)通电试车

通电试车时应注意安全,观察按钮的按下情况与电动机的运行状态。

【知识拓展】

电动机单向点动与连续运行控制

单向点动与连续运行控制是在点动控制与单向连续运行控制的基础上增加一个复合按钮,即能实现单向点动与连续运行控制电路,其电路图如图 1.27 所示。

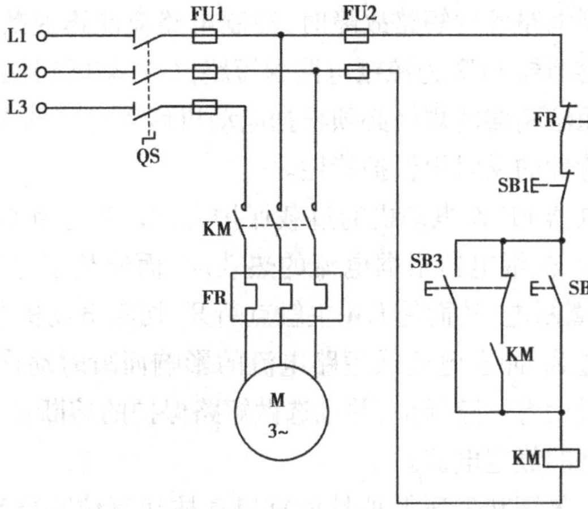

▲图 1.27 电动机单向点动与连续运行控制电路图

【思考问题】

1. 分析并说明图 1.27 单向点动与连续运行控制电路的工作过程。
2. 设计一个电动机连续运行两地控制电路,画出其电路图并简述工作过程。

任务三　三相异步电动机正反转控制电路的安装与调试

【内容提要】

本任务主要通过学习三相异步电动机的正反转控制方式来完成三相异步电动机全压启动控制电路的安装与调试。

电动机正反转

【学习要求】

①掌握对复杂电气控制电路分解和分析的基本方法。

②掌握对同一控制要求采用不同的电路设计方法，根据实际情况选用最合适的控制线路。

【任务导入】

在生产和生活中，许多设备需要两个相反的运行方向，如电梯的上升和下降，机床工作台的前进和后退，其控制本质就是电动机的正反转。那么，电动机的正反转在电路中是如何实现的呢？

【知识链接】

学习情境1：认识电动机正反转主电路

在生产实践中，许多生产机械要求电动机能正、反转，从而实现可逆运行。如机床主轴的正向和反向运动、工作台的前后运动、起重机吊钩的上升和下降等。由电动机原理可知，三相异步电动机的三相电源进线中任意两相对调，电动机即可反向运转。实际运用中，通过两个接触器改变定子绕组相序来实现正、反转，其主电路如图1.28所示。

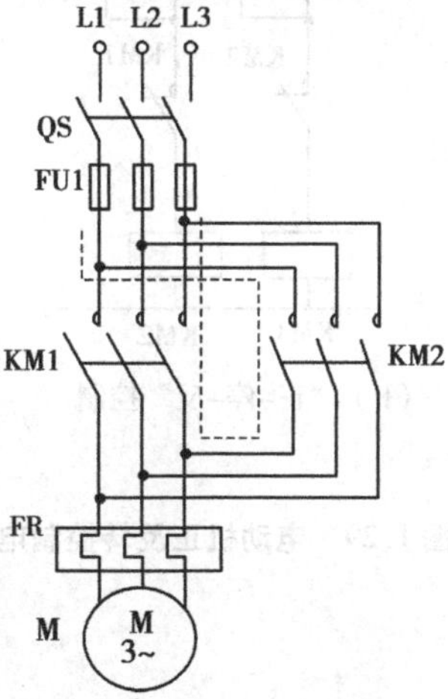

▲图1.28　电动机正反转控制主电路

在主电路中(图 1.28),采用两个接触器,即正转用接触器 KM1 和反转用接触器 KM2,当接触器 KM1 的主触点闭合时,三相电源的相序按 L1,L2,L3 接入电动机,电动机正转;当接触器 KM2 的主触点闭合时,三相电源按 L3,L2,L1 接入电动机,电动机反转。

学习情境 2:认识电动机正反转控制电路

由主电路可知,若 KM1 和 KM2 的主触点同时闭合,将造成短路故障,如图 1.29 中的虚线所示,图 1.29(a)中当误操作同时按下 SB2 和 SB3 时,会造成短路故障。因此,要使电路安全可靠地工作,最多只允许一个接触器工作,要实现这种控制要求,在正反向间要有一种联锁关系。通常采用如图 1.29(b)所示的电路,将其中一个接触器的常闭触点串入另一个接触器线圈电路中,则任一接触器线圈先得电后,即使按下相反方向按钮,另一个接触器也无法得电,这种联锁通常称为互锁,即两者存在相互制约的关系。把 KM1 和 KM2 的常闭触点称为互锁触点。

如图 1.29(b)所示的控制电路中,若按正向按钮 SB2,KM1 线圈得电,电动机正转。要使电动机反转,必须按下停止按钮 SB1 后,再按反转启动按钮 SB3,电动机方可反转,这个电路称为“正-停-反”控制。显然这种电路的缺点是操作不方便。

该电路由 KM1,KM2 常闭触点实现的互锁称为“电气互锁”。

如图 1.29(c)所示的控制电路中,正反向启动按钮 SB2 和 SB3 采用复合按钮。直接按反向按钮就能使电动机反向工作,该电路称为“正-反-停”控制。

该电路由复合按钮 SB2 和 SB3 常闭触点实现的互锁称为“机械互锁”。

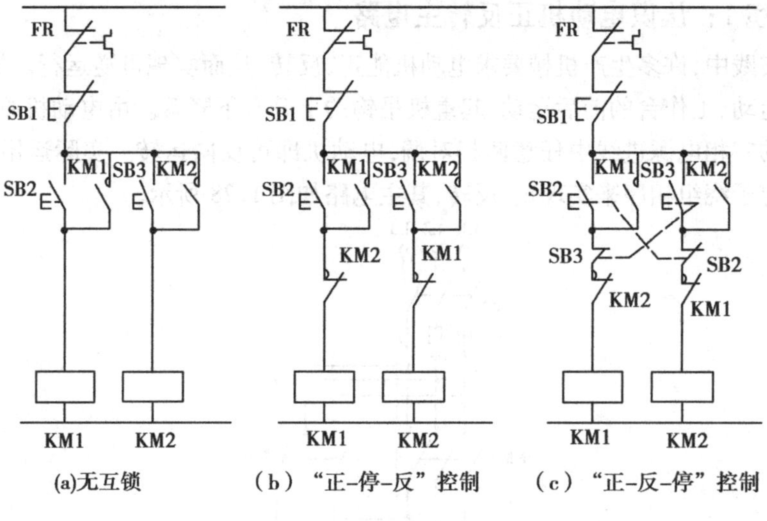

▲图 1.29 电动机正反转控制电路

【任务实战】

电动机正反转控制电路的安装与调试

电动机正反转控制电路是用按钮开关、接触器来控制电动机实现正反转运转,其控制电路如图 1.30 所示。

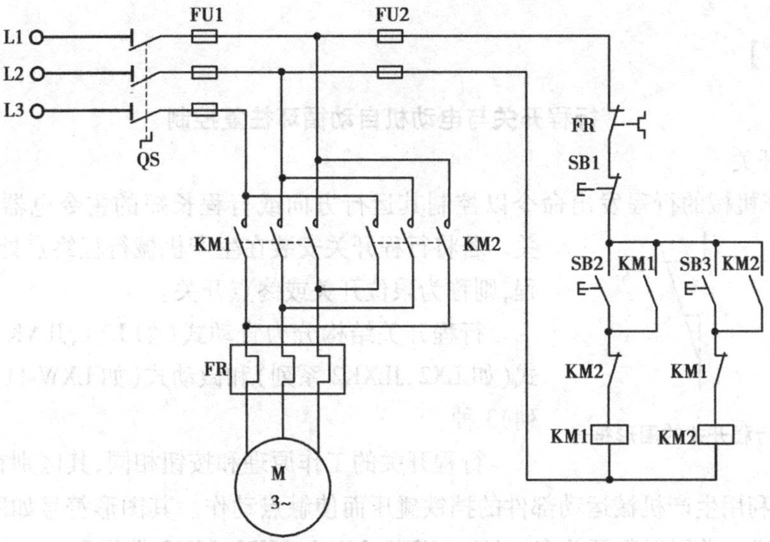

▲图 1.30　电气互锁的三相异步电动机正反转控制电路

电动机正反转控制电路的工作过程如下：启动时，合上刀开关 QS，主电路引入三相电源。按下正转启动按钮 SB2，KM1 线圈得电，KM1 主触点闭合，电动机接通电源开始正转运行。当松开正转启动按钮 SB2 后，电动机持续正转运行。此时按下反转启动按钮 SB3，电动机无变化继续正转运行。

停止时，按下停止按钮 SB1，KM1 线圈失电，KM1 主触点断开，电动机停止正转。

此时按下反转启动按钮 SB3，KM2 线圈得电，KM2 主触点闭合，电动机接通电源开始反转运行。当松开反转启动按钮 SB3 后，电动机持续反转运行。此时按下正转启动按钮 SB2，电动机无变化继续反转运行。

停止时，按下停止按钮 SB1，KM2 线圈失电，KM2 主触点断开，电动机停止反转。

(1)元件选择与检查

根据之前的学习情境知识，请参照图 1.30 选出合适的低压电器元件并检查其功能完好性。

(2)电路的安装与连接

装接电路的原则：应遵循“先主后控，先串后并；从上到下，从左到右；上进下出，左进右出”的原则进行接线。意思是接线时应先接主电路，后接控制电路；先接串联电路，后接并联电路；应按从上到下、从左到右的顺序逐根连接；对电气元件的进出线，则必须按照“上面为进线，下面为出线，左边为进线，右边为出线”的原则接线，以免造成元件被短接或接错。

(3)电路的检查

接好电路后，应使用万用表等电气仪表对电路进行检查，确保线路无误后方可通电试车。

(4)通电试车

通电试车时应注意安全，观察按钮的按下情况与电动机的运行状态。

【知识拓展】

行程开关与电动机自动循环往复控制

1)行程开关

依照生产机械的行程发出命令以控制其运行方向或行程长短的主令电器,称为行程开关。若将行程开关安装在生产机械行程终点处,以限制其行程,则称为限位开关或终点开关。

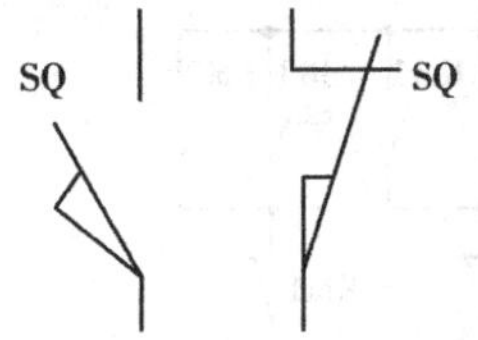

▲图 1.31 行程开关的图形符号

行程开关结构分为直动式(如 LX1,JLXK1 系列)、滚轮式(如 LX2,JLXK2 系列)和微动式(如 LXW-11,JLXK1-11 系列)3 种。

行程开关的工作原理和按钮相同,其区别在于它不靠手的按压,而是利用生产机械运动部件的挡铁碰压而使触点动作。其图形符号如图 1.31 所示,文字符号为 SQ。常用行程开关有 LX19,LXW5,LXK3,LX32,LX33 等系列。

2)电动机自动循环往复控制

有些生产机械,如龙门刨床、导轨磨床等,要求工作台在一定距离内能自动往复,不断循环,以使工件能连续加工,其控制电路如图 1.32 所示。

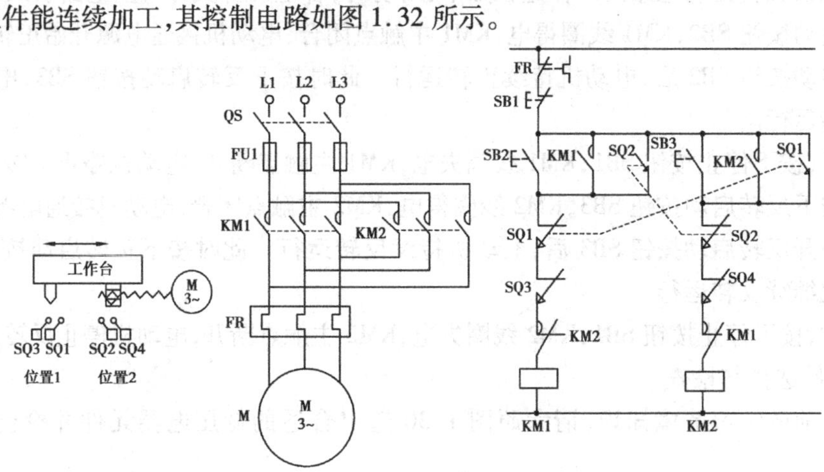

(a)主电路　　(b)控制电路

▲图 1.32 自动循环往复控制电路

电路工作过程:合上 QS。按下 SB2,KM1 线圈得电并自锁,电动机 M 正转,通过机械传动装置拖动工作台向左移动,当工作台运动到一定位置时,挡铁碰撞行程开关 SQ1,使其常闭触点断开,KM1 线圈失电,主触点复位(开),电动机停,自锁触点复位(开)。随后 SQ1 常开触点闭合,KM2 线圈得电并自锁,电动机反转,拖动工作台向右移动,行程开关 SQ1 复位,为下次正转做准备。由于 KM2 已自锁,电动机继续拖动工作台向右移动,当工作台向右移动到一定位置时,另一个挡铁碰撞 SQ2,SQ2 常闭触点断开,使 KM2 线圈失电,KM2 主触点复位(开),电动机停,KM2 自锁触点复位(开)。随后 SQ2 常开触点闭合,使 KM1 再次得电,电动机又开始正转。如此往复循环,使工作台在预定的行程内自动往复移动。

图 1.32 中 SQ3,SQ4 分别为左、右超极限限位保护用的行程开关。

【思考问题】

1. 举例说明两种不同的三相异步电动机正反转控制的应用实例,并分析其优缺点。

2. 说明图 1.32 电动机自动循环往复控制电路中的保护元件和保护作用。

任务四　三相异步电动机顺序控制电路的安装与调试

【内容提要】

本任务主要通过学习三相异步电动机的顺序控制方式来完成三相异步电动机顺序控制电路的安装与调试。

顺序控制方法及总任务

【学习要求】

①掌握时间继电器的基本原理及使用。

②掌握电气元件动作过程对电气设备控制的一般方法。

【任务导入】

顺序设计法的基本步骤

在多台电动机驱动的生产机械上,各台电动机所起的作用不同,设备有时要求某些电动机按照一定的顺序启动并工作,以保证操作过程的合理性和设备工作的可靠性。例如,机械加工车床的主轴启动时必须先让油泵电动机启动,以使齿轮箱有充分的润滑油。这对电动机的启动过程提出了顺序控制的要求,实现顺序控制要求的电路称为顺序控制电路。如何实现电动机的顺序控制?

【知识链接】

顺序功能图

学习情境:认识时间继电器

从得到输入信号(线圈的通电或断电)开始,经过一定的延时后才输出信号(触点的闭合或断开)的继电器,称为时间继电器。

时间继电器延时方式有通电延时和断电延时两种。

通电延时:接收输入信号后延迟一定时间,输出信号才发生变化;当输入信号消失后,输出瞬时复原。

断电延时:接收输入信号时,瞬时产生相应的输出信号;当输入信号消失后,延迟一定时间,输出才复原。

常用的时间继电器主要有电磁式、电动式、空气阻尼式、晶体管式等。其中,电磁式时间继电器的结构简单,价格低廉,但体积和质量较大,延时较短(如 JT3 型只有 0.3 ~ 5.5 s),且只能用于直流断电延时;电动式时间继电器的延时精度高,延时可调范围大(由几分钟到几小时),但结构复杂,价格贵。目前在电力拖动线路中,应用较多的是空气阻尼式时间继电器。近年来,晶体管式时间继电器的应用日益广泛。

空气阻尼式时间继电器是利用空气阻尼作用而达到延时的目的。它由电磁机构、延时机构和触点组成。

空气阻尼式时间继电器的电磁机构有交流、直流两种。延时方式有通电延时型和断电延时型(改变电磁机构位置、将电磁铁翻转 180°安装)。当动铁芯(衔铁)位于静铁芯和延时机构之间位置时为通电延时型;当静铁芯位于动铁芯和延时机构之间位置时为断电延时型。JS7-A 系列时间继电器如图 1.33 所示。

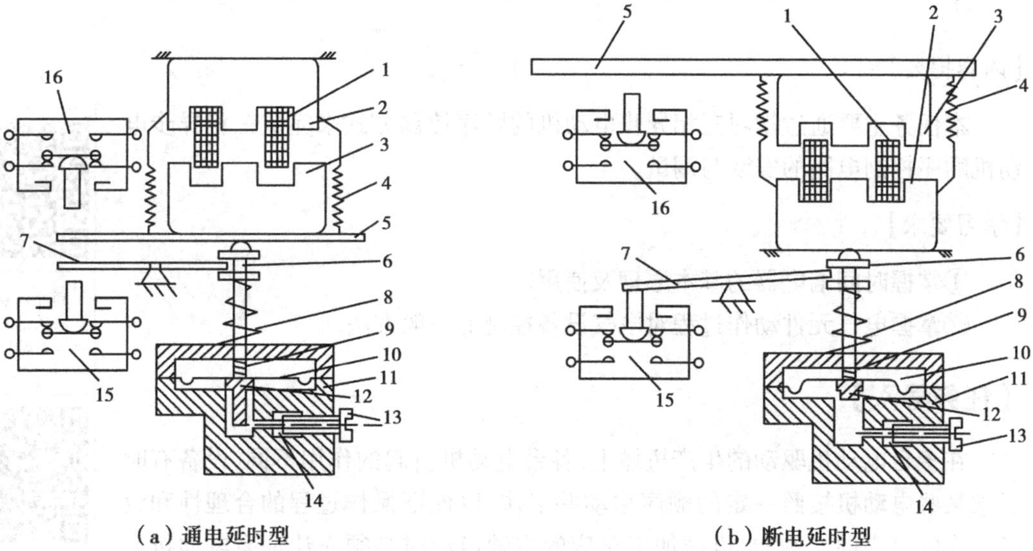

▲图 1.33 JS7-A 系列时间继电器

1—线圈;2—铁芯;3—衔铁;4—反力弹簧;5—推板;6—活塞杆;7—杠杆;8—塔形弹簧;9—弱弹簧;10—橡皮膜;11—空气室壁;12—活塞;13—调节螺钉;14—进气口;15,16—微动开关

现以通电延时型为例说明其工作原理。当线圈得电后,衔铁(动铁芯)吸合,活塞杆在塔形弹簧作用下带动活塞及橡皮膜向上移动,橡皮膜下方空气室空气变得稀薄,形成负压,活塞杆只能缓慢移动,其移动速度由进气孔气隙大小来决定。经过一段时间延时后,活塞杆通过杠杆压动微动开关,使其触点动作,起通电延时作用。

当线圈断电时,衔铁释放,橡皮膜下方空气室内的空气通过活塞肩部所形成的单向阀迅速排出,使活塞杆、杠杆、微动开关等迅速复位。由线圈得电到触点动作的一段时间即为时间继电器的延时时间,其大小可通过调节螺钉调节进气孔气隙的大小来改变。

断电时间继电器的结构、工作原理与通电延时继电器相似,只是电磁铁安装方向不同,即当衔铁吸合时推动活塞复位,排出空气。当衔铁释放时活塞杆在弹簧作用下使活塞向下移动,实现断电延时。

在线圈通电和断电时,微动开关在推板的作用下瞬时动作,其触点即为时间继电器的瞬时触点。

时间继电器的图形符号如图 1.34 所示,文字符号为 KT。

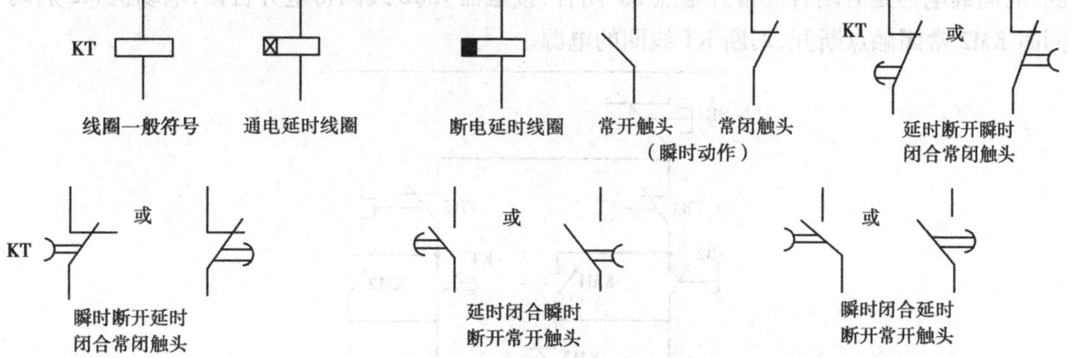

▲图 1.34　时间继电器图形及文字符号

空气阻尼式时间继电器结构简单，价格低廉，延时范围为 0.4 ~ 180 s，但是延时误差较大，难以精确地整定延时时间，常用于延时精度要求不高的交流控制电路中。

【任务实战】

三相异步电动机顺序控制电路的安装与调试

在多机拖动系统中，各电动机所起的作用是不同的，有时需按一定的顺序启动，才能保证操作过程的合理性和工作的安全可靠。

例如，在图 1.35 中，机床中要求 M1 先启动后 M2 才允许启动。将控制电动机 M1 的接触器 KM1 的常开触点串入控制电动机 M2 的接触器 KM2 的线圈电路中，可实现按顺序工作的联锁要求。

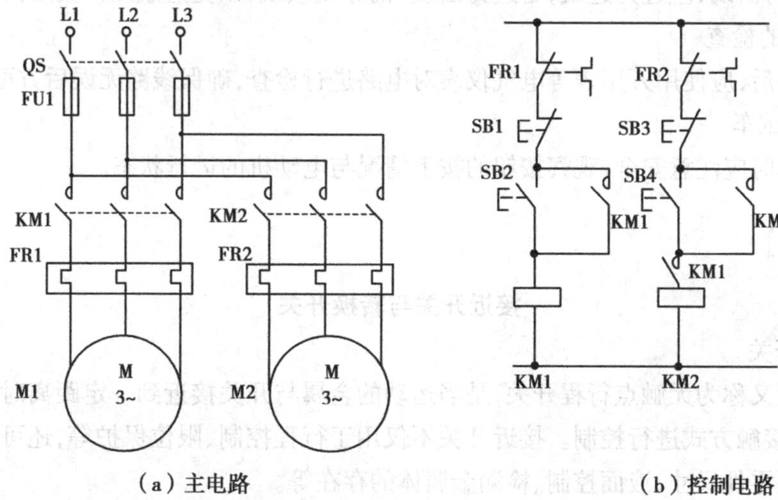

▲图 1.35　按顺序工作时的控制电路

如图 1.36 所示为采用时间继电器，按时间顺序启动的控制电路。主电路与图 1.35 主电路相同，电路要求 M1 启动 50 s 后，M2 自动启动。可利用时间继电器的延时闭合常开触点来实现。按启动按钮 SB2，KM1 线圈得电并自锁，电动机 M1 启动，同时 KT 线圈得电。定时 50 s

到,时间继电器延时闭合的常开触点KT闭合,接触器KM2线圈得电并自锁,电动机M2启动,同时KM2常闭触点断开,切断KT线圈的电源。

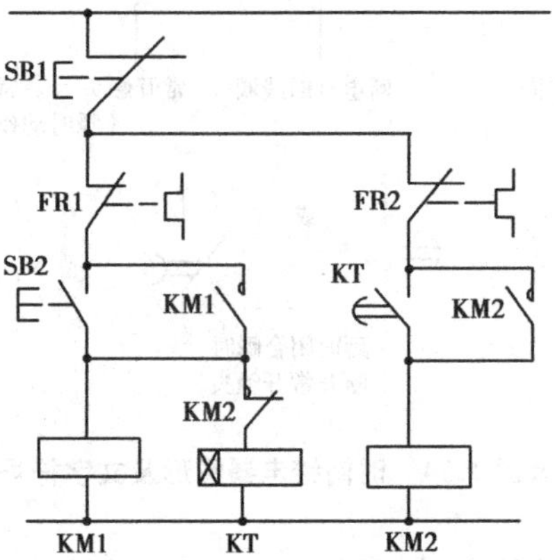

▲图1.36 采用时间继电器的顺序启动控制电路

(1)元件选择与检查

根据之前的学习情境知识,请参照图1.35选出合适的低压电器元件并检查其功能完好性。

(2)电路的安装与连接

装接电路的原则:应遵循"先主后控,先串后并;从上到下,从左到右;上进下出,左进右出"的原则进行接线。意思是接线时应先接主电路,后接控制电路;先接串联电路,后接并联电路;同时按照从上到下、从左到右的顺序逐根连接;对电气元件的进出线,则必须按照"上面为进线,下面为出线,左边为进线,右边为出线"的原则接线,以免造成元件被短接或接错。

(3)电路的检查

接好电路后,应使用万用表等电气仪表对电路进行检查,确保线路无误后方可通电试车。

(4)通电试车

通电试车时应注意安全,观察按钮的按下情况与电动机的运行状态。

【知识拓展】

接近开关与转换开关

1)接近开关

接近开关又称为无触点行程开关,是当运动的金属与开关接近到一定距离时发出接近信号,以不直接接触方式进行控制。接近开关不仅用于行程控制、限位保护等,还可用于高速计数、测速、检测零件尺寸、液面控制、检测金属体的存在等。

按工作原理分,接近开关有高频振荡型、电容型、电磁感应型、永磁型与磁敏元件型等,其中最常用的是高频振荡型。如图1.37所示是LJ2系列电子式接近开关原理图,主要由振荡器、放大器和输出3个部分组成。其基本工作原理是当有金属物体接近高频振荡器的线圈时,使振荡回路参数变化,振荡减弱直至终止而产生输出信号。图1.37中三极管VT1,振荡线圈L及电容C1,C2,C3组成电容三点式高频振荡器,其输出由三极管VT2放大,经二极管

VD7,VD8 整流成直流信号,加至三极管 VT3 基极,使 VT3 导通,三极管 VT4 截止,从而使三极管 VT5 导通,三极管 VT6 截止,无输出信号。

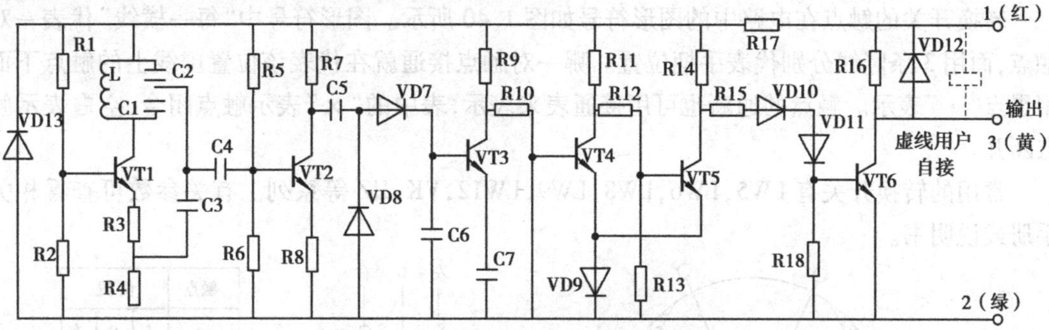

▲图 1.37　LJ2 系列电子式接近开关原理图

当金属物体靠近开关感应头时,振荡器减弱直至终止,此时 VD7,VD8 构成整流电路无输出信号,则 VT3 截止,VT4 导通,VT5 截止,VT6 导通,有信号输出。

接近开关的图形符号及文字符号如图 1.38 所示。

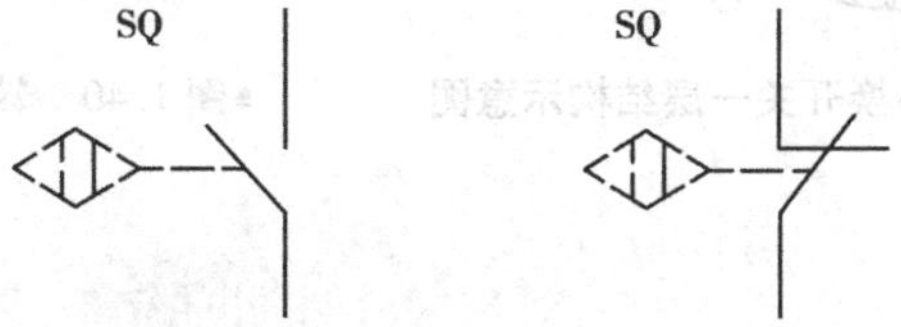

▲图 1.38　接近开关的图形符号

接近开关的特点是工作稳定可靠,寿命长,重复定位精度高。其主要参数有动作行程、工作电压、动作频率、响应时间、输出形式以及触点电流容量等。常用的国产接近开关的型号有 3SG,LJ,CJ,SJ,AB 和 LXJO 等系列。

2)转换开关

转换开关是一种多挡位、多触点能够控制多回路的主令器,广泛应用于各种配电装置的电源隔离、电路转换、电动机远距离控制等,也常作为电压表、电流表的换相开关,还可用于控制小容量的电动机。

转换开关目前主要有两大类,即万能转换开关和组合转换开关。它们的结构和工作原理相似,转换开关按结构分为普通型、开启型、防护型和组合型。按用途分主令控制和控制电动机两种。

转换开关一般采用组合式结构设计,由操作机构、定位装置和触点系统组成,并由各自的凸轮控制其通断;定位装置采用棘轮棘爪式结构。不同的棘轮和凸轮可组成不同的定位模式,即手柄在不同的转换角度时,触点的状态是不同的。

转换开关是由多组相同结构的触点组件叠装而成的,图 1.39 为 LW12 系列转换开关某一层的结构示意图。

LW12 系列转换开关由操作机构、面板、手柄和数个触点底座等主要部件组成,用螺栓组成一个整体。每层触点底座中装有最多 4 对触点,并由底座中间的凸轮进行控制。操作时手柄带动转轴和凸轮一起旋转,由于每层凸轮形状不同,当手柄转到不同位置时,通过凸轮的作用,可使触点按所需要的规律接通和分断。

转换开关的触点在电路中的图形符号如图1.40所示。图形符号中“每一横线”代表一对触点,而用3条竖线分别代表手柄位置。哪一对触点接通就在代表该位置虚线上的触点下面用黑点“·”表示。触点的通断也可用接通表来表示,表中的“×”表示触点闭合,空白表示触点断开。

常用的转换开关有LW5,LW6,LW8,LW9,LW12,VK,HZ等系列。有关参数可查看相关手册或说明书。

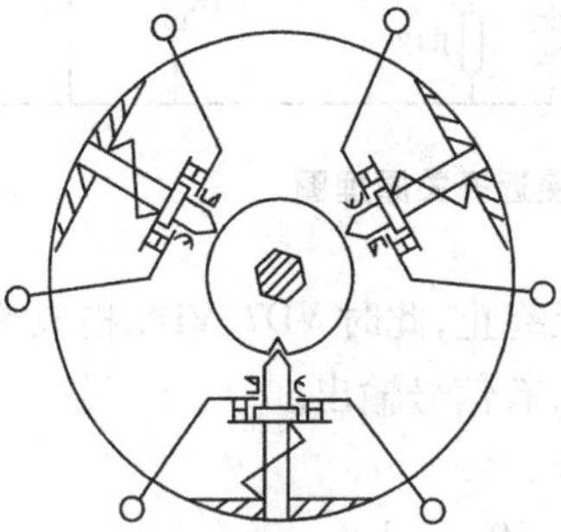

▲图1.39 LW12系列转换开关一层结构示意图

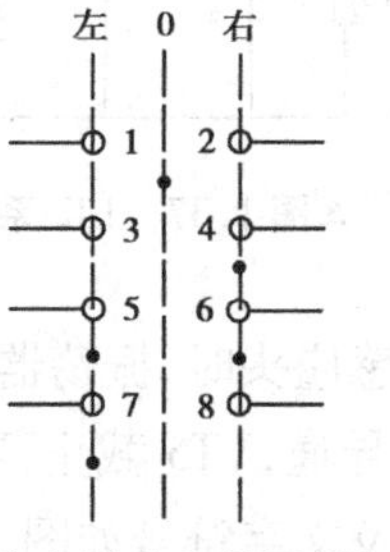

(a) 画“•”标记表示

触点	位置		
—	左	0	右
1—2		×	
3—4			×
5—6	×		×
7—8	×		

(b) 接通表表示

▲图1.40 转换开关的图形符号

【思考问题】

1. 设计电动机手动顺序控制电路,要求当电机M2启动后电机M1才能启动;当电机M1停止后电机M2才能停止。画出其电路图并简述动作过程。

2. 设计电动机自动顺序控制电路,要求当电机M1启动30 s后电机M2自动启动;当电机M1停止20 s后电机M2自动停止。画出其电路图并简述动作过程。

任务五 三相异步电动机降压启动控制电路的安装与调试

【内容提要】

本任务主要通过学习三相异步电动机的降压启动控制方式来完成三相异步电动机降压启动控制电路的安装与调试。

电动机降压启动原因

【学习要求】

①掌握电动机常见降压启动的基本方法。

②掌握三相异步电动机Y/△降压启动的原理及安装调试。

【任务导入】

降压启动是指利用启动设备将电压适当降低后加到电动机的定子绕组上进行启动,待电动机启动运转后,再使其电压恢复到额定值正常运转。由于电流随电压的降低而减少,所以降压启动达到了减少启动电流的目的，但同时由于电动机转矩与电压的平方成正比，所以降压启动也将导致电动机的启动转矩大为降低，因此降压启动需要在空载或轻载下进行。

常用的降压启动方法有：定子绕组串电阻（或电抗）启动、Y/△降压启动、定子串接自耦变压器降压启动等。

降压启动方式的分类

【知识链接】

较大容量（大于 10 kW）的电动机直接启动时，其启动电流大，一般为 4～7 倍的额定电流。过大的启动电流，会对电网产生巨大冲击，影响同一电网中其他设备的正常工作，所以一般采用降压方式来启动，即启动时降低加在电动机定子绕组上的电压，启动后再将电压恢复到额定值使之全压运行。

定子回路串电阻降压启动

学习情境 1：认识定子绕组串联电阻启动

定子绕组串联电阻降压启动的控制方案一般有两种。

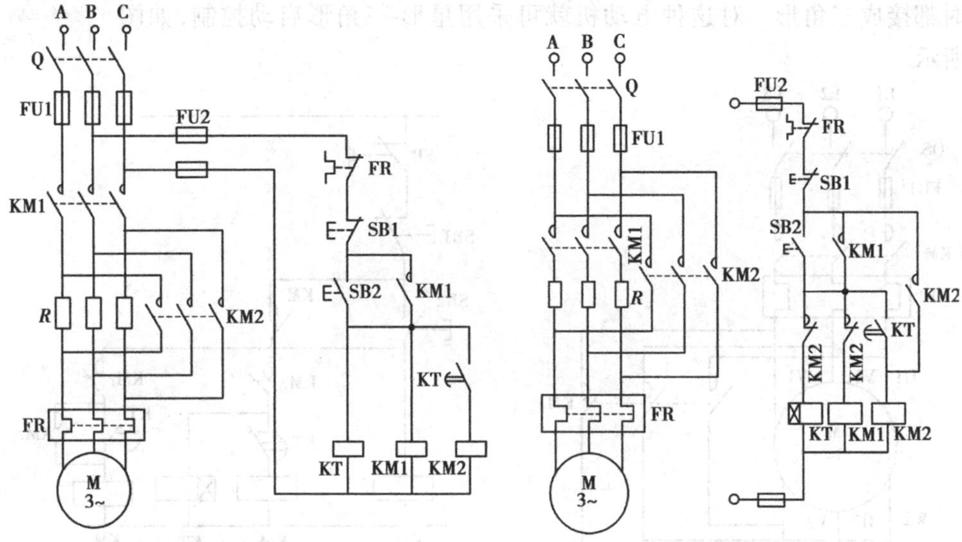

（a）串电阻换降压启动电路a　　（b）串电阻换降压启动电路b

▲图 1.41　串电阻降压启动电路

如图 1.41（a）所示的是一款靠时间继电器自动进行电路切换的串电阻换降压启动电路。启动时，按下启动按钮 SB2，KM1 和 KT 得电，KM1 的辅助常开触点闭合自锁，主触点闭合，电动机串入电阻启动。经延时规定时间后，KT 的延时闭合常开触点闭合，KM2 得电，其主触点闭合，短接启动电阻，电动机进行全压启动运行。

本电路的特点是能自动短接启动电阻，进入全压运行，操作简便。

如图 1.41（b）所示是定子绕组串电阻降压启动的另一种控制电路。启动时，按下启动按钮 SB2，KM1 和 KT 得电，KM1 的辅助常开触点闭合自锁，主触点闭合，电动机串入电阻启动。经延时规定时间后，KT 的延时闭合常开触点闭合，KM2 得电，其辅助常开触点闭合自锁，辅助常闭触点断开，使 KM1 和 KT 断电，实现了 KM1 和 KM2 之间的互锁，KM2 主触点闭合，短接启动电阻,进行全压启动运行。

本电路的特点是当启动电阻被短接,电动机全压运行时,只有一个接触器通电,控制电路能耗小。

定子绕组串联电阻启动的优点是:控制线路结构简单,成本低,动作可靠,提高了功率因数,有利于保证电网质量。但是,由于定子串电阻降压启动,启动电流随定子电压成正比下降,而启动转矩则按电压下降比例的平方倍下降。同时,每次启动都要消耗大量的电能。因此,三相笼型异步电动机采用电阻降压的启动方法,仅适用于要求启动平稳的中小容量电动机以及启动不频繁的场合。大容量电动机多采用串电抗降压启动。

学习情境2:认识星形-三角形(Y-△)启动控制电路

正常运行时定子绕组接成三角形的笼型异步电动机,可采用星形-三角形降压启动方式来限制启动电流。启动时定子绕组先连成星形(Y),接入三相交流电源,待转速接近额定转速时,将电动机定子绕组接成三角形(△),电动机进入正常运行。功率在4 kW以上的三相笼型异步电动机定子绕组在正常工作时都接成三角形。对这种电动机就可采用星形-三角形启动控制,如图1.42所示。

星形-三角形降压启动

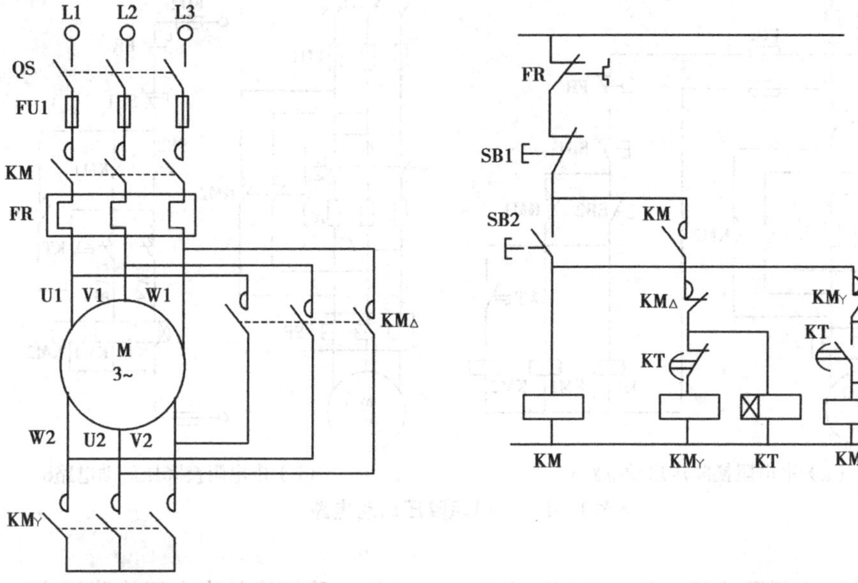

(a)主电路　　　　(b)控制电路

▲图1.42　星形-三角形启动控制电路

当启动电动机时,合上开关QS,按启动按钮SB2,接触器KM,KM_Y,KT线圈同时得电,KM_Y的主触点闭合,将电动机接成星形并经过KM的主触点接至电源,电动机降压启动。当KT延时时间到,KM_Y线圈失电,$KM_\triangle$线圈得电,电动机主回路接成三角形,电动机进入正常运行。

学习情境 3：认识定子串接自耦变压器降压启动

定子串接自耦变压器降压启动控制电路，如图 1.43 所示。

其线路工作过程如下：合上电源开关。

降压启动：按下 SB2 后，KA 线圈得电，KA 自锁触头闭合自锁，KT 线圈得电，KM2 线圈得电，KM2 主触头闭合，KM2 联锁触头分断对 KM1 联锁。电动机 M 接入 TM 降压启动。

全压运转：当电动机转速上升到接近额定转速时，KT 延时结束，KT 常闭触头先分断，KM2 线圈失电，KM2 常闭辅助触头分断对 KM1 联锁，KT 常开触头后闭合，KM1 线圈得电，KM1 自锁触头闭合自锁，KM1 主触头闭合，电动机 M 接成△全压运行。停止时按下 SB1 即可输出瞬时复原。

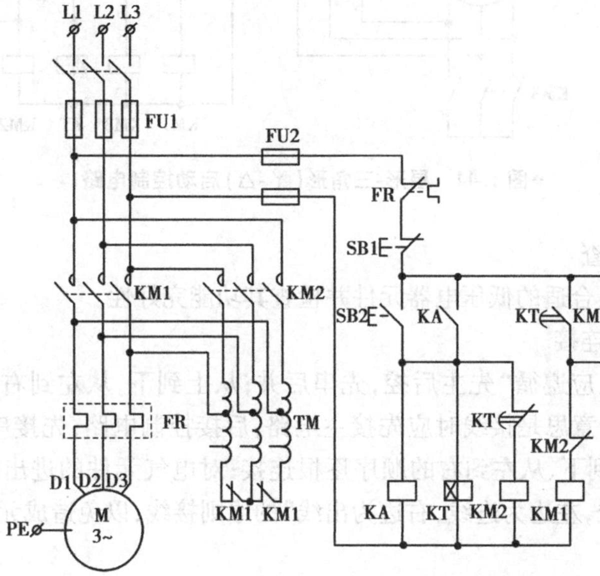

▲图 1.43　定子串接自耦变压器降压启动控制电路

【任务实战】

三相异步电动机星形-三角形(Y-△)启动控制电路的安装与调试

在常用的降压启动方法中，选用最常用、最广泛使用的三相异步电动机星形-三角形(Y-△)启动控制电路来作为实际实施项目。

如图 1.44 所示，启动电动机时，合上开关 QS，按下启动按钮 SB2，接触器 KM，KM_Y，KT 线圈同时得电，KM_Y的主触点闭合，将电动机接成星形并经过 KM 的主触点接至电源，电动机降压启动。当 KT 延时 30s 时间到，KM_Y线圈失电，$KM_\triangle$线圈得电，电动机主回路接成三角形，电动机进入正常运行。

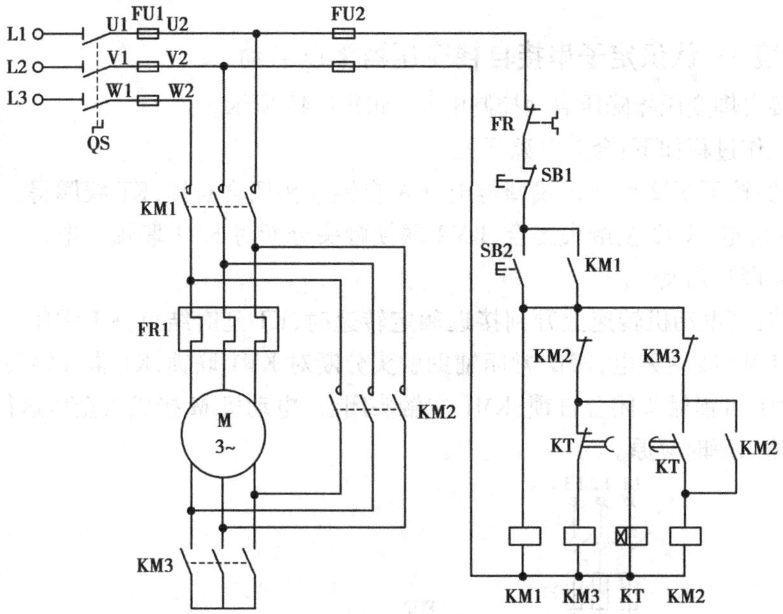

▲图1.44 星形-三角形(Y-△)启动控制电路

1)元件选择与检查

参照图1.44选出合适的低压电器元件并检查其功能完好性。

2)电路的安装与连接

装接电路的原则:应遵循"先主后控,先串后并;从上到下,从左到右;上进下出,左进右出"的原则进行接线。意思是接线时应先接主电路,后接控制电路;先接串联电路,后接并联电路;同时按照从上到下、从左到右的顺序逐根连接;对电气元件的进出线,则必须按照"上面为进线,下面为出线,左边为进线,右边为出线"的原则接线,以免造成元件被短接或接错。

3)电路的检查

接好电路后,应使用万用表等电气仪表对电路进行检查,确保线路无误后方可通电试车。

4)通电试车

通电试车时应注意安全,观察按钮的按下情况与电动机的运行状态。

【知识拓展】

软启动器及调速控制电路

1)软启动器的基本概述

传统的降压启动,电动机在切换过程中会产生很高的电流尖峰,产生破坏性的动态转矩,引起的机械振动对电动机转子、联轴器以及负载都是有害的,因此出现了电子启动器,即软启动器。

交流异步电动机软启动技术成功地解决了交流异步电动机启动时电流大,线路电压降大,电力损耗大以及对传动机械带来破坏性冲击力等问题。交流电动机软启动装置对被控电动机既能起到软启动,又能起到软制动的作用。

交流电动机软启动是指电动机在启动过程中,装置输出电压按照一定规律上升,被控电动机电压由起始电压平滑地升到全电压,其转速随控制电压变化而发生相应的软性变化,即由零平滑地加速至额定转速的全过程,称为交流电动机软启动。

交流电动机软制动是指电动机在制动过程中,装置输出电压按照一定规律下降,被控电动机电压由全电压平滑地降到零,其转速相应地由额定值平滑地减至零的全过程。

2)软启动器的工作原理

如图 1.45 所示为软启动器原理示意图。其功率部分由 3 对正、反向并联的晶闸管组成,利用晶闸管的移相控制原理,通过控制晶闸管的导通角,改变其输出电压,使加在电动机上的电压按照某一规律慢慢达到全电压。由于软启动器为电子调压,并对电流进行检测,因此还具有对电动机和软启动器本身的热保护,限制转矩和电流冲击,三相电源不平衡、缺相、断相等保护功能,可实时检测并显示,如电流、电压、功率因数等参数。

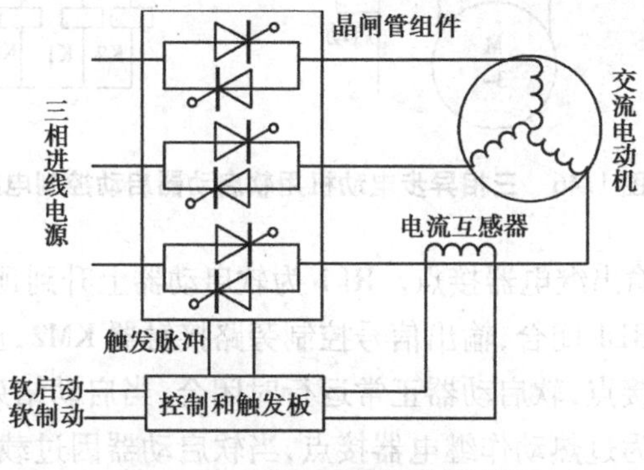

▲图 1.45　软启动器原理示意图

3)交流电动机软启动装置的功能特点

交流电动机软启动装置具有如下功能特点:

①启动过程和制动过程中,避免了运行电压、电流的急剧变化,有益于被控制电动机和传动机械,更有益于电网的稳定运行。

②启动和制动过程中,实施晶闸管无触点控制,装置使用时间长,故障事故率低且免检修。

③集相序、缺相、过热、启动过电流、运行过电流和过载的检测及保护于一身,节电、安全、功能强。

④实现以最小起始电压(电流)获得最佳转矩的节电效果。

4)三相异步电动机用软启动器启动控制电路

如图 1.46 所示为三相异步电动机用软启动器启动控制电路。图中所示为 JDRQ 系列软启动器,其中 L1,L2,L3 为软启动器主电源进线端子,U,V,W 为连接电动机的出线端子。当相对应端子短接时(相当于图 2.18 中 KM2 主触点闭合),将软启动器内部晶闸管短接,但此时软启动器内部的电流检测环节仍起作用,即此时软启动器对电动机保护功能仍起作用。

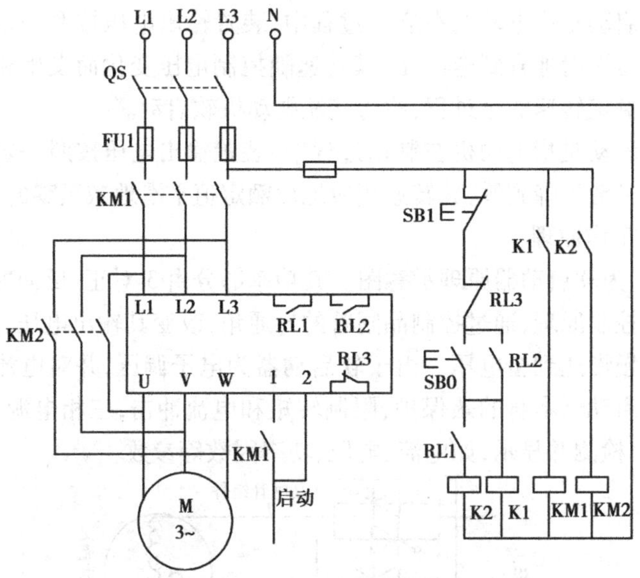

▲图1.46　三相异步电动机用软启动器启动控制电路

RL1,RL2和RL3为输出继电器接点。RL1为软启动器上升到顶部输出继电器接点,当软启动器完成启动过程后,RL1闭合,输出信号控制旁路接触器KM2,正常启动后直接给电动机供电;RL2为运行继电器接点,软启动器正常运行时闭合,当启动结束后,由KM1的辅助接点闭合提供信号;RL3设置为过热动作继电器接点,当软启动器因过载发热时断开,停止软启动器工作。软启动器还有故障继电器接点、斜坡下降按钮、故障复位按钮等没在图中表示出来。

图1.46中,当开关QS合上时,按下启动按钮SB0,则K1触点闭合,KM1线圈得电,使其主触点闭合,主电源加入软启动器。电动机按设定的启动方式启动,当启动完成后,内部继电器RL2常开触点闭合,KM2接触器线圈得电主触点闭合,电动机转由旁路接触器KM2触点供电,同时将软启动器内部的功率晶闸管短接,电动机通过接触器由电网直接供电。但此时过载、过流等保护仍起作用,RL3相当于保护继电器的触点。若发生过载、过流,则切断接触器KM1电源,切除软启动器进线电源。因此,电动机不需要额外增加过载保护电路。正常停车时,按停车按钮SB1,停止指令使RL2触点断开,旁路接触器KM2跳闸,使电动机软停车,软停车结束后,RL1触点断开。

由于带有旁路接触器,该电路有如下优点:在电动机运行时可以避免软启动器产生谐波;软启动器仅在启动和停车时工作,可以避免长期运行使晶闸管发热,延长使用寿命。

【思考问题】

1. 分析说明几种不同的电动机降压启动方式的优缺点及适用情形。
2. 结合实际生产生活,分析传统电气控制的优缺点。

项目二

基于PLC控制的三相异步电动机常用控制电路的安装与调试

任务一　PLC 的基本认识

【内容提要】

本任务主要通过了解 PLC 的基本概述等相关知识来完成西门子 S7-200 系列 PLC 的安装接线与运行。

三相异步电动机工作原理

【学习要求】

①掌握 PLC 的基本定义特点及分类。

②掌握西门子 S7-200 系列 PLC 的结构与安装接线。

【任务导入】

利用接触器来实现三相异步电动机的正反转控制，如图 2.1 所示。若改变电动机的控制要求，如按下正转启动按钮 SB2，电动机正转 10 s，暂停 5 s，反转 10 s，暂停 5 s，如此循环 5 个周期，然后自动停止；如按下反转启动按钮 SB3，电动机反转 10 s，暂停 5 s，正转 10 s，暂停 5 s，如此循环 5 个周期，然后自动停止；运行中，可按停止按钮停止，热继电器动作也应停止。这时就需要增加通电延时时间继电器和计数器才能实现控制要求，同时需要改变如图 2.1 所示的控制电路的接线方式才能实现。

从上面的例子可以看出，继电器接触器控制系统采用的是硬件接线安装。一旦控制要求改变，控制系统就必须重新配线安装，对于复杂的控制系统，这种变动的工作量大、周期长，再加上机械触点易损坏，因而系统的可靠性较差，检修工作相当困难。若采用 PLC 控制，工作将变得简单可靠，那么 PLC 是一个什么样的控制装置，它又是如何实现对机械设备的控制呢？

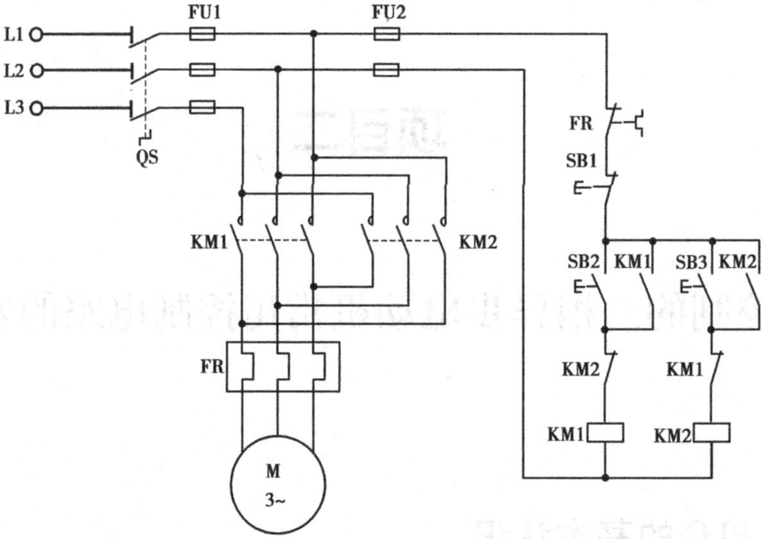

▲图 2.1　用接触器实现三相异步电动机正反转控制的电路

【知识链接】

可编程序控制器(Programmable Controller,PC)是计算机家族中的一员,但为了避免与个人计算机(Personal Computer)的简写 PC 相混淆,所以将可编程序控制器称为 PLC(Programmable Logic Controller)。

学习情境 1:PLC 的产生及定义

1)PLC 的产生

PLC的产生

传统的生产机械自动控制系统采用的是继电器控制,继电器控制系统具有结构简单、价格低廉、容易操作等优点,适应于工作模式固定,要求比较简单的场合,目前应用广泛。

随着工业生产的迅速发展,市场竞争激烈,产品更新换代的周期日趋缩短。由于传统的继电器控制系统存在着设计制造周期长,维修和改变控制逻辑困难等缺点,因此,越来越不能适应工业现代化发展的需要,迫切需要新型先进的自动控制装置。于是,1968 年美国通用汽车公司(GM)对外公开招标,要求用新的电气控制装置取代继电器控制系统,以便适应迅速改变生产程序的要求。该公司对新的控制系统提出十项指标:

①编程方便,可现场编辑和修改程序;

②硬件维修方便,最好采用插件式结构;

③可靠性要明显高于继电器控制系统;

④体积要明显小于继电器控制盘;

⑤具有数据通信功能;

⑥价格便宜,其性价比明显高于继电器控制系统;

⑦输入可为市电,可以是 AC 115 V;

⑧输出可为 AC 115 V,容量要求在 2 A 以上,可直接驱动接触器等;

⑨扩展时原系统只需做很小的改动;

⑩用户存储器大于 4 kB。

这十项指标实际上就是现在 PLC 的最基本功能。其核心要求可归纳为以下 4 点:

①计算机代替继电器控制盘;

②用程序代替硬接线;

③输入/输出电平可与外部装置直接相联;

④结构易于扩展。

1969 年第一台 PLC 在美国的数字设备公司制成,并成功地应用到美国通用汽车公司的生产线上,它既有继电器控制系统的外部特性,又有计算机的可编程性、通用性和灵活性,开创了 PLC 的新纪元。

20 世纪 70 年代中期,随着大规模集成电路和微型计算机技术的发展,美国、日本、德国等国把微处理器引入 PLC,使 PLC 在继电器控制和计算机控制的基础上,逐渐发展成以微处理器为核心,把自动化技术、计算机技术、通信技术融为一体的新型自动控制装置。而且在编程方面采用了面向生产、面向用户的语言,打破了以往必须具有计算机专业知识的人员使用计算机编程的限制,使广大工程技术人员和具有电工知识的人员乐于接受和应用,所以得到了迅速而广泛的推广。

PLC 未来的发展不仅依赖于对新产品的开发,还在于 PLC 与其他工业控制设备和工厂管理技术的综合。无疑,PLC 在今后的工业自动化中扮演着重要角色。

2)PLC 的定义

国际电工委员会(IEC)于 1987 年对可编程序控制器下的定义是:可编程序控制器是一种数字运算操作的电子系统,专为在工业环境下应用而设计。它采用的是一类可编程的存储器,用于在其内部存储程序,执行逻辑运算、顺序控制、定时、计数和算术操作等面向用户的指令;并通过数字式或模拟式输入/输出控制各种类型的机械或生产过程。PLC 及其有关的外部设备,都按易于与工业控制系统联成一个整体、易于扩充其功能的原则设计。

PLC的定义

学习情境 2:PLC 的特点及分类

1)PLC 的特点

PLC 是面向用户专为在工业环境下应用而设计的专用计算机。它具有以下几个显著特点。

(1)可靠性高,抗干扰能力强

PLC 是专为工业控制而设计的,要能适应一个具有很强的电噪声、电磁干扰、机械振动、极端温度和湿度很大的工业环境中,那么,在 PLC 硬件设计方面,先应对器件严格筛选和优化,而且在电路结构及工艺上采取了一些独特的方式。例如,在输入/输出(I/O)电路中都采用了光电隔离措施,做到电浮空,既方便接地,又提高了抗干扰性能;各个 I/O 端口除了采用常规模拟滤波以外,还加上数字滤波;内部采用了电磁屏蔽措施,防止辐射干扰;采用了较先进的电源电路,以防止由电源回路串入的干扰信号;采用了合理的电路程序,对模块可进行在线插拔,调试时不会影响各机的正常运行,其平均无故障运行时间达(3~5)×10^4 h以上。

(2)编程简单、直观

PLC是面向用户、面向现场,考虑到大多数电气技术人员熟悉继电器控制线路的特点,在PLC的设计上,没有采用微机控制中常用的汇编语言,而是采用的一种面向控制过程的梯形图语言。梯形图语言与继电器原理图类似,形象直观,易学易懂,便于掌握。PLC继承了计算机控制技术和传统的继电器控制技术的优点,使用起来灵活方便。近年来,又发展了面向对象的顺控流程图语言(Sequential Function Chart),使编程更简单方便。

(3)控制功能强

PLC除具有基本的逻辑控制、定时、计数、算术运算等功能外,配上特殊的功能模块还可实现位控制、PID运算、过程控制、数字控制等功能。

PLC可连接成功能较强的网络系统,低速网络的传输距离达500~2 500 m,高速网络的传输距离为500~1 000 m,网上节点可达1 024个,并且高速网络和低速网络可以级联,兼容性好。

(4)易于安装,便于维护

PLC安装简单,其相对小的体积使之能安装在通常继电器控制箱所需一半的空间之内。在从继电器控制系统改造到PLC系统的情况下,PLC小的模块结构使之能安装在继电器箱附近并将连线接向已有接线端,而且改换方便,只要将PLC的输入/输出端子连向已有的接线端子排即可。

在大型PLC系统的安装中,远程输入/输出站安置在最优地点,远程I/O站通过同轴电缆和双扭线连向CPU,这种配置大大减少了物料和劳力,远程子系统也意味着系统不同部分可在到达安装场地前由PLC工程商预先连好线,这一方法大大减少了电气技术人员的现场安装时间。

从一开始,PLC便以易维护作为设计目标。由于所有的器件都是模块化的,维护时只需更换模块及插入式部件,故障检测电路将诊断指示器嵌在每一部件中,能指示器件是否正常工作,借助于编程设备可见输入/输出是ON还是OFF,还可写编程指令来报告故障。

总之,在工业应用中使用PLC的优点是显而易见的。通过PLC的使用,用户可获得高性能、高可靠性带来的高质量和低成本。

2)PLC的分类

PLC发展至今已经有多种形式,其功能也不尽相同。分类时,一般按以下原则进行考虑。

PLC的分类

(1)从I/O点数容量分类

按PLC的输入输出点数可将PLC分为以下三大类。

①小型机。小型PLC输入输出总点数一般在256点以下,其功能以开关量控制为主,用户程序存储器容量在4 K字节以下。小型PLC的特点是体积小,价格低,适合于控制单台设备、开发机电一体化产品。

典型的小型机有SIEMENS公司的S7-200系列,OMRON公司的CQM1系列,三菱FX系列、MODICONPC-085等整体式PLC产品。

②中型机。中型PLC的输入输出总点数一般为256~2 048点,用户程序存储容量达2~

8 K字节。中型PLC不仅具有开关量和模拟量的控制功能，还具有更强的数字计算能力，其通信功能和模拟量处理能力更强大，适用于复杂的逻辑控制系统以及连续生产过程的控制场合。

典型的中型机有SIEMENS公司的S7-300系列，OMRON公司的C200H系列，AB公司的SLC500系列模块式PLC等产品。

③大型机。大型PLC的输入输出总点数在2 048点以上，用户程序存储容量达8～16 K字节，它具有计算、控制和调节的功能，还具有强大的网络结构和通信联网能力。其监视系统采用CRT显示，能够表示过程的动态流程。大型机适用于设备自动化控制、过程自动化控制和过程监控系统。

典型的大型PLC有SIEMENS公司的S7-400，OMRON公司的C2000H系列，AB公司的SLC5/05系列等产品。

(2)从结构形式分类

根据PLC结构形式的不同，将PLC分为以下三大类。

①整体式结构。整体式又称为箱体式，整体式结构是将PLC各主要组成部分集装在一个机壳内，即CPU板、输入板、输出板、电源板等很紧凑地安装在一个标准机壳内，构成一个整体，组成PLC的一个基本单元(主机)或扩展单元。基本单元上设有扩展端口，通过扩展电缆与扩展单元相连，以构成PLC不同的配置。整体式PLC还配备有许多专用的特殊功能模块，使PLC的功能得到扩展。

整体式结构的PLC结构紧凑，价格低，安装方便，小型PLC一般采用整体式结构。例如，三菱F1、F2系列，OMRON公司的C系列等。

②模块式结构。模块式PLC采用积木搭接的方式组成系统，其特点是CPU、输入、输出、电源等都是独立的模块。它由框架和各模块组成，模块插在相应插座上，而插座焊在框架中的总线连接板上。PLC的电源既可以是单独的模块，也可以包含在CPU模块中。PLC厂家备用不同槽数的框架供用户选择，用户可选择不同档次的CPU模块、品种繁多的I/O模块和其他特殊模块，组成不同的控制系统。

模块式PLC组合灵活，硬件配置的余地大，维修时更换模块方便，输入/输出点数较多的大、中型和部分小型PLC一般采用模块式结构。例如，SIEMENS公司的S5系列，OMRON公司的C500、C1000H等。

③叠装式结构。叠装式吸收了整体式和模块式PLC的优点，其基本单元、扩展单元等高等宽，但长度不同。它不用基板，仅用扁平电缆连接，紧密拼装后组成一个整齐的、体积小巧的长方体，而且输入、输出点数的配置也相当灵活。例如，三菱公司的FX2系列。

学习情境3：PLC的基本组成

1)PLC的组成

PLC主要由中央处理器(CPU)、存储器(RAM、ROM)、输入输出单元(I/O)、电源和编程器等几部分组成。

PLC的硬件组成

(1)中央处理器

中央处理器是具有运算和控制功能的大规模集成电路，又称为CPU，是控制其他部件操

作的 PC 核心。其作用如下:

①按照系统程序赋予的功能接收并存储由编程器键入的用户程序和数据,诊断电源及 PLC 内部电路的工作状态和编程中出现的语法错误。

②用扫描方式工作。监视并接收现场输入信号,从存储器中逐渐读取并执行用户程序,完成用户程序所规定的逻辑或算术等操作,根据运算结果控制输出。

PLC的软件组成

PLC 中常用的 CPU 主要采用通用微处理器、单片机和位片式微处理器 3 种类型。小型 PC 多采用 8 位微处理器,中型机多采用 16 位微处理器,大型机多采用高速位片机。PC 档次越高,CPU 的位数也越多,运算速度也越快,功能指令越强。OMPON 的小型机一般采用增强型的 8 位微处理机。

(2)存储器

存储器是具有记忆功能的半导体集成电路,用于存放系统程序、用户程序、逻辑变量和其他信息。系统程序是控制和完成 PLC 多种功能的程序,由厂家编写。用户程序是根据生产过程和工艺要求设计的控制程序,由用户编写。

PLC 中常用的存储器有 ROM,RAM 和 EPROM。

①只读存储器 ROM。只读存储器中一般存放系统程序。系统程序具有开机自检、工作方式选择,键盘输入处理、信息传递和对用户程序的翻译解释等功能。系统程序关系到 PLC 的性能,由制造厂家用微机的机器语言编写并在出厂时已固化在 ROM 或 EPROM(紫外线可擦除 ROM)芯片中,用户不能直接存取。

②随机存储器 RAM。随机存储器又称为可读可写存储器。读出时 RAM 中的内容保持不变。写入时,新写入的信息覆盖了原来的内容。因此,RAM 用来存放既可读出又需经常修改的内容。PLC 中的 RAM 一般存放用户程序、逻辑变量和其他信息。用户程序是在编程方式下,用户从键盘上输入并经过系统程序编译处理后放在 RAM 中的。RAM 中的内容在掉电后消失,所以 PLC 为 RAM 提供了备用锂电池,若经常带负载可维持 3~5 年。如果调试通过的用户程序要长期使用,可用专用 EPROM 写入器将程序固化在 EPROM 芯片中,再把该芯片插在 PLC 上的 EPROM 专用插座中。

(3)输入输出单元(I/O 单元)

实际生产过程中的信号电平是多种多样的,外部执行机构所需的电平也是千差万别的,而 PLC 的 CPU 所处理的信号只能是标准电平,正是通过输入、输出单元实现了这些信号电平的转换。I/O 单元实际上是 PC 与被控对象之间传递输入、输出信号的接口部件。

①输入接口单元。输入接口是 PLC 与控制现场的接口界面的输入通道。输入接口由光电耦合、输入电路和微处理器输入接口电路组成。光电耦合输入电路隔离输入信号,防止现场强电干扰进入微机,对交流输入信号还可采用变压器或继电器隔离。有许多种 PLC 还加有滤波环节来增强抗干扰性能。

多种 PC 的输入接口单元大都相同,通常有两种类型:一种是直流输入,如图 2.2 所示;另一种是交流输入,如图 2.3 所示。

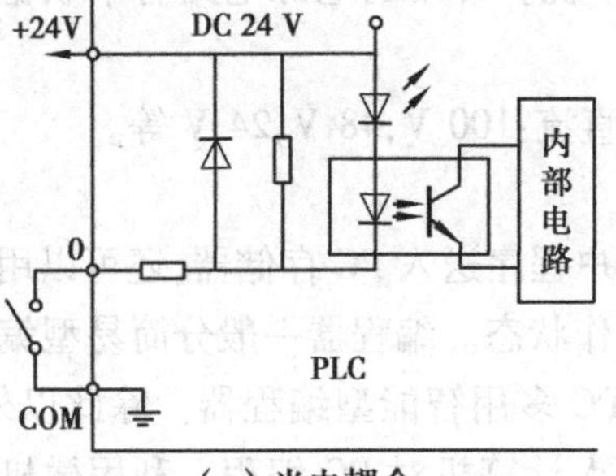

（a）光电耦合

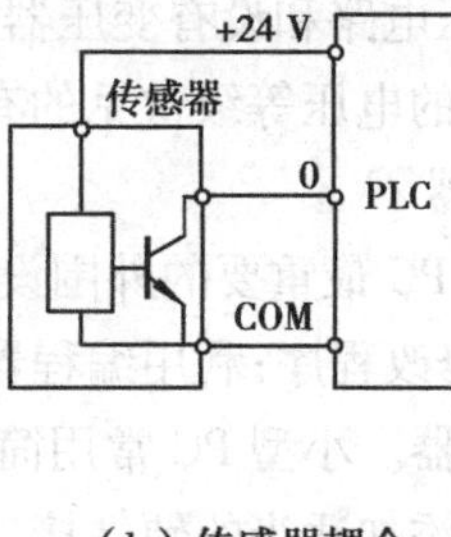

（b）传感器耦合

▲图 2.2　直流输入电路

②输出接口单元。输出接口接收主机的输出信息，并进行功率放大和隔离，经过输出接线端子向现场输出部分输出相应的控制信号。输出接口电路一般由微电脑输出接口和隔离电路、功率放大电路组成。PC 的输出接口单元有 3 种形式，即继电器输出、晶体管输出和双向可控硅（晶闸管）输出，如图 2.4 所示。

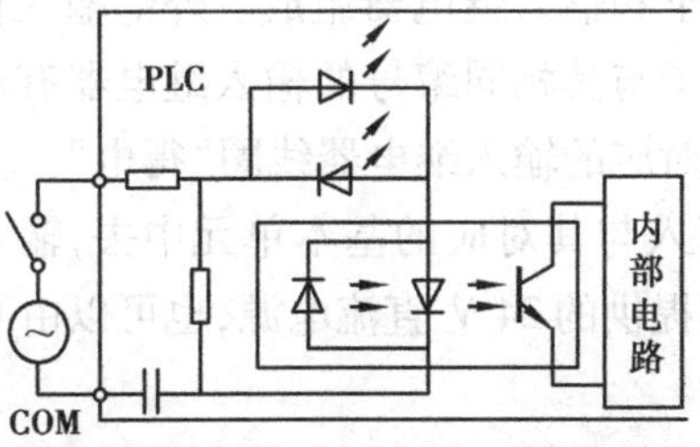

▲图 2.3　交流输入电路

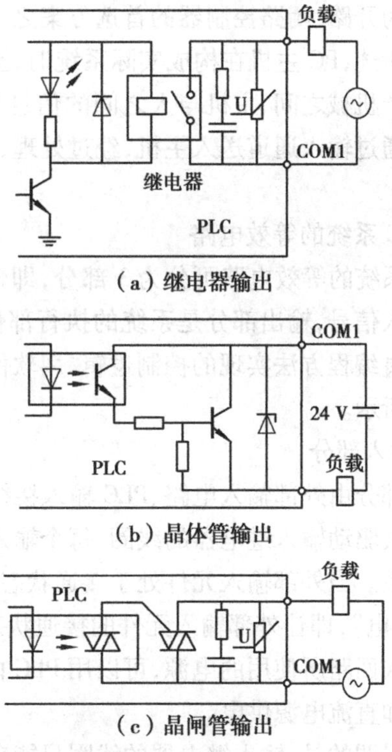

▲图 2.4　输出电路

（4）电源单元

电源单元是将交流电压信号转换成微处理器、存储器及输入、输出部件正常工作所需的直流电源。由于 PLC 主要用于工业现场的自动控制、直接处于工业干扰的影响之中，所以为了保证 PLC 内主机可靠工作，电源单元对供电电源采用了较多的滤波环节，还用集成电压调整器进行调整以适应交流电网的电压波动，对过电压和欠电压都有一定的保护作用。另外，采用了较多的屏蔽措施来防止工业环境中的空间电磁干扰。常用的电源电路有串联稳压电路、开关式稳压电路和设有变压器的逆变式电路。

供电电源的电压等级常见的有交流:100 V,200 V;直流:100 V,48 V,24 V等。

(5)编程器

编程器是PC最重要的外围设备。利用编程器将用户程序送入PC存储器,还可以用编程器检查程序,修改程序;利用编程器还可以监视PC的工作状态。编程器一般分简易型编程器和智能型编程器。小型PC常用简易型编程器,大中型PC多用智能型编程器。除此以外,在个人计算机上添加适当的硬件接口和软件包,即可用个人计算机对PC编程。利用微机作为编程器,可以直接编制并显示梯形图。

PLC还有一些外围设备,如EPROM写入器、打印机、图形编程器、工业计算机等,这些设备必须通过相应的接口电路与PC连接。

以上几个部分组成的整体称为PLC,是一种可根据生产需要人为灵活变更控制规律的控制装置,它与多种生产机械配套可组成多种工业控制设备,实现对生产过程或某些工艺参数的自动控制。由于PC主机实质上是一台工业专用微机,并具有普通微机所不具备的特点,因此使其成为开路、闭路控制器的首选方案之一。

综上所述,PC主机在构成实际系统时,至少需要建立两种双向的信息交流通道,即完成主机与生产机械之间、主机与人之间的信息交换。在与生产现场进行连接后,含有工况信息的电信号通过输入通道送入主机,经过处理,计算产生输出控制信号,通过输出通道控制执行元件工作。

2)PLC系统的等效电路

PLC系统的等效电路可分为3部分,即输入部分、内部控制电路和输出部分。输入部分是采集输入信号,输出部分是系统的执行部件,这两部分与继电器控制电路相同。内部控制电路是通过编程方法实现的控制逻辑,用软件编程代替继电器电路的功能。其等效工作电路如图2.5所示。

(1)输入部分

输入部分由外部输入电路、PLC输入接线端子和输入继电器组成。外部输入信号经PLC输入端子去驱动输入继电器的线圈,每个输入端子与其相同编号的输入继电器有着唯一确定的对应关系。当外部输入元件处于接通状态时,对应的输入继电器线圈"得电"。为使继电器的线圈"得电",即让外部输入元件的接通状态写入与其对应的基本单元中去,输入回路要有电源。输入回路所使用的电源,可以用PLC内部提供的24 V直流电源,也可以由PLC外部独立的交流和直流电源供电。

需要强调的是,输入继电器的线圈只能来自现场的输入元件(如控制按钮、行程开关的触点、晶体管的基极-发射极电压、各种检测及保护器的触点或动作信号等)的驱动,而不能用编程的方式去控制,因此,在梯形图程序中,只能使用输入继电器的触点,不能使用输入继电器的线圈。

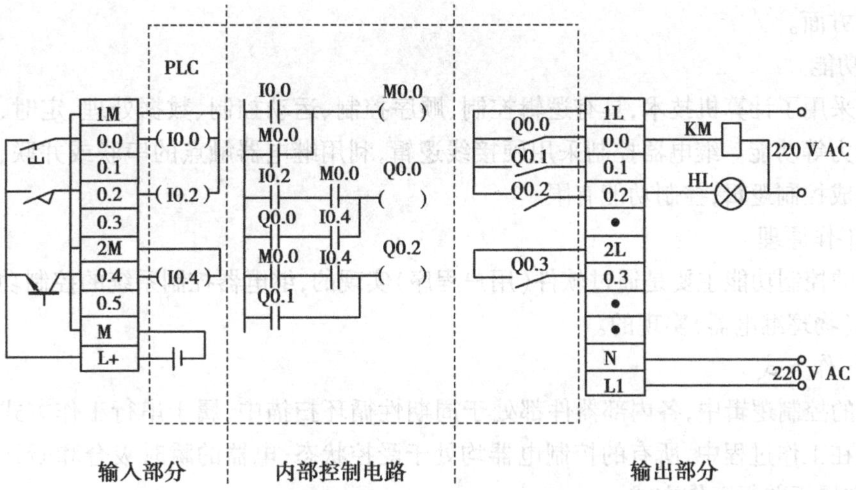

▲图 2.5　PLC 的等效工作电路

(2)内部控制电路

内部控制电路是由用户程序形成的用“软继电器”来代替继电器的控制逻辑电路。其作用是按照用户程序规定的逻辑关系,对输入信号和输出信号的状态进行检测、判断、运算和处理,然后得到相应的输出。

一般用户程序是用梯形图语言编制的,它看起来像继电器控制线路图。在继电器控制线路中,继电器的触点可瞬时动作,也可延时动作,而 PLC 梯形图中的触点是瞬时动作的。如果需要延时,可由 PLC 提供的定时器来完成。延时时间可根据需要在编程时设定,其定时精度远高于时间继电器,范围也较大。在 PLC 中还提供了计数器、辅助继电器(中间继电器)及某些特殊功能的继电器。PLC 的这些器件所提供的逻辑控制功能,可在编程时根据需要选用,且只能在 PLC 的内部控制电路中使用。

(3)输出部分

输出部分是由在 PLC 内部且与内部控制电路隔离的输出继电器的外部动合触点、输出接线端子和外部驱动电路组成,用来驱动外部负载。

PLC 的内部控制电路中有许多输出继电器,每个输出继电器除了有为内部控制电路提供编程用的任意多个动合、动断触点外,还为外部输出电路提供了一个实际的动合触点与输出接线端子相连。

驱动外部负载电路的电源必须由外部电源提供,电源种类及规格可根据负载要求配置,只要在 PLC 允许的电压范围内工作即可。

综上所述,我们可对 PLC 的等效电路做进一步简化,即将输入等效为一个继电器的线圈,将输出等效为继电器的一个动合触点。

3)PLC 与继电器控制系统的比较

PLC 的梯形图是在继电器-接触器控制线路的基础上发展起来的,它沿用了继电器控制系统的电路元件符号和继电器等名称概念,PLC 与继电器控制系统均可用于开关量的逻辑控制。PLC 的梯形图与继电器控制电路对逻辑关系的表达方式相同,所用的很多电路元件符号也相似,如输入继电器、输出继电器等。PLC 的控制与继电器的控制有不同之处,主要表现在以下8个方面。

(1)功能

PLC采用了计算机技术,具有逻辑控制、顺序控制、运动控制、数据处理、定时、计数和通信联网能力等功能。继电器控制采用硬接线逻辑,利用继电器触点的串联或并联、延时继电器等组合成控制逻辑,控制功能有限。

(2)工作原理

PLC的控制功能主要是通过软件(用户程序)实现的,继电器控制系统的控制功能是用硬件继电器(物理继电器)实现的。

(3)工作方式

PLC的控制逻辑中,各内部器件都处于周期性循环扫描中,属于串行工作方式。继电器控制系统在工作过程中,所有的控制电器均处于受控状态,电器的瞬时吸合和断开理论上是同时的,它属于并行工作方式。

(4)可靠性和可维护性

PLC采用微电子技术,梯形图中的继电器是一种"软继电器"(触发器),它们的功能是用软件实现的,因此寿命长,可靠性高。PLC还配有自检和监督功能,能检查出自身的故障,并随时显示给操作人员,还能动态地监视控制程序的执行情况,为现场调试和维护提供方便。继电器控制系统一般比较复杂,所用的控制电器较多,并有机械磨损,因此可靠性差,其故障诊断和排除非常困难。

(5)灵活性

PLC的控制方式灵活,有很强的柔性,仅需修改控制程序就可以改变控制功能。继电器的控制功能被固定在硬件线路中,功能固定,很难修改,灵活性差。

(6)响应速度

继电器控制系统是依靠触点的机械动作来实现的,触点的开闭动作一般在几十毫秒,使用的继电器越多,其反应速度越慢,还会出现机械抖动问题。PLC是由控制程序实现的,一般一条用户指令的执行时间在微秒数量级,因此速度极快。

(7)定时与计数

PLC为用户提供了多至几百的用软件实现的定时器,它们的精度高,定时范围宽,定时调整方便,且不受环境影响。

继电器控制系统利用时间继电器来定时。一般来说,时间继电器存在可靠性差,定时精确度不高,定时范围窄,且易受环境湿度和温度变化的影响,调整时间不方便等问题。

PLC软件为用户提供了大量的计数器,而继电器控制系统要实现计数功能是非常困难的。

(8)设计与调试

PLC控制系统的设计包括硬件设计和软件设计,硬件设计主要是执行部分的设计,这部分功能明确,设计相对简单;软件设计有大量用软件实现的继电器和定时器、计数器等编程元件供设计者使用,设计方法很多。继电器控制系统至今还没有一套通用的容易掌握的电路设计方法,为了保证控制的安全可靠,设置了许多复杂的连锁电路。为了降低成本,又力求减少使用的继电器及其触点的数量,因此设计复杂的继电器电路既困难又费时,设计出的电路也很难阅读和理解。PLC 控制系统的开关柜制作、现场施工和梯形图设计可以同时进行，梯形图可以在实验室模拟调试，发现问题后便于修改。继电器系统要在硬件安装、接线全部完成后才能进行调试，发现问题后修改电路花费的时间也多。

SIMATIC S7-200 系列 PLC 是德国西门子公司生产的具有高性能价格比的小型紧凑型可编程序控制器，结构小巧，运行速度高，可以单机运行，也可以输入/输出扩展，还可以连接功能扩展模块和人机界面，便于组成 PLC 网络。同时还具有功能齐全的编程和工业控制组态软件，使得在采用 S7-22X 系列 PLC 来完成控制系统的设计时更加简单，系统的集成非常方便，几乎可以完成任何功能的控制任务。因此，它在各行各业中的应用得到迅速推广，在规模不太大的控制领域是较为理想的控制设备。

SIMATIC 系列 PLC 有 S7-400 系列、S7-300 系列、S7-200 系列 3 种，分别为 S7 系列的大、中、小型 PLC 系统。S7-200 小型 PLC 应用广泛，结构简单，使用方便，尤其适合初学者学习和掌握。本项目详细介绍了 S7-200 系列 PLC 的软硬件系统、扩展功能模块、I/O 编程方式、PLC 内部元器件和寻址方式等。

【任务实战】

S7-200 CPU224 系列 PLC 的安装与调试

S7-200 系列的 PLC 是德国西门子公司生产的一种小型可编程控制器。

S7-200 系列 PLC 系统的配置方式采用整体加积木式结构，根据控制规模、控制要求选择主机和扩展各种功能模块以及通信模块、网络设备、人机界面等。S7-200 系列 PLC 系统基本构成如图 2.6 所示。

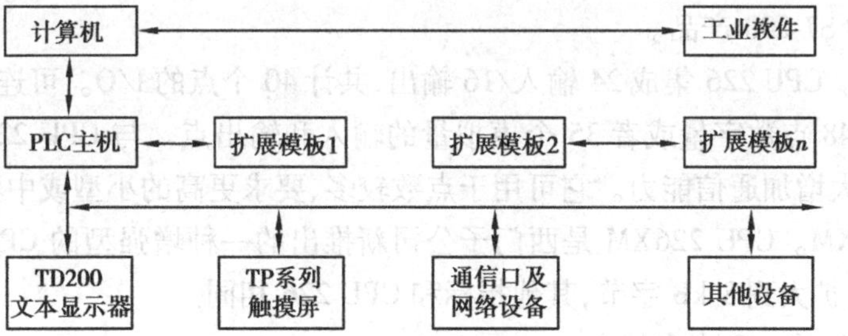

▲图 2.6　系统基本构成

PLC 的主机即主机基本单元（CPU 模块），也简称为本机。它包括 CPU、存储器、基本输入输出点和电源等，是 PLC 的主要部分。目前 S7-200 CPU 有 CPU21X 和 CPU22X 两个系列。CPU21X 包括 CPU 212，CPU 214，CPU 215 和 CPU 216，是第一代产品，主机都可进行扩展，本书对第一代 PLC 产品不作介绍。

（1）S7-200 CPU 外形

S7-200 系统 CPU 22X 系列 PLC 主机的外形，如图 2.7 所示。

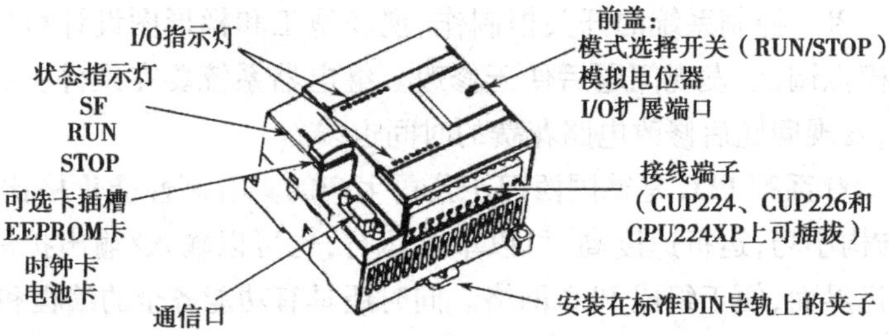

▲图2.7 CPU 22X系列PLC主机

(2)CPU 22X的规格

CPU 22X包括CPU 221,CPU 222,CPU 224,CPU 226和CPU 226XM。CPU 22X是第二代产品,具有速度快,通信能力强等特点。它有4种不同结构配置的CPU单元。

①CPU 221。CPU 221集成6输入/4输出,共计10个点的I/O,无I/O扩展能力,有6 kB程序和数据存储空间,4个独立的30 kHz高速计数器,2个独立的20 kHz高速脉冲输出端,1个RS-485通信/编程口,具有PPI通信协议、MPI通信协议和自由通信方式,它非常适合于点数小的控制系统。

②CPU 222。CPU 222集成有8输入/6输出,共计14个点的I/O,可以连接2个扩展模块,最大扩展至78路数字量I/O或10路模拟量I/O点,因此是更广泛的全功能控制器。

③CPU 224。CPU 224集成14输入/10输出,共计24个点的I/O。与前两者相比,它存储容量扩大了一倍,可以有7个扩展模块,最大可扩展为168点数字量或者35个模拟量的输入和输出较点,有内置时钟,有更强的模拟量和高速计数的处理能力,存储容量也进一步增加,是使用得较多的S7-200产品。

④CPU 226。CPU 226集成24输入/16输出,共计40个点的I/O。可连接7个扩展模块,最大可扩展为248点数字量或者35个模拟量的输入和输出点。与CPU 224相比,增加了通信口的数量,大大增加通信能力。它可用于点数较多、要求更高的小型或中型控制系统。

⑤CPU 226XM。CPU 226XM是西门子公司新推出的一种增强型的CPU主机,它在用户程序存储容量上扩大到8 kB字节,其他指标和CPU 226相同。

(3)CPU 22X的I/O点和特点

一般PLC的输出有晶体管、继电器和晶闸管3种方式,CPU 22X主机的输入点为24 V直流双向光电耦合输入电路,而输出只有继电器和直流(MOS型)两种类型,且具有不同的电源电压和控制电压。例如,CPU 224,主机共有I0.0～I0.7、I1.0～I1.5 14个输入点和Q0.0～Q0.7、Q1.0～Q1.1 10个输出点。CPU 224外部电路图如图2.8所示,输入电路采用了双向光电耦合器,24 V直流极性可任意选择,成组输入公共端为1 M、2 M。在晶体管输出电路中采用了MOSFET功率驱动器件,并将输出分为两组,成组输出公共端为1 L和2 L,负载可根据不同的需要接入不同的电源。

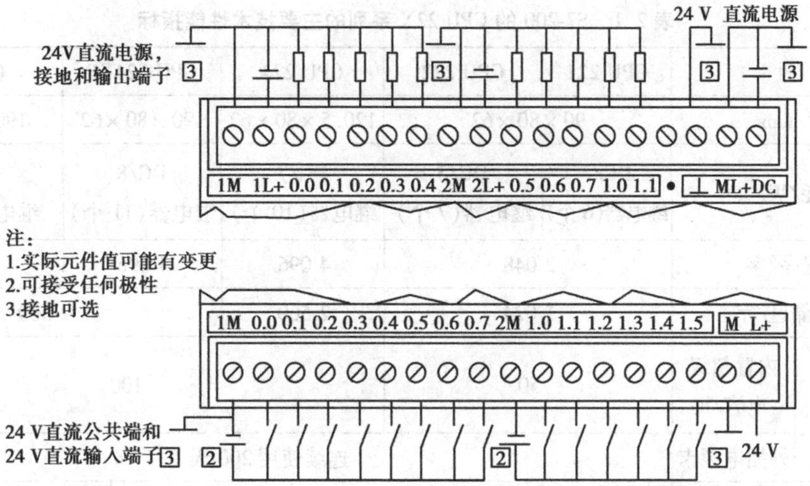

▲图 2.8 CPU 224 输入/输出端子图

CPU 22X 还具有 30 kHz 的高速计数器，可对增量式编码器的两个互差 90°的脉冲列计数，计数值设定值或计数方向改变时产生中断，在中断程序中可及时对输出进行操作。两个 20 kHz 等于脉冲输出可用以驱动步进电机以实现准确定位任务。超级电容和电池模块用于长时间保存数据，用户数据可通过主机的超级电容存储 190 h，使用电池模块数据存储时间可达 200 天。RS-485 串行通信口的外部信号与逻辑电路之间不隔离，支持 PPI、DP/T 自由通信口协议和 PROFIBUS 点对点协议。通信接口可用于与运行编程软件的计算机通信，与人机接口 TD200 和 OP 通信，以及与 S7-200 CPU 之间的通信。还可用普通输入端子捕捉比 CPU 扫描周期更快的脉冲信号，利用中断输入，允许以极快的速度对信号的上升沿做出响应。实时时钟可用以信息加注时间标记，记录机器运行时间或对过程进行时间控制。CPU 222 及以上 CPU 还具有 PID 控制和扩展功能，内部资源及指令系统更加丰富，功能更加强大。

①元件选择与检查。参照图 2.7 选用合适的 PLC 并检查其功能完好性。

②电路的安装与连接。按照图 2.8 所示连接好各种输入输出设备。

③电路的检查。接好电路后，应使用万用表等电气仪表对电路进行检查，确保线路无误后方可通电。

④通电调试。接通 PLC 电源，观察 PLC 的各种指示灯是否正常；分别接通各个输入信号，观察 PLC 的输入指示灯是否发亮；仔细观察 PLC 的输出端子的分组情况，同一组中的输出端子不能接入不同的电源；仔细观察 PLC 的各个接口及各接口所接的设备；将 PLC 的运行模式转换开关置于 RUN 状态，观察 PLC 的输出指示灯是否点亮。

PLC 主机及其他模块的技术性能指标是设计和选用 PLC 应用系统的主要参考依据。S7-200 的 CPU 22X 系列的主要技术性能指标，见表 2.1。

表2.1　S7-200的CPU 22X系列的主要技术性能指标

特　性		CPU 221	CPU 222	CPU 224	CPU 224XP	CPU 226
尺寸/mm		90×80×62		120.5×80×62	190×80×62	190×80×62
功耗/W		DC/3 继电器(6个)	DC/5 继电器(7个)	DC/7 继电器(10个)	DC/8 继电器(11个)	DC11 继电器(17个)
用户程序/字		2 048		4 096	4 096	4 096
数据存储区/字		1 024		2 560	2 560	
掉电数据保存时间	内置超级电容/h	50		100		
	外插电池卡	连续使用200天				
本机I/O	数字量	6/4	8/6	14/10		24/16
	模拟量	无			2/1	无
I/O映像区	数字量	256(128/128)				
	模拟量	无	32(16/16)	64(32/32)		
扩展模块数量/个		0	2	7		
高速计数器		4 H/W(20 kHz)		6 H/W(20 kHz)		
脉冲输出		2(20 kHz, DC)				
定时器		256(1 ms×4, 10 ms×16, 100 ms×236)				
计数器		256				
中间存储器(位)		256(118可存入EEPROM)				
时间中断		特殊存储器中断×2(精度1 ms)+定时器中断×2				
硬件输入中断		4上升沿和/或4下降沿				
模拟电位器		1(8位精度)		2(8位精度)		
实时时钟		另配外插时钟/电池卡		内置		
可配外插卡		存储卡、电池卡、时钟/电池卡		存储卡、电池卡		
布尔运算速度/μs		0.22				
本体通信口		RS-485×1			RS-485×2	
PPI、DP/T速率/($kb\cdot s^{-1}$)		9.6,19.2,187.5				
自由口通信速率/($kb\cdot s^{-1}$)		1.2~115.2				
供电能力	5 V(DC)/mA	0	340	660		1 000
	24 V(DC)/mA	180	180	280		400

【知识拓展】

S7-200 系列 PLC 的内部元器件

PLC 是以微处理器为核心的专用计算机，用户的程序和 PLC 的指令是相对元器件而言的，PLC 元器件是 PLC 内部的具有一定功能的器件，这些器件实际上由电子电路和寄存器及存储器单元等组成，习惯上也把它称为继电器。为了把这种继电器与传统电气控制电路中的继电器区别开来，有时也称为软继电器或软元件。本节从数据存储类型、元器件的编址方式，存储空间、功能等角度叙述各种元器件的使用方法。

1）数据存储类型

S7-200 CPU 内部元器件的功能相互独立，在数据存储器中都有一地址，可依据存储器地址来存储数据。

（1）数据长度

计算机中使用的都是二进制数，在 PLC 中，通常使用位、字节、字、双字来表示数据，它们占用的连续位数称为数据长度。

二进制的 1 位（bit）只有“0”和“1”两种不同的取值，在 PLC 中一个位可对应一个继电器或开关，继电器的线圈得电或开关闭合，相应的状态位为“1”；若继电器的线圈失电或开关断开，其对应位为“0”。

8 位二进制数组成一个字节（Byte），其中第 0 位为最低位（LSB），第 7 位为最高位（MSB）。两个字节组成一个字（Word），在 PLC 中又称为通道，即一个通道由 16 位继电器组成。两个字组成一个双字。一般用二进制补码表示有符号数，其最高位为符号位，最高位为 0 时为正数，最高位为 1 时为负数。

（2）数据类型及范围

S7-200 系列 PLC 数据类型主要有布尔型（BOOL）、整数型（INT）和实数型（REAL）。布尔逻辑型数据是由“0”和“1”构成的字节型无符号整数；整数型数据包括 16 位单字和 32 位有符号整数；实数型数据又称为浮点型数据，它采用 32 位单精度数来表示。数据类型、长度及范围见表 2.2。

表 2.2　数据类型、长度及范围

基本数据类型	无符号整数表示范围		基本数据类型	有符号整数表示范围	
	十进制表示	十六进制表示		十进制表示	十六进制表示
字节 B(8 位)	0～255	0～FF	字节 B(8 位) 只用于 SHRB 指令	–128～127	80～7F
字 W(16 位)	0～65535	0～FFFF	INT(16 位)	–32767～32767	8000～7FFF
双字 D(32 位)	0～4294967295	0～FFFFFFFF	DINT(32 位)	–2147483648～2417483647	80000000～7FFFFFFF
BOOL(1 位)	0～1				
实数(32 位)	-10^{38}～10^{38}（IEEE32 浮点数）				

(3)常数

在编程中经常会使用常数。常数根据长度可分为字节、字和双字。在机器内部的数据都以二进制存储,但常数的书写可以用二进制、十进制、十六进制、ASCII码或实数等多种形式。几种常数表示方法见表2.3。

表2.3 常数表示方法

进 制	书写格式	举 例
十进制	十进制数值	12345
十六进制	16#十六进制值	16#8AC
二进制	2#二进制值	2#1010 0011 1101 0001
ASCII码	‘ASCII码文本’	'good'
浮点数	ANSI/IEEE 754-1985标准	+1.175495E-38到+3.402823E+38
		-1.175495E-38到-3.402823E+38

2)数据的编址方式

数据的编址方式主要是对位、字节、字、双字进行编址。

(1)位编址

位编址的方式为:(区域标志符)字节地址.位地址,如I3.4,Q1.0,V3.3。I3.4,其中的区域标识符“I”表示输入,字节地址是3,位地址是4。

(2)字节编址

字节编址的方式为:(区域标志符)B字节编址,如IB1表示输入映像寄存器由I1.0~I1.7这8位字节组成。

(3)字编址

字编址的方式为:(区域标志符)W起始字节地址,最高有效字节为起始字节,如VW100包括VB100和VB101,即表示由VB100和VB101这两个字节组成的字。

(4)双字编址

双字编址的方式为:(区域标志符)D起始字节地址,最高有效字节为起始字节,如VD100表示由VB100~VB103这4个字节组成的双字。

3)PLC内部元器件及编址

在S7-200 PLC的内部元器件中包括输入映像寄存器(I)、输出映像寄存器(Q)、位存储器(M)、特殊存储器(SM)、变量存储器(V)、局部变量存储器(L)、顺序控制继电器(S)、定时器(T)、计数器(C)、高速计数器(HC)、模拟量输入映像寄存器(AI)、模拟量输出映像寄存器(AQ)和累加器(AC)。

(1)输入映像寄存器(I)

S7-200 PLC输入映像寄存器又称为输入继电器,在每个扫描周期的开始,PLC对各输入点进行采样,并把采样值送到输入映像寄存器。PLC在接下来的本周期各阶段不再改变输入映像寄存器中的值,直到下一个扫描周期的输入采样阶段。

每个输入继电器都有一个PLC的输入端子对应,它用于接收外部的开关信号。当外部的开关信号闭合，则输入继电器的线圈得电，在程序中其常开触点闭合，常闭触点断开。这些触点可以在编程时任意使用，使用次数不受限制。

输入映像寄存器可按位、字节、字、双字等方式进行编址，如I0.2，IB3，IW4，ID0。

S7-200 PLC输入映像寄存器的区域有IB0～IB15共16个字节单元，输入映像寄存器按位操作，每一位代表一个数字量的输入点。如CPU 224的基本单元有14个数字量的输入点：I0.0～I0.7，I1.0～I1.5占用了两个字节IB0和IB1。

(2)输出映像寄存器(Q)

S7-200 PLC输出映像寄存器又称为输出继电器，每个输出继电器都有一个PLC上的输出端子对应。当通过程序使得输出继电器线圈得电时，PLC上的输出端开关闭合，它可以作为控制外部负载的开关信号。同时在程序中其常开触点闭合，常闭触点断开。这些触点可以在编程时任意使用，使用次数不受限制。

在每个扫描周期的输入采样、程序执行等阶段，并不把输出结果信号直接送到输出继电器，而只是送到输出映像寄存器，只有在每个扫描周期的末尾才将输出映像寄存器中的结果信号几乎同时送到锁存器，对输出点进行刷新。实际未用的输出映像区可做他用，用法与输入继电器相同。

输出映像寄存器可按位、字节、字、双字等方式进行编址，如Q0.2，QB3，QW4，QD0。

S7-200 PLC输出映像寄存器的区域有QB0～QB15共16个字节单元，输出映像寄存器按位操作，每一位代表一个数字量的输出点。如CPU 224的基本单元有16个数字量的输出点：Q0.0～Q0.7，Q1.0～Q1.7占用了两个字节QB0和QB1。

(3)位存储器(M)

位存储器也称为辅助继电器或通用继电器，它如同继电控制接触系统中的中间继电器，用来存储中间操作数或其他控制信息。在PLC中没有输入输出端与之对应，因此，辅助继电器的线圈不直接受输入信号的控制，其触点不能驱动外部负载。

位存储器可按位、字节、字、双字来存取数据，如M25.4，MB1，MW12，MD30。

S7-200 PLC位存储器的寻址区域为M0.0～M31.7。

(4)特殊存储器(SM)

特殊存储器为CPU与用户程序之间传递信息提供了一种交换。用户可以用这些选择和控制S7-200 CPU的一些特殊功能，用户可以按位、字节、字或双字的形式来存取。

用户可以通过特殊标志来沟通PLC与被控对象之间的信息，如可以读取程序运行过程中的设备状态和运算结果信息，利用这些信息用程序实现一定的控制动作，用户也可以通过直接设置某些特殊标志继电器位来使设备实现某种功能。例如，

SM0.1：仅在第一个扫描周期为“1”状态，常用来对程序进行初始化，属只读型。

SM0.5：提供1 s的时钟脉冲，属只读型。

SM36.5：HSC0当前计数方向控制，置位时，递增计数，属可写型。

其他常用特殊标志继电器的功能可参见附录表1.1。

(5)变量存储器(V)

变量存储器用来存储全局变量、存放程序执行过程中控制逻辑操作的中间结果、保存与工序或任务相关的其他数据。变量存储器全局有效，即同一个存储器可以在任一程序分区中

被访问。

变量存储器可按位、字节、字、双字使用。

变量存储器有较大的存储空间,CPU 221/CPU 222 有 V0.0 ~ V2047.7 的 2 kB 存储容量;CPU 224/CPU 226 有 V0.0 ~ V5119.7 的 5 kB 存储容量。

(6)局部变量存储器(L)

局部变量存储器用来存放局部变量,类似变量存储器 V,但全局变量是对全局有效,而局部变量只和特定的程序相关联,是局部有效。

S7-200 PLC 提供 64 字节的局部存储器,编址范围为 L0.0 ~ L63.7,其中,60 个可以作为暂时存储器或给子程序传递参数,最后 4 个是系统为 STEP7-Micro/WIN V4.0 等软件所保留。

局部变量存储器可按位、字节、字、双字使用。PLC 运行时,根据需要动态地分配局部存储器:在执行主程序时,分配给子程序或中断程序的局部变量存储区是不存在的,当子程序调用或出现中断时,需要为之分配局部存储器,新的局部存储器可以是曾经分配给其他程序块的同一个局部存储器。不同程序的局部存储器不能互相访问。

(7)顺序控制继电器(S)

顺序控制继电器用于机器的顺序控制或步进控制。它可按位、字节、字、双字使用,有效编址范围为 S0.0 ~ S31.7。

(8)定时器(T)

定时器相当于继电-接触器控制系统中的时间继电器,是 PLC 中累计时间增量的重要编程元件。自动控制的大部分领域都需要定时器进行延时控制,灵活地使用定时器可以编制出动作要求复杂的控制程序。

PLC 中的每个定时器都有 1 个 16 位有符号的当前值寄存器,使用时要提前输入时间预设值。当定时器的输入条件满足且开始计时时,当前值从 0 开始按一定的时间单位增加;当定时器的当前值达到预设值时,定时器动作,此时它的常开触点闭合,常闭触点断开,利用定时器的触点就可以得到控制所需要的延时时间。

S7-200 PLC 定时器的精度有 3 种:1,10 和 100 ms,有效范围为 T0 ~ T255。

(9)计数器(C)

计数器是用来累计输入脉冲的次数,其结构与定时器类似,使用时要提前输入其设定值(计数的个数),通常设定值在程序中赋予,有时也可根据需求在外部进行设定。S7-200 PLC 提供 3 种类型的计数器:加计数器、减计数器、加减计数器,有效范围为 C0 ~ C255。

当输入触发条件满足时,计数器开始累计其输入端脉冲电位上升沿(正跳变)的次数。当计数器计数达到预定的设定值时,其常开触点闭合,常闭触点断开。

(10)高速计数器(HC)

高速计数器的工作原理与普通计数器基本相同,它是用来累计比主机扫描速度更快的高速脉冲。高速计数器的当前值为双字长(32 位)的有符号整数,且为只读值。单脉冲输入时,计数器最高频率达 30 kHz,CPU 221/CPU 222 提供了 4 路高速计数器 HC0 ~ HC3,CPU 224/CPU 226/CPU 226XM 提供了 6 路高速计数器 HC0 ~ HC5;双脉冲输入时,计数器最高频率达 20 kHz,CPU 221/CPU 222 提供了 2 路高速计数器 HC0、HC1,CPU 224/CPU 226/CPU 226XM 提供了 4 路高速计数器 HC0 ~ HC3。

(11)模拟量输入映像寄存器(AI)

S7-200 PLC 模拟量输入模块能将现场连续变化的模拟量用 A/D 转换器转换为 1 个字长的数字量,并存入模拟量输入映像寄存器中,供 CPU 处理。

在模拟量输入寄存器中,1 个模拟量等于 16 个数字量,即 2 个字节,因此从偶数号字节进行编址来存取转换过的模拟量值,如 AIW0,AIW2,AIW4,AIW8 等。

模拟量输入寄存器只读取数据,模拟量转换的实际精度为 12 位。CPU 221 没有模拟量输入寄存器,CPU 222 的有效地址范围为 AIW0 ~ AIW30;CPU 224/CPU 226/CPU 226XM 的有效地址范围为 AIW0 ~ AIW62。

(12)模拟量输出映像寄存器(AQ)

S7-200 PLC 模拟量输出模块能将 CPU 已运算好的 1 个字长的数字量转换为模拟量,并存入模拟量输出映像寄存器中,供驱动外部设备使用。

在模拟量输出寄存器中,1 个模拟量等于 16 位数字量,即 2 个字节,因此从偶数号字节进行编址来存取转换过的模拟量值,如 AQW0,AQW2,AQW4,AQW8 等。

模拟量输出寄存器只写数据,模拟量转换的实际精度为 12 位。CPU 221 没有模拟量输出寄存器,CPU 222 的有效地址范围为 AQW0 ~ AQW30;CPU 224/CPU 226/CPU 226XM 的有效地址范围为 AQW0 ~ AQW62。

(13)累加器(AC)

累加器是用来暂存数据、计算的中间数据和结果数据、子程序传递参数、从子程序返回参数等的寄存器,它可以像存储器一样使用读/写存储区。S7-200 PLC 提供 4 个 32 位累加器,分别为 AC0,AC1,AC2,AC3,使用时可按字节、字、双字的形式存取累加器中的数据。按字节或字为单位存取时,累加器只使用了低 8 位或低 16 位,被操作数据的长度取决于访问累加器时所使用的指令。

【思考问题】

1. 一个控制系统如果需要 12 点数字量输入,30 点数字量输出,10 点模拟量输入和 2 点模拟量输出,则:

(1)可以选用哪种主机型号?

(2)如何选择扩展模块?

(3)各模块如何连接到主机?画出连接图。

(4)按第 3 问所画出的图形,其主机和各模块的地址如何分配?

2. 结合实际生产生活,简述 PLC 电气控制相比于分析传统电气控制的优缺点。

任务二　PLC控制的三相异步电动机启保停电路的安装与调试

【内容提要】

本任务主要通过学习S7-200系列PLC编程软件的基本使用来完成PLC控制的三相异步电动机启保停电路的安装与调试。

【学习要求】

①掌握STEP 7编程软件的基本使用方法。

②掌握PLC控制的三相异步电动机启保停电路的控制原理及安装与调试。

【任务导入】

三相异步电动机的启保停控制电路是三相异步电动机的基本控制电路,在项目一中曾讲述过三相异步电动机启保停的继电器接触器控制系统,具体控制要求如下:按下启动按钮SB2时,电动机启动并连续运行;按下停止按钮SB1或热继电器FR动作时,电动机停止。如果用PLC来控制电动机的启保停,那么该如何实现呢?

当采用PLC控制电动机的启保停时,必须将按钮的控制指令送到PLC中,经过程序运算,再用PLC的输出去驱动接触器KM线圈,电动机才能运行。那么,如何将外部输入送进PLC、PLC的输出如何送出来?如何编写控制程序,PLC又是如何工作的?

【知识链接】

学习情境1:S7-200 PLC编程系统概述

S7-200 PLC使用STEP 7-Micro/WIN V4.0编程软件进行编程。STEP 7-Micro/WIN V4.0编程软件功能强大,是西门子S7-200 PLC用户不可或缺的开发工具。它具有简单、易学、高效、节省编程时间、能够解决复杂的自动化任务等优点。尤其是在推出汉化程序后,它可在全汉化的界面下进行操作,使中国用户使用起来更加便捷。

1)S7-200 PLC编程系统的组成及要求

S7-200 Micro PLC编程系统包括一台S7-200 CPU、一台装有编程软件STEP 7-Micro/WIN V4.0的PC机或编程器,一根连接电缆,如图2.9所示。

在使用STEP 7-Micro/WIN V4.0编程软件时应使系统满足下列要求:

①操作系统:Windows 95、Windows 98、Windows 2000、Windows ME或Windows NT。

②计算机硬件配置:CPU为80586或更高的处理器,内存至少8 MB,硬盘空间至少50 MB,VGA显示器,Windows支持的鼠标。

③通信电缆:PC/PPI电缆(或使用一个通信处理器卡),用于PLC和个人计算机(编程器)的连接。

2）S7-200 PLC 编程系统硬件的连接

S7-200 PLC 以计算机之间的连接采用 PC/PPI 电缆。单台 PLC 与个人计算机之间的连接或通信，需要一根连到串行通信口的 PC/PPI 电缆（连接图如图 2.9 所示），连接步骤如下：

①设置 PC/PPI 电缆上的 DIP 开关（DIP 开关的第 1,2,3 位用于设定波特率，第 4,5 位置 0），选择计算机支持的波特率，一般设置为 9.6 kB 或 19.2 kB。

②把 PC/PPI 电缆的 RS-232 端（标着 PC）连接到计算机的串行通信口 COM1 或 COM2，并拧紧连接螺丝。

③把 PC/PPI 电缆的 RS-485 端（标着 PPI）连接到 PLC 的串行通信口，并拧紧连接螺丝。

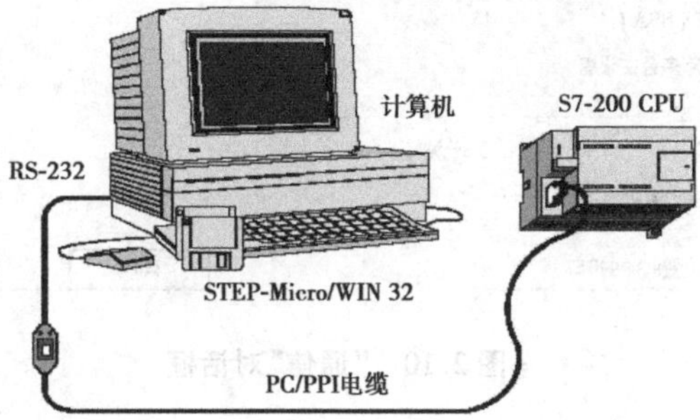

▲图 2.9　S7-200 PLC CPU 与计算机的连接

3）STEP 7-Micro/WIN V4.0 软件的安装

STEP 7-Micro/WIN V4.0 编程软件的安装与一般软件的安装大同小异，也是使用 CD 光盘和 CD-ROM 驱动器。其安装过程和操作步骤如下：

①将 STEP 7-Micro/WIN V4.0 CD 光盘放入 CD-ROM 驱动器，系统自动进入安装向导；如果安装程序没有自动启动，可在 CD-ROM 的“F:（光盘）/STEP7/DISK1/setup.exe”找到安装程序。

②运行 CD 光盘根目录下的 SETUP 程序，即用鼠标左键双击 SETUP，进入安装向导。

③根据安装向导的提示完成 STEP 7-Micro/WIN V4.0 编程软件的安装。

④首次安装完成后，会出现一个“浏览 Readme 文件”选项对话框，你可以选择使用德语、英语、法语、西班牙语或意大利语阅读“Readme”文件。

一般出售的软件都采用英文版，使用时也可通过专门的汉化软件将其操作界面汉化为中文界面，这样使用起来会更加方便、快捷。

安装完成并重新启动计算机后，“SIMATIC Manager（SIMATIC 管理器）”图标将会显示在 Windows 桌面上。

4）通信参数的设定

在 STEP 7-Micro/WIN V4.0 编程软件安装结束时，会出现“设置 PG/PC 接口”的对话框，可以在此处进行通信参数的设定，也可以在运行 STEP 7-Micro/WIN V4.0 后，进行通信参数的设定。具体步骤如下：

①单击通信图标或单击“视图（View）”菜单，选择“通信（Communications）”选项，则会出现一个“通信”对话框，如图 2.10 所示。

②在“通信”设定对话框中，单击“设置 PG/PC 接口”按钮，将会弹出“设置 PG/PC 接口”

对话框,如图 2.11 所示。

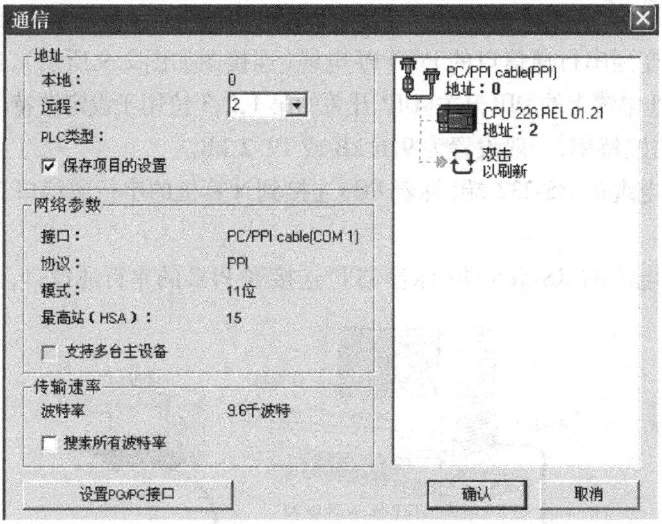

▲图 2.10 “通信”对话框

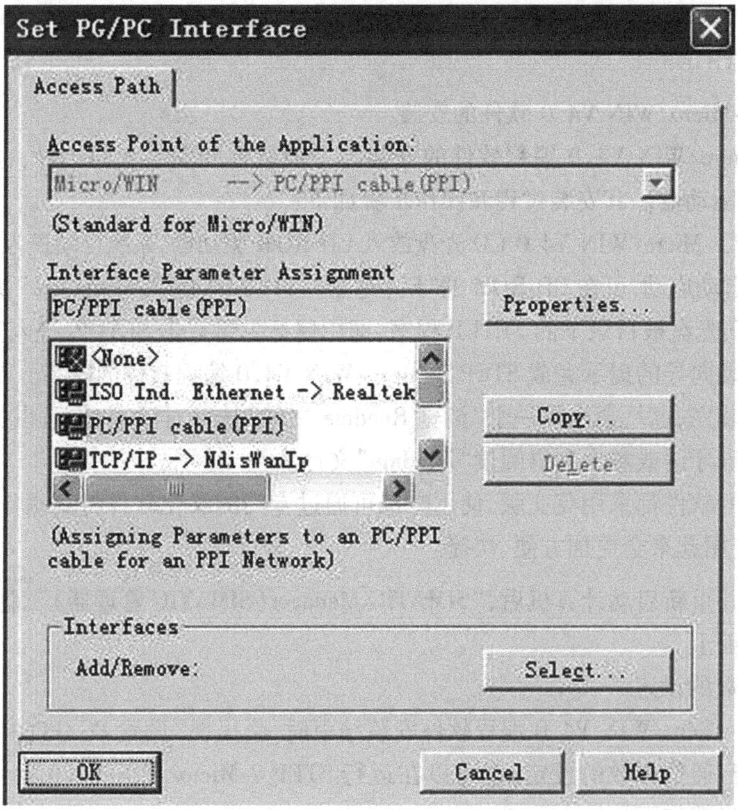

▲图 2.11 “设置 PG/PC 接口”对话框

③单击“Properties”按钮,将弹出“接口属性”对话框,检查各参数的属性是否正确,如图 2.12(a)和图 2.12(b)所示,其中,通信波特率的设定值要根据自己的通信线缆型号来设置,

PC/PPI 设为 9.60 kbps，而 CP5611（PROFIBUS）设为 1.5 Mb/s。早期单主机组态所显示的参数配置如下：

a. 远程设备地址（Remote Address）：2。

b. 本地设备地址（Local Address）：0。

c. 通信模式（Module）：PC/PPI cable（COM1）PC/PPI 电缆（计算机通信端口为 COM1）。

d. 通信协议（Prorocol）：PPI。

e. 传送速率：（Transmission Rate）：9.6 kbps。

f. 传送字符数据格式（Mode）：11 位。

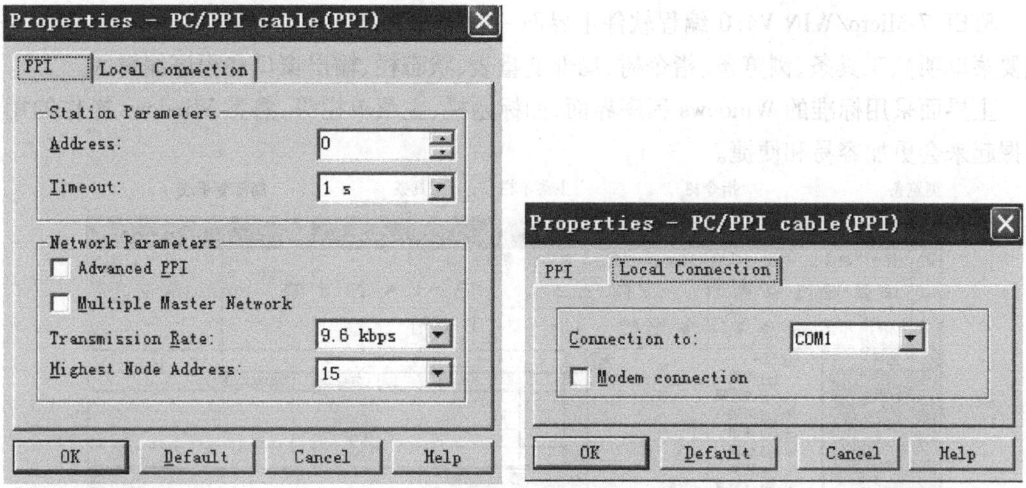

(a)　　　　　(b)

▲图 2.12　PG/PC 接口参数设置窗口

学习情境 2：STEP 7-Micro/WIN V4.0 的功能

1）STEP 7-Micro/WIN V4.0 的功能简介

STEP 7-Micro/WIN V4.0 的基本功能可以简单地概括为：通过 Windows 平台用户自己编制应用程序。其功能可总结如下：

STEP7编程软件介绍

①在离线（脱机）方式下创建、编辑和修改用户程序。在离线方式下，计算机不直接与 PLC 联系，可以实现对程序的编辑、编译、调试和系统组态，此时所有的程序和参数都存储在计算机的存储器中。

②在在线（联机）方式下通过联机通信的方式上传和下载用户程序及组态数据，编辑和修改用户程序，可以直接对 PLC 进行各种操作。

③在编辑程序的过程中具有简单语法检查功能。利用此功能可提前避免一些语法和数据类型方面的错误；它主要在梯形图错误处下方自动加红色曲线或在语句表中错误行前加注红色叉，且在错误处下方加红色曲线。

④具有用户程序的文档管理和加密等一些工具功能。

此外，用户还可以直接用编程软件设置 PLC 的工作方式、运行参数以及进行运行监控和强制操作等。

软件功能的实现可以在联机工作方式(在线方式)下进行,部分功能的实现也可以在脱机工作方式(离线方式)下进行。

在线与离线的主要区别在于:

①联机方式下可直接针对相连的PLC进行操作,如上传和下载用户程序和组态数据等。

②离线方式下不直接与PLC联系,所有程序和参数都暂时存放在计算机硬盘里,待联机后再下载到PLC中。

2)STEP 7-Micro/WIN V4.0的窗口组件及功能

在中文环境下运行STEP 7-Micro/WIN V4.0编程软件,其主界面如图2.13所示。

STEP 7-Micro/WIN V4.0编程软件主界面一般可分为以下几个区域:主菜单条(包括8个主要菜单项)、工具条、浏览条、指令树、局部变量表、状态栏、输出窗口和程序编辑区。

主界面采用标准的Windows程序界面,如标题栏、主菜单栏等,熟悉Windows操作的用户掌握起来会更加容易和便捷。

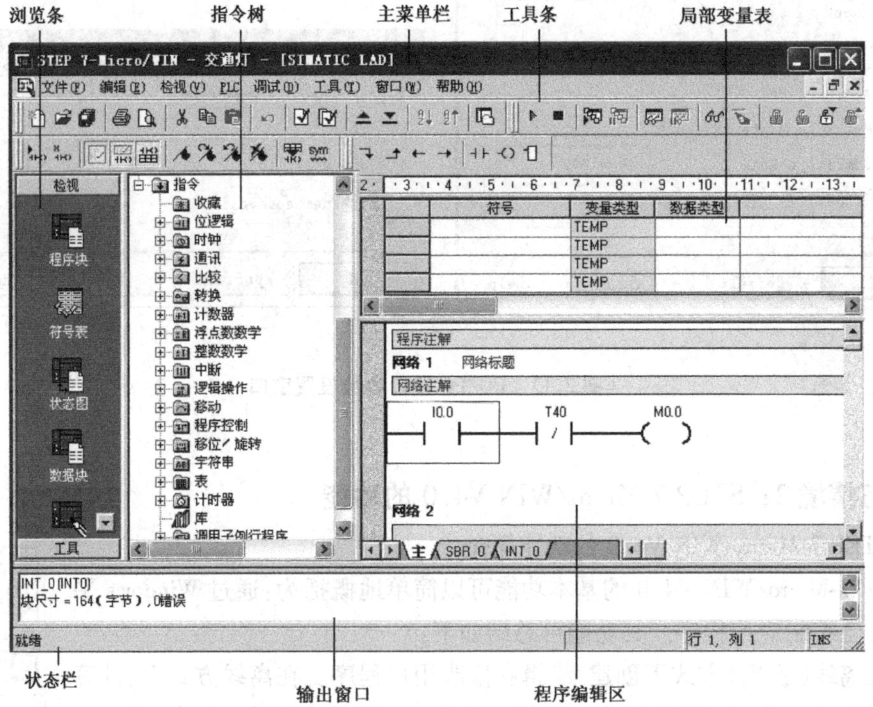

▲图2.13 STEP 7-Micro/WIN V4.0主界面的组成

编程器窗口包含的各组件名称及功能如下:

(1)主菜单栏

主菜单栏同其他基于Windows系统的软件一样,位于窗口最上方的就是STEP 7-Micro/WIN V4.0编程软件的主菜单,它包括8个主菜单选项,这些菜单包含了通常情况下控制编程软件运行的功能和命令(括号后的字母为对应的操作热键),如图2.14所示。各主菜单项功能简介如下:

▲图2.14　主菜单条

①文件(File)。文件操作的下拉菜单里包含如新建、打开、关闭、保存文件、上传和下载程序、文件的打印预览、设置和操作等。

②编辑(Edit)。程序编辑的工具。如选择、复制、剪切、粘贴程序块或数据块,同时提供查找、替换、插入、删除和快速光标定位等功能。

③检视(View)。视图可以设置软件开发环境的风格,如决定其他辅助窗口(如引导窗口、指令树窗口、工具条按钮)的打开与关闭;包含引导条中所有的操作项目;选择不同语言的编程器(包括LAD,STL,FBD 3种);设置3种程序编辑器的风格,如字体、指令盒的大小等。

④PLC(可编程控制器)。PLC可建立与PLC联机时的相关操作,如改变PLC的工作方式、在线编译、查看PLC的信息、清除程序和数据、时钟、存储器卡操作、程序比较、PLC类型选择及通信设置等。在此还提供离线编辑功能。

⑤调试(Debug)。包括监控和调试中的常用工具按钮,主要用于联机调试。

⑥工具(Tools)。可以用复杂指令向导(包括PID指令、NETR/NETW指令和Hsc指令),使复杂指令编程时操作大大简化。

⑦窗口(Windows)。可以打开一个或多个窗口,并可进行窗口之间的切换;可以设置窗口的排放形式,如层叠、水平和垂直等。

⑧帮助(Help)。通过帮助菜单上的目录和索引可查阅几乎所有相关的使用帮助信息,帮助菜单还提供网上查询功能。在软件操作过程中的任何步骤或任何位置都可以按"F1"键来显示在线帮助,便于用户使用。

(2)工具条

STEP 7-Micro/WIN V4.0提供了两行快捷按钮工具条,用户也可以通过工具菜单自定义。

工具条是一种代替命令或下拉菜单操作的简便工具,用户利用它们可以完成大部分的编程、调试及监控功能。下面列出了常用工具条各按钮的功能,供读者速查和参考。

在STEP 7-Micro/WIN V4.0编程软件中,将各种最常用的操作以按钮形式设定到工具条。单击"检视(View)"菜单,选择"工具条(Toolbars)"选项,设置显示或隐藏工具条。常用工具条有标准(Standard)、调试(Debug)、公用(Instructions)和指令(Instruction)4种,图2.15(a)(b)(c)所示为标准、调试、公用工具条所含快捷按钮及功能。指令工具条在编程时再进行讲解。

(3)浏览条

浏览条位于软件窗口的左方,它显示编程特性的按钮控制群组,例如,程序块、符号表、状态图、数据块、系统块、交叉引用及通信等显示按钮控制。该条可用"视图(View)"菜单中"引导条(Navigation bar)"选项来选择是否打开。

浏览条为编程提供按钮控制,可以实现窗口的快速切换,在浏览条中单击任何一个按钮,则主窗口切换成此按钮对应的窗口。

(4)指令树

指令树以树形结构提供编程时用到的所有快捷操作命令和PLC指令,它由项目分支和指令分支组成。

在项目分支中,用鼠标右键单击“项目”,可将当前项目进行全部编译、比较和设置密码;在项目中可选择CPU的型号;用鼠标右键单击“程序块”文件夹,可插入新的子程序或中断程序;打开“程序块”文件夹,可以用密码保护本POU,也可以插入新的子程序、中断程序或重新命名。

指令分支主要用于输入程序。打开指令文件夹并选择相应指令时,拖放或用鼠标左键双击指令,可在程序中插入指令;用鼠标右键单击指令,可从弹出的菜单中选择“帮助”,获得有关该指令的信息。

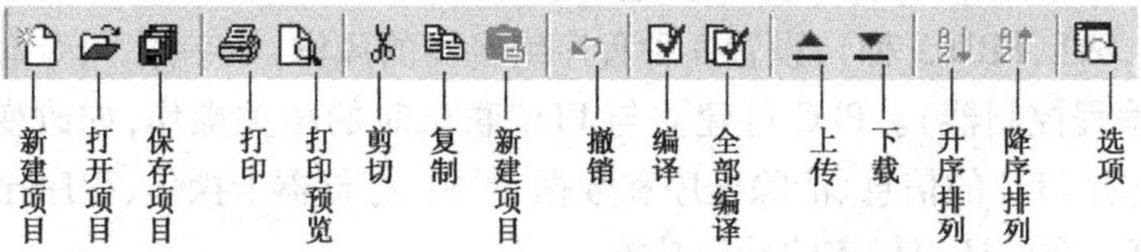

(a)标准工具条

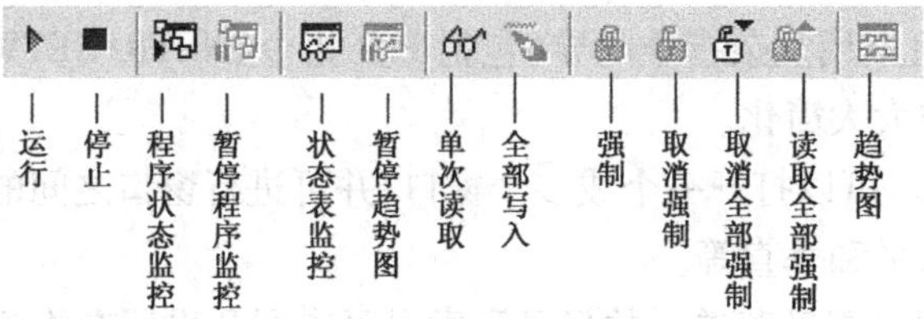

(b)调试工具条

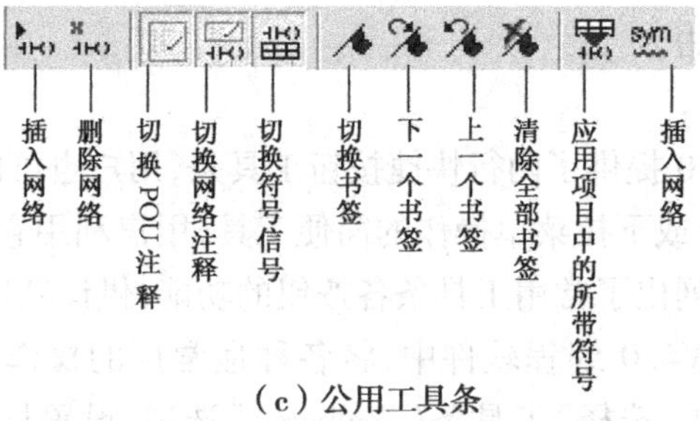

(c)公用工具条

▲图2.15 工具条

(5)局部变量表

每个程序块都对应一个局部变量表,局部变量表用来定义局部变量,局部变量只在建立局部变量的POU中才有效。例如,在带参数的子程序调用中,参数的传递就是通过局部变量表进行的。局部变量表包含对局部变量所做的赋值(即子例行程序和中断例行程序使用的变量)。在局部变量表中建立的变量使用暂时内存;地址赋值由系统处理;变量的使用仅限于建立此变量的POU。

使用局部变量有以下两个优点:其一,创建可移植的子程序时,可以不引用绝对地址或全局符号;其二,使用局部变量作为临时变量(临时变量定义为TEMP类型)进行计算时,可以释放PLC内存。

(6)状态栏

状态栏又称为任务栏,提供了在STEP 7-Micro/WIN V4.0中操作时的操作状态信息。

(7)输出窗口

输出窗口用来显示STEP 7-Micro/WIN V4.0程序编译的结果,如编译是否有错误、错误编码和位置等。当输出窗口列出的程序有错误时,可用鼠标左键双击错误信息,会在程序编辑区中显示相应的网络。

(8)程序编辑区

在程序编辑区,用户可以使用梯形图、指令表或功能块图编写PLC控制程序。在联机状态下,可从PLC上传用户程序进行编辑和修改。

学习情境3:程序的调试运行与监控

在成功地完成下载程序后,则可利用STEP 7-Micro/WIN V4.0编程软件"调试"工具条的诊断特征,在软件环境下调试并监视用户程序的执行。STEP 7-Micro/WIN V4.0编程软件提供了一系列工具来调试并监控正在执行的用户程序。

1)选择工作模式

S7-200 PLC的CPU具有停止和运行两种操作模式。在停止模式下,可以创建、编辑程序,但不能执行程序;在运行模式下,PLC读取输入,执行程序,写输出,反应通信请求,更新智能模块,进行内部事务管理及恢复中断条件,不仅可以执行程序,也可以创建、编辑及监控程序操作和数据。为调试提供帮助,加强了程序操作和确认编程的能力。

如果PLC上的模式开关处于"RUN"或"TERM"位置,可以通过STEP 7-Micro/WIN V4.0软件执行菜单命令"PLC"→"运行"或"PLC"→"停止"进入相应工作模式;也可以单击工具栏中的▶(运行)按钮或■(停止)按钮,进入相应工作模式;还可以手动改变PLC下面上小门内的状态开关工作模式。"运行"工作模式时,PLC上的黄色"STOP"指示灯灭,绿色"RUN"指示灯亮。

2)梯形图程序的状态监视

编程设备和PLC之间建立通信并向PLC下载程序后,STEP 7-Micro/WIN V4.0可对当前程序进行在线调试。利用菜单栏中"调试(D)"列表选择或单击"调试工具条"中的按钮,可以在梯形图程序编辑器窗口查看以图形形式表示的当前程序的运行状况,还可以直接在程序指令上进行强制或取消强制数值等操作。

在运行模式下,单击"调试(D)"菜单,选择"开始程序状态(P)"命令,或单击工具条中的(程序状态)按钮,用程序状态功能监视程序运行的情况,PLC的当前数据值会显示在引用该数据的LAD旁,LAD以彩色显示活动能流分支。由于PLC与计算机之间有通信时间延迟,PLC内所显示的操作数数值总在状态显示变化之前先发生变化。所以,用户在屏幕上观察到的程序监控状态并不是完全如实迅速变化的元件的状态。屏幕刷新的速率取决于PLC与计算机的通信速率以及计算机的运行速度。

(1)执行状态监控方式

"使用执行状态"功能使监控窗口能显示程序扫描周期内每条指令的操作数数值和能流

状态。或者说,所显示的 PLC 中间数据值都是从一个程序扫描周期中采集的。

在程序状态监控操作前,单击“调试(D)”菜单,选择“使用执行状态”命令(此命令行前面出现一个“√”即可),进入可监控状态,如图 2.16 所示。

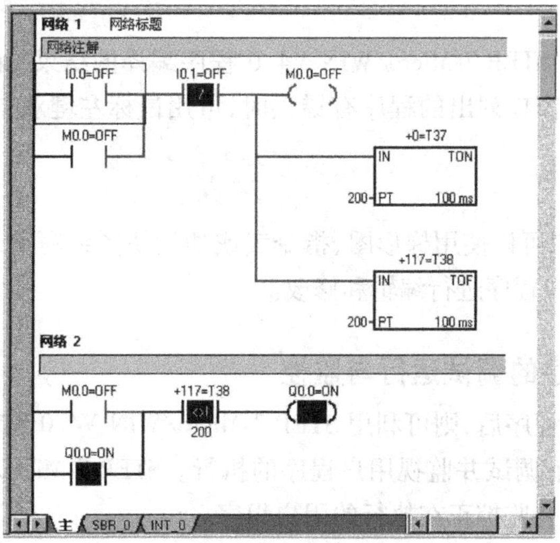

▲图 2.16 对 PLC 梯形图运行状态的监控

在这种状态下,PLC 处于运行模式时,按下(程序状态)按钮启动程序状态,STEP 7-Micro/WIN V4.0 将用默认颜色(浅灰色)显示并更新梯形图中各元件的状态和变量数值。什么时候想退出监控,再按此按钮即可。

启动程序状态监控功能后,梯形图中左边的垂直“母线”和有能流流过的“导线”变为蓝色;如果位操作数为逻辑“真”,其触点和线圈也变为蓝色;有能流流入的指令盒的使能输入端变为天蓝色;如该指令被成功执行指令盒的方框也变为蓝色;定时器和计数器的方框为绿色时表示它们已处于工作状态;红色方框表示执行指令时出现了错误;灰色表示无能流、指令被跳过、未调用或 PLC 停止模式。

在运行过程中,按下(暂停程序状态)按钮,或者右击正处于程序监控状态的显示区,在弹出的快捷菜单中选择“暂停程序状态(M)”,将使这一时刻的状态信息静止地保持在屏幕上以提供仔细分析与观察,直到再按一次(暂停程序状态)按钮,才可以取消该功能,继续维持动态监控。

(2)扫描结束状态的状态监控方式

“扫描结束状态”显示在程序扫描周期结束时读取的状态结果。首先使菜单命令“调试(D)”→“使用执行状态”命令行前面的“√”消失,进入扫描结束状态。由于快速的 PLC 扫描循环和相对慢速的 PLC 状态数据通信采集之间存在速度差别,“扫描结束状态”显示的是多个扫描周期结束时采集的数据值,也就是说,显示值并不是即时值。

在该状态 STEP 7-Micro/WIN V4.0 经过多个扫描周期采集状态值,然后刷新梯形图中各值的状态并显示。但不显示 L 存储器或累加器的状态。在“扫描结束状态”下,“暂停程序状态”功能不起作用。

在运行模式下启动程序状态监控功能,电源"母线"或逻辑"真"的触点和线圈显示为蓝色,梯形图中所显示的操作数的值都是PLC在扫描周期完成时的结果。

3)语句表程序的状态监视

语句表和梯形图的程序状态监视方法是完全相同的。单击命令"工具(T)"菜单,选择"选项"命令,在打开的窗口中,选择"程序编辑器"中的"STL状态"选项卡,如图2.17所示。可以选择语句表程序状态监视的内容,每条指令最多可以监控17个操作数、逻辑堆栈中4个当前值和11个指令状态位。

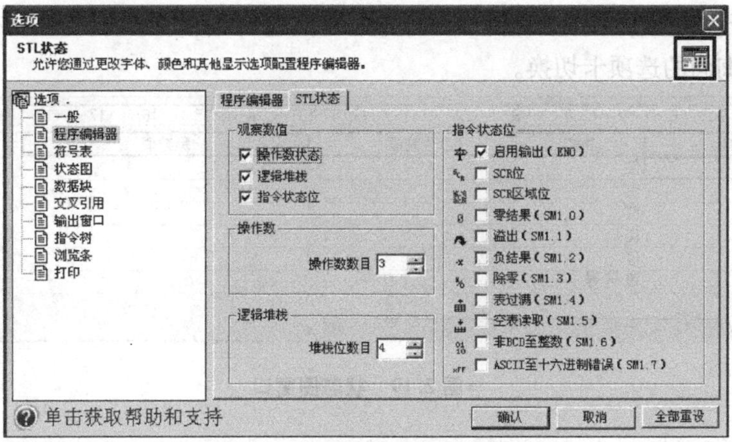

▲图2.17　语句表程序状态监控选择

状态信息从位于编辑窗口顶端的第一条STL语句开始显示。当向下滚动编辑窗口时,将从CPU获取新的信息。如果需要暂停刷新,还需按下 (暂停程序状态)按钮,过程与梯形图相同,如图2.18所示。

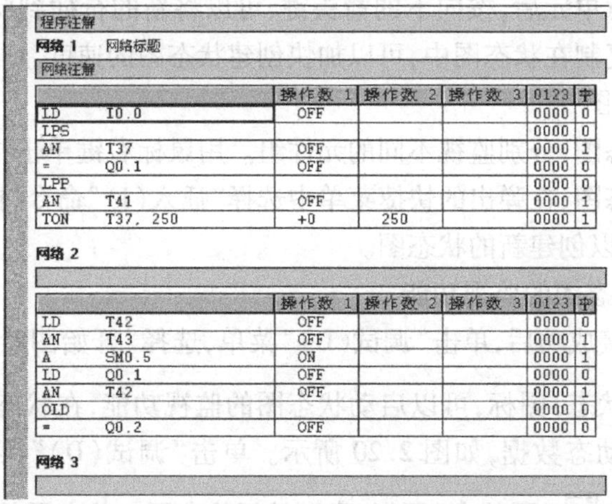

程序注解

网络1　网络标题

网络注解

		操作数 1	操作数 2	操作数 3	0123	中
LD	I0.0	OFF			0000	0
LPS					0000	0
AN	T37	OFF			0000	1
=	Q0.1	OFF			0000	0
LPP					0000	0
AN	T41	OFF			0000	1
TON	T37, 250	+0	250		0000	1

网络2

		操作数 1	操作数 2	操作数 3	0123	中
LD	T42	OFF			0000	0
AN	T43	OFF			0000	1
A	SM0.5	ON			0000	1
LD	Q0.1	OFF			0000	0
AN	T42	OFF			0000	1
OLD					0000	0
=	Q0.2	OFF			0000	0

网络3

▲图2.18　PLC语句表程序运行状态的监控

4)用状态图监视与调试程序

如果需要同时监视的变量不能在程序编辑器中同时显示,可以使用状态表监视功能。虽然梯形状态监视的方法很直观,但受到屏幕的限制,只能显示很小一部分程序。利用STEP 7-

Micro/WIN V4.0 的状态表不仅能监视比较大的程序块或多个程序，而且可以编辑、读、写、强制和监视 PLC 的内部变量；还可以使用诸如单次读取、全部写入、读取全部强制等功能，可以大大方便程序的调试。状态表始终显示“扫描结束状态”信息。

(1)打开和编辑状态图

在程序运行时，可以用状态图来读、写、强制和监视 PLC 的内部变量。单击浏览条中的“状态图”图标，或右键单击指令树中的“状态图”选项，在弹出的快捷菜单中选择“打开”命令，或单击“检视(V)”菜单，选择“元件(C)”命令，在弹出的级联菜单中单击“状态图(C)”选项，均可以打开状态图，如图 2.19 所示。打开后对其进行编辑。如果项目中有多个状态图，可以用状态图询问的选项卡切换。

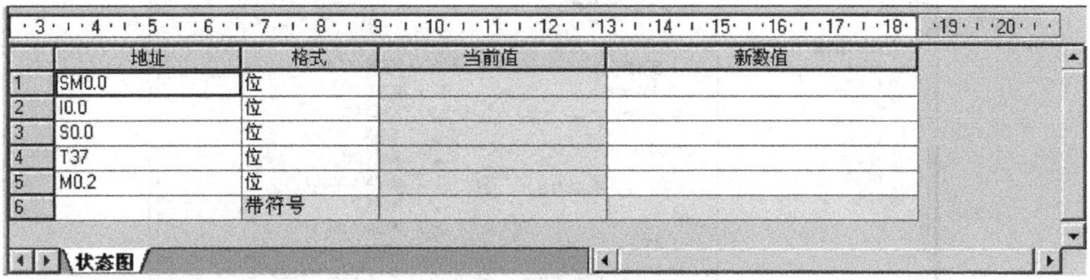

▲图 2.19 状态图窗口

未启动状态图的监视功能时，可以在状态图中输入要监视的变量的地址和数据类型，定时器和计数器可以分别按位或按字监视。如果按位监视，显示的是它们的输出位的 ON/OFF 状态；如果按字监视，显示的是它们的当前值。

单击“编辑(E)”菜单，选择“插入” 命令，或用鼠标右键单击状态图中的单元，选择弹出的快捷菜单中的“插入(I)”命令，可以在状态图中当前光标位置的上部插入新的行。将光标置于最后一行中的任意单元后，按向下的箭头键，可以将新的行插到状态图的底部。在等号表中选择变量并将其复制在状态图中，可以加快创建状态图的速度。

(2)创建新的状态图

可以创建几个状态图，分别监视不同的元件组。用鼠标右键单击指令树中的状态图图标或单击已经打开的状态图，在弹出的快捷菜单中选择“插入(I)”命令，再在弹出的级联菜单中单击“图(C)”选项，可以创建新的状态图。

(3)启动和关闭状态图的监视功能

与 PLC 的通信连接成功后，单击“调试(D)”菜单，选择“开始图状态(C)”命令或单击调试工具条上的(图状态)图标，可以启动状态图的监视功能，在状态图的“当前值”列将会出现从 PLC 中读取的动态数据，如图 2.20 所示。单击“调试(D)”菜单，选择“停止图状态(C)”命令，或再次单击(图状态)图标，可以关闭状态图。状态图的监视功能被启动后，编程软件从 PLC 收集状态信息，并对表中的数据进行更新。这时还可以强制修改状态图中的变量，用二进制方式监视字节、字或双字，可以在一行中同时监视 8 点、16 点或 32 点位变量。

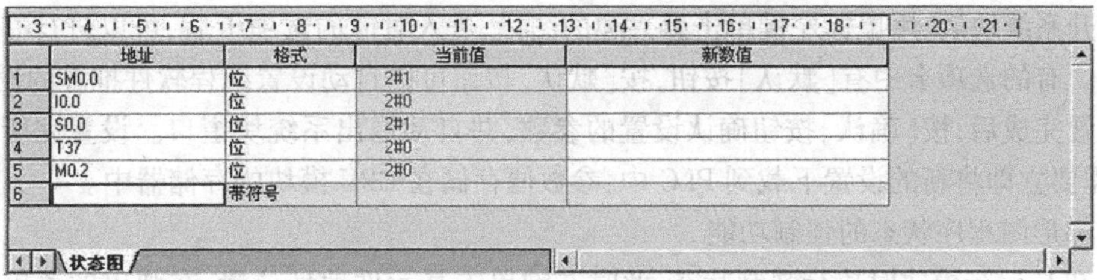
地址
格式
当前值
新数值
1 SM0.0 位 2#1
2 I0.0 位 2#0
3 S0.0 位 2#1
4 T37 位 2#0
5 M0.2 位 2#0
6 带符号
状态图

▲图2.20　**状态图监控**

5)在RUN模式下编辑用户程序

在RUN(运行)模式下,不必转换到STOP(停止)模式便可以对程序做较小的改动,并将改动下载到PLC中。

建立好计算机与PLC之间的通信联系后,当PLC处于RUN模式时,单击“调试(D)”菜单,选择“‘运行’中程序编辑(E)”命令,进行程序编辑,如果编程软件中打开的项目与PLC中的程序不同,将提示上载PLC中的程序。该功能只能编辑PLC中的已有程序。进入RUN模式编辑状态后,将会出现一个跟随鼠标移动的PLC图标。两次单击“调试(D)”菜单,选择“‘运行’中程序编辑(E)”命令,将退出RUN模式编辑。

编辑前应退出程序状态监视,修改程序后,需要将改动下载到PLC。下载前一定要仔细考虑可能对设备或操作人员造成的各种影响。

在RUN模式编辑状态下修改程序后,CPU对修改的处理方法可以查阅系统手册。

6)使用系统块设置PLC的参数

单击“检视(V)”菜单,选择“元件(C)”命令,在弹出的级联菜单中单击“系统块(B)”选项,或直接单击浏览条中的(系统块)图标,则可以直接进入系统块中对应的对话框。

系统块主要包括通信端口、断电数据保持、密码、数字量和模拟量输出表配置、数字量和模拟量输入滤波器、脉冲捕捉位和通信背景时间等,如图2.21所示。

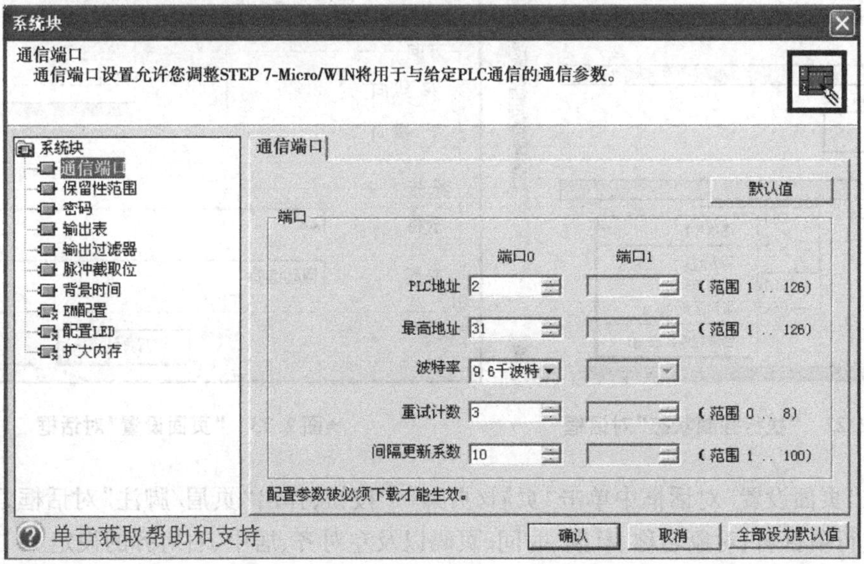

▲图2.21　**“系统块”对话框**

打开系统块后,用鼠标左键单击感兴趣的图标,进入对应的选项卡后,可以进行有关的参数设置。有的选项卡中有[默认]按钮,按[默认]按钮可以自动设置编程软件推荐的设置值。

设置完成后,按[确认]按钮确认设置的参数,并自动退出系统块窗口。设置完所有的参数后,需要立即将新的设置下载到PLC中,参数便存储在CPU模块的存储器中。

7)梯形图程序状态的强制功能

在PLC运行模式时执行强制状态,此时右键单击某元件地址位置,在弹出的菜单中可以对该元件执行写入、强制或取消强制的操作,如图2.22所示。强制和取消强制功能不能用于V,M,AI和AQ的位。执行强制功能后,在默认情况下,PLC上的故障灯显示为黄色。

在PLC停止模式时也会显示强制状态,但只有在非“使用执行状态”和“程序状态监控”条件下,单击“调试(D)”菜单,选择“‘停止’模式中写入－强制输出(O)”命令后,才能执行对输出Q和AQ的写和强制操作。

8)程序的打印输出

打印的相关功能在菜单栏“文件(F)”菜单中,包括页面设置、打印预览和打印。

单击“文件(F)”菜单,选择“页面设置(T)…”命令,或单击标准单击工具条上的(打印)按钮,在弹出的打印对话框中单击“页面设置(T)…”按钮,出现“页面设置”对话框,如图2.23所示。

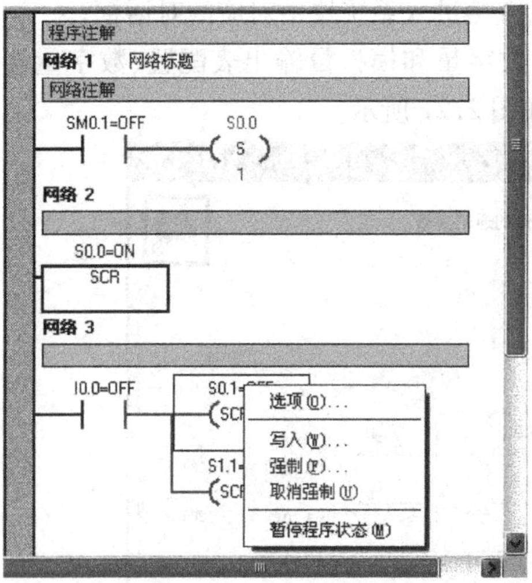

▲图2.22 “执行强制状态”对话框

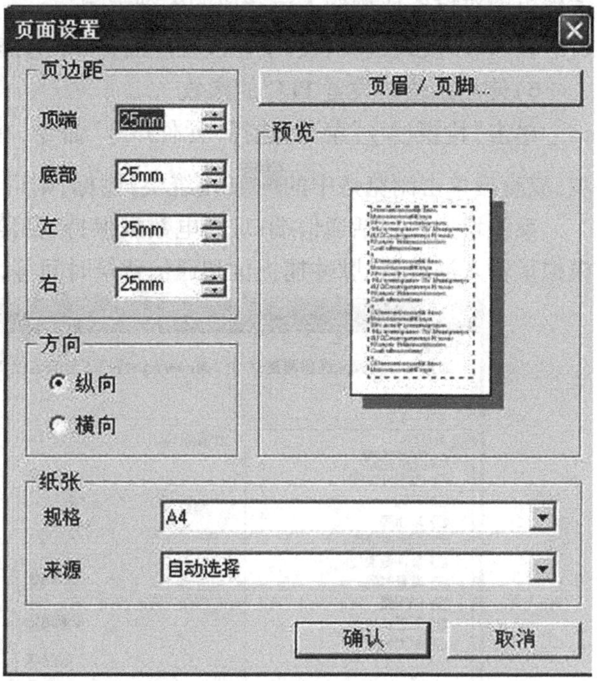

▲图2.23 “页面设置”对话框

可在“页面设置”对话框中单击“页眉/页脚…”按钮,弹出“页眉/脚注”对话框,可在该对话框中进行项目名、对象名称、日期、时间、页码以及左对齐、居中、右对齐的设定。

单击“文件(F)”菜单,选择“打印预览(V)”命令,或单击标准工具条上的(打印预览)按钮,显示打印预览窗口,可进行程序块、符号表、状态图、数据块、系统块、交叉引用的预览设置。如打印结果满意,可选择打印功能。

单击“文件(F)”菜单,选择“打印(P)”命令,或单击标准工具条上的(打印)按钮,在打印对话框中,可选择需要打印的文件的组件复选框,选择打印主程序网络1—网络20的梯形图程序,但如果还希望打印程序的附加组件,例如,还要打印符号表等,则所选打印范围无效,将打印全部LAD网络。

单击标准工具条上的(选项)按钮,在出现的“打印选项”对话框中选择是否打印程序属性、局部变量表和数据块属性。

学习情境4：基本逻辑指令

S7-200系列PLC共有27条逻辑指令。逻辑指令是指构成逻辑运算功能指令的集合,包括位操作指令、置位/复位指令、立即指令、边沿脉冲指令、逻辑堆栈指令、定时器、计数器、比较指令、取非和空操作指令。

PLC位操作指令主要用来实现逻辑控制和顺序控制,是PLC常用的基本指令。触点和线圈指令是PLC应用的最多的指令。触点又分为动合触点和动断触点两种形式,以其在梯形图中的位置分为和母线相连的动合触点和动断触点、与前面触点串联的动合触点和动断触点、与前面触点并联的动合触点和动断触点。常用的位操作指令有以下几种。

(1)逻辑取和线圈驱动指令LD(Load),LDN (Load Not),=(Out)

①LD(Load):取指令,常开触点逻辑运算开始。

②LDN(Load Not):取反指令,常闭触点逻辑运算开始。

③=(Out):线圈驱动指令。

指令格式:逻辑取指令LD,LDN及线圈驱动指令“=”的LAD及STL格式,如图2.24所示。

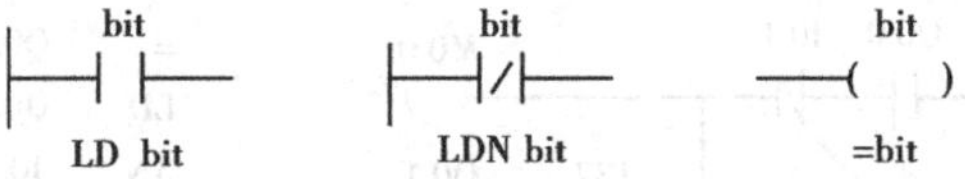

(a)取指令　(b)取反指令　(c)输出指令

▲图2.24　输入/输出指令

指令说明:

①LD,LDN指令用于与梯形图左侧母线相连的触点,也可以与OLD,ALD指令配合使用在分支回路的开头。

②并联的=指令可以连续使用任意次。

③LD,LDN指令的操作数:I,Q,M,SM,T,C,V,S;“=”指令的操作数:Q,M,SM,T,C,S。

④在同一程序中不能使用双线圈输出,即同一元器件在同一程序中只能使用一次“=”指令。

注意:“=”指令不能用于驱动输入继电器I的线圈。

如图2.25所示,梯形图及指令表表示上述3条基本指令的用法。

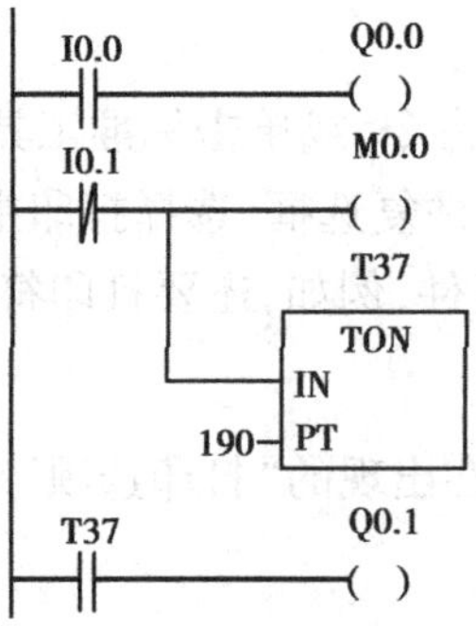

LD	I0.0
=	Q0.0
LDN	I0.1
=	M0.0
TON	T37,190
LD	T37
=	Q0.1

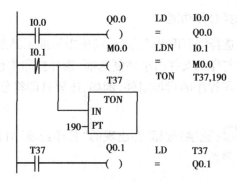

▲图2.25　LD,LDN,=指令梯形图及语句表

(2)触点串联指令A(And),AN(And Not)

①A(And):与指令,串联一个常开触点。

指令格式:A　　bit

②AN(And Not):与非指令,串联一个常闭触点。

指令格式:AN　　bit

如图2.26所示,梯形图及指令表表示上述两条基本指令的用法。

A,AN指令使用说明如下:

①A,AN是单个触点串联连接指令,可连续使用。

②若要串联多个触点组合回路时,须采用后面说明的ALD指令。

③若按正确次序编程,可反复使用"="指令。如图2.26所示中,=Q0.1。但如果按图2.27的次序编程就不能连续使用"="指令。

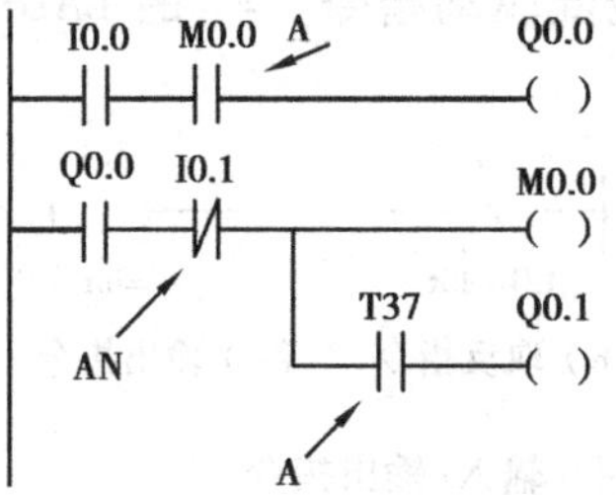

LD	I0.0
A	M0.0
=	Q0.0
LD	Q0.0
AN	I0.1
=	M0.0
A	T37
=	Q0.1

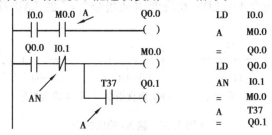

▲图2.26　A,AN指令梯形图及语句表

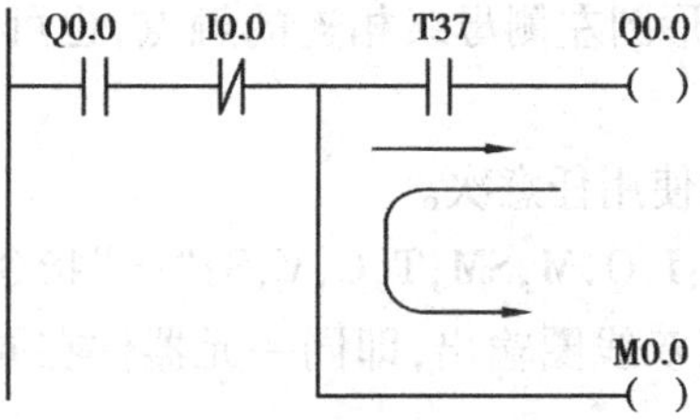

▲图2.27　错误次序编程图

④A,AN的操作数:I,Q,M,SM,T,C,V,S。

(3)触点并联指令 O(Or)、ON(Or Not)

①O(Or):或指令,并联一个常开触点。

指令格式:O　　bit

②ON(Or Not):或非指令,并联一个常闭触点。

指令格式:ON　　bit

如图 2.28 所示,梯形图及语句表表示了 O 及 ON 指令的用法。

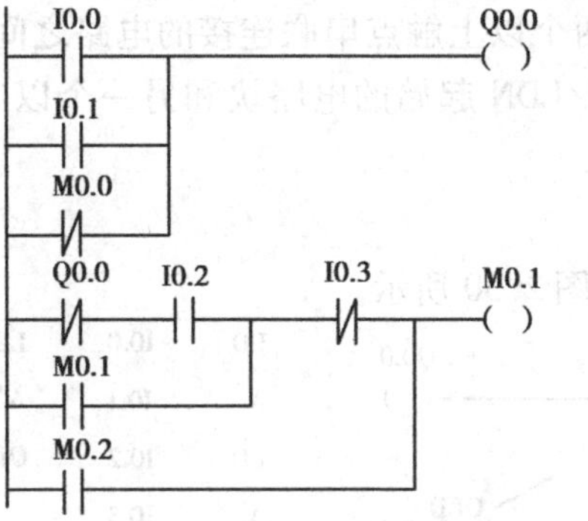

LD	I0.0
O	I0.1
ON	M0.0
=	Q0.0
LDN	Q0.0
A	I0.2
O	M0.1
AN	I0.3
O	M0.2
=	M0.1

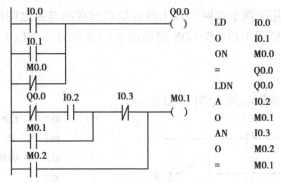

▲图 2.28　O,ON 指令梯形图及语句表

O,ON 指令使用说明如下:

①O,ON 指令可作为一个接点的并联连接指令,紧接在 LD 和 LDN 指令之后用,即对其前面的 LD 和 LDN 指令所规定的触点再并联一个触点,可以连续使用。

②若要将两个以上触点的串联回路和其他回路并联时,须采用后面说明的 OLD 指令。

③O 和 ON 的操作数:I,Q,M,SM,T,C,V,S。

在较复杂的梯形图的逻辑电路图中,梯形图无特殊指令,绘制非常简单,但触点的串、并联关系不能全部用简单的与、或、非逻辑关系描述。语句表指令系统中设计了电路块的“与”操作和电路块的“或”操作指令(电路块指以 LD/LDN 为起始的触点串、并联网络)。下面对这类指令加以说明。

(4)块“与”指令 ALD(And Load)

块“与”指令 ALD 用于两个或两个以上触点并联连接的电路之间的串联,称为并联电路块的串联连接,是将梯形图中以 LD/LDN 起始的电路块与另一个以 LD/LDN 起始的电路块串联。

指令格式:ALD

块“与”指令 ALD 的操作示例,如图 2.29 所示。

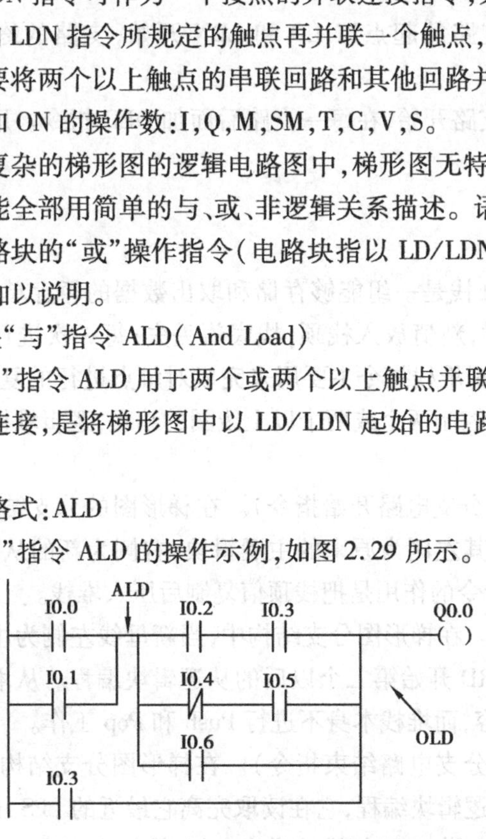

LD	I0.0	OLD	
O	I0.1	O	I0.6
LD	I0.2	ALD	
A	I0.3	O	I0.3
LDN	I0.4	=	Q0.0
A	I0.5		

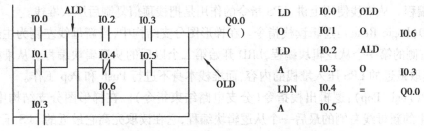

▲图 2.29　ALD 指令梯形图及语句表

ALD 指令使用说明如下:

①分支电路(并联电路块)与前面电路串联连接时,使用 ALD 指令。分支的起始点用 LD,LDN 指令,并联电路块结束后,使用 ALD 指令与前面电路串联。

②如果有多个并联电路块串联,顺次以 ALD 指令与前面支路连接,支路数量没有限制。

③ALD 指令无操作数。

(5)块"或"指令 OLD(Or Load)

块"或"指令 OLD 用于两个或两个以上触点串联连接的电路之间的并联,称为串联电路块的并联连接,是将梯形图中以 LD/LDN 起始的电路块和另一个以 LD/LDN 起始的电路块并联。

指令格式:OLD

块"或"指令 OLD 操作示例,如图 2.30 所示。

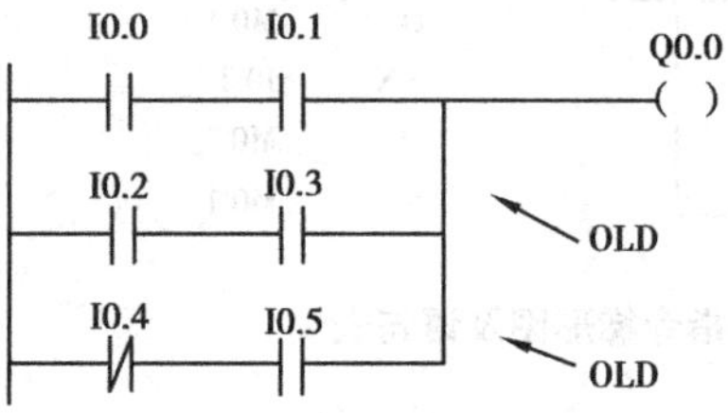

LD	I0.0	LDN	I0.4
A	I0.1	A	I0.5
LD	I0.2	OLD	
A	I0.3	=	Q0.0
OLD			

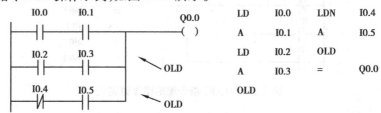

▲图 2.30 OLD 指令梯形图及语句表

OLD 指令使用说明如下:

①几个串联支路并联连接时,其支路的起点以 LD 和 LDN 开始,支路的终点用 OLD 指令。

②如需将多个支路并联,从第二条支路开始,在每一支路后面加 OLD 指令。用这种方法编程,对并联支路的个数没有限制。

③OLD 指令无操作数。

(6)栈操作指令

栈操作指令即逻辑堆栈操作指令,堆栈是一组能够存储和取出数据的暂存单元,其特点是"先进后出"。每一次进行入栈操作时,新值放入栈顶,栈底值丢失;每一次进行出栈操作时,栈顶值弹出,栈底值补进随机数。逻辑堆栈指令主要用来完成对触点进行的复杂连接,主要作用是用于一个触点(或触点组)同时控制两个或两个以上线圈的编程,逻辑堆栈指令无操作数(LDS 例外)。

①LPS(Logic Push):逻辑入栈指令(分支电路开始指令)。在梯形图的分支结构中,可以形象地看出,它用于生成一条新的母线,其左侧为原来的主逻辑块,右侧为新的从逻辑块,因此可直接编程。从堆栈使用上讲,LPS 指令的作用是把栈顶值复制后压入堆栈。

②LRD(Logic Read):逻辑读栈指令。在梯形图分支结构中,当新母线左侧为主逻辑块时 LPS 开始右侧的第一个从逻辑块编程,LRD 开始第二个以后的从逻辑块编程。从堆栈使用上讲,LRD 读取最近的 LPS 压入堆栈的内容,而堆栈本身不进行 Push 和 Pop 工作。

③LPP(Logic Pop):逻辑出栈指令(分支电路结束指令)。在梯形图分支结构中,LPP 用于 LPS 产生的新母线右侧的最后一个从逻辑块编程,它在读取完离它最近的 LPS 压入堆栈内容的同时复位该条新母线。从堆栈使用上讲,LPP 把堆栈弹出一级,堆栈内容依次上移。

上述这3条指令也称为多重输出指令,主要用于一些复杂逻辑的输出处理。其用法如图2.31所示。

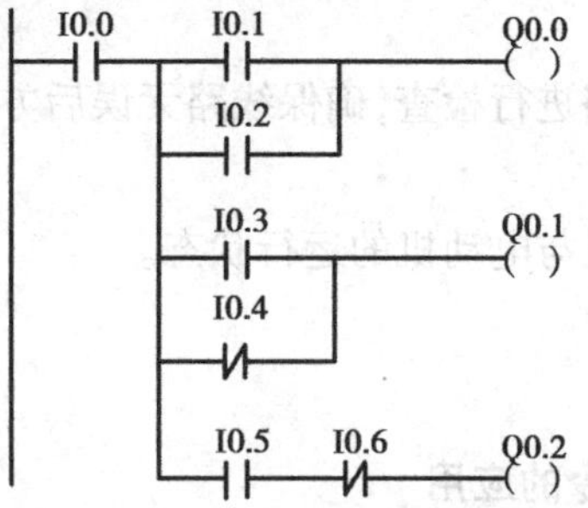


```
LD   I0.0        LPP
LPS              A    I0.5
LD   I0.1
O    I0.2        AN   I0.6
ALD              =    Q0.2
=    Q0.0
LRD
LD   I0.3
ON   I0.4
ALD
=    Q0.1
```

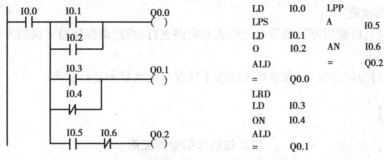

▲图2.31 逻辑堆栈指令梯形图及语句表

④LDS(Load Stack):装入堆栈指令。其功能是复制堆栈中的第 n 个值到栈顶,而栈底丢失。

指令格式:LDS n(n 为0~8的整数)

该指令在编程中使用较少,这里不多说明。

【任务实战】

三相异步电动机启保停电路的安装与调试

如图2.32所示是三相异步电动机启保停电路的硬件接线图。如图2.33所示是PLC控制系统的控制梯形图程序,称为启动、保持和停止电路(简称为启、保、停电路)。图2.33中的启动信号I0.0和停止信号I0.1(如启动按钮SB2和停止按钮SB1提供的信号)持续为ON的时间一般都很短,这种信号称为短信号。启保停电路最主要的特点之一是具有"记忆"功能,按下启动按钮,I0.0的常开触点接通,如果这时未按停止按钮和过载保护没有动作,I0.1和I0.0的常闭触点接通,Q0.0的线圈"通电",其常开触点同时接通。放开启动按钮,I0.0的常开触点断开,"能流"经Q0.0的常开触点和I0.1和I0.0的常闭触点流过Q0.0的线圈,Q0.0仍为ON,这就是所谓的"自锁"或"自保持"功能。按下停止按钮或过载保护动作,I0.1或I0.2的常闭触点断开,使Q0.0的线圈"断电",其常开触点断开,以后即使放开停止按钮和过载保护不动作,I0.1和I0.0的常闭触点恢复接通状态,Q0.0的线圈仍然"断电"。

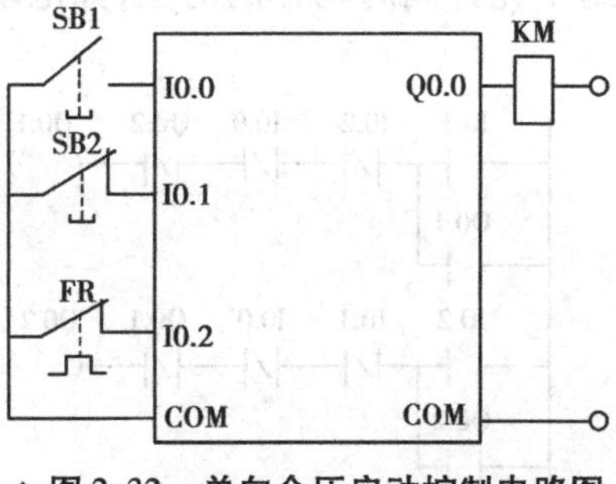

▲图2.32 单向全压启动控制电路图

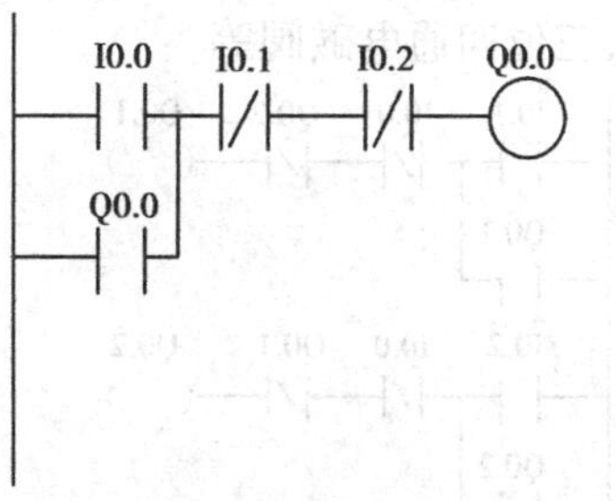

▲图2.33 单向全压启动控制电路梯形图

(1)元件选择与检查

参照图2.32选出合适的元器件并检查其功能完好性。

(2)电路的安装与连接

参照图2.32接好PLC控制电路。

(3)电路的检查

接好电路后,应使用万用表等电气仪表对电路进行检查,确保线路无误后方可通电试车。

(4)通电试车

通电试车时应注意安全,观察按钮的按下情况与电动机的运行状态。

【知识拓展】

PLC位操作指令的应用

1)自锁控制电路

自锁控制是控制电路中最基本的环节之一,常用于对输入开关和输出继电器的控制电路。如图2.34所示的自锁程序中,I0.0是启动按钮,I0.1是停止按钮,图2.34(a)是失电优先电路,图2.34(b)是得电优先电路。自锁控制电路常用于以无锁定开关作启动开关的情况,或者用只接通一个扫描周期的触点去启动一个持续动作的控制电路。

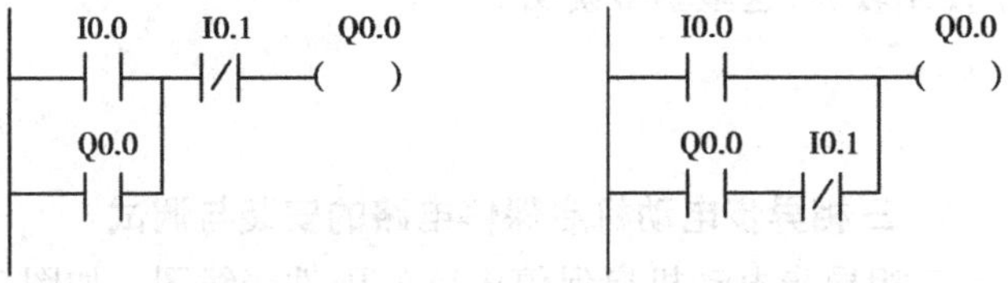

(a)失电优先　　(b)得电优先

▲图2.34　自锁控制梯形图

2)互锁控制电路

互锁控制也是控制电路中最基本的环节之一,经常用于对输入开关和输出继电器的控制电路。如图2.35所示的互锁电路中I0.1、I0.2是启动按钮,I0.0是停止按钮。在图2.35(a)中,Q0.1和Q0.2是通过输出进行互锁的,一个得电,另一个必须在停止前一个的基础上,才能启动,即只能是先停后启。在图2.35(b)中,启动和输出双重互锁,在停一个的基础上可以启动另一个,也就是即停即启,但是这种电路对启动设备冲击很大。这两种电路都保证在任何时候两者都不能同时启动。互锁控制电路常用于被控的是一组不允许同时动作的对象,如电动机的正、反转控制,三位四通电磁阀等。

互锁控制

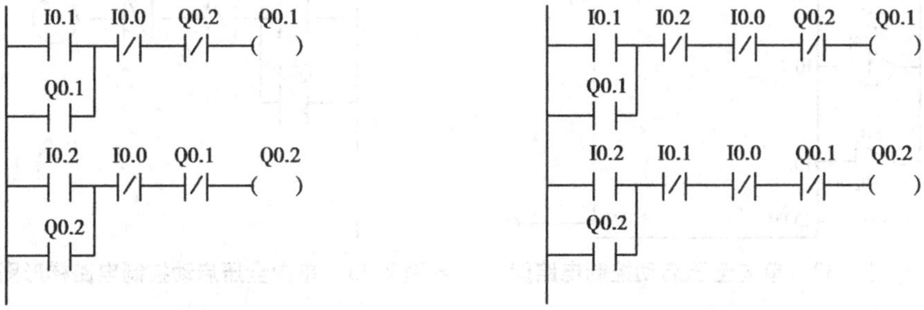

(a)单互锁　　(b)双互锁

▲图2.35　互锁控制梯形图

【思考问题】

1. 计算机安装 STEP 7-Micro/WIN V4.0 软件需要哪些软硬件条件？

2. 简述下图两种梯形图的控制过程并指出其不同。

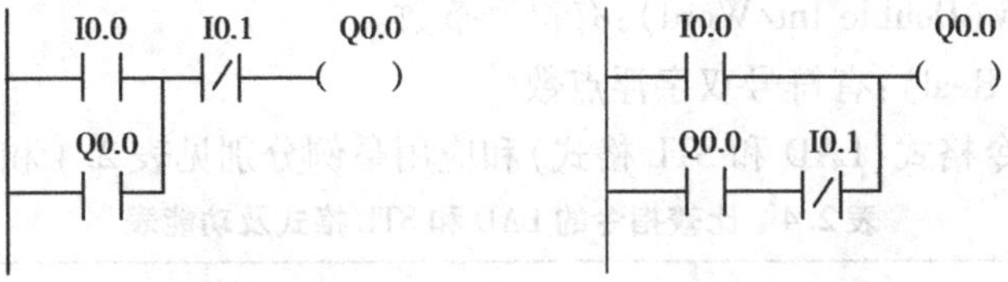

（a）失电优先　　（b）得电优先

任务三　PLC 控制的电动机顺序启停电路的安装与调试

【内容提要】

本任务主要通过学习 S7-200 系列 PLC 基本指令定时器的原理及应用来完成 PLC 控制的电动机顺序启停电路的安装与调试。

【学习要求】

①掌握基本指令定时器的原理及应用。

②掌握 PLC 控制的电动机顺序启停电路控制原理及安装调试。

【任务导入】

在多台电动机驱动的生产机械上，各台电动机所起的作用不同，设备有时要求某些电动机按照一定的顺序启动并工作，以保证操作过程的合理性和设备工作的可靠性。例如，某控制系统有 3 台电动机，其控制要求如下：按下启动按钮，润滑电动机 M1 启动，运行 5 s 后，主电动机 M2 启动，M2 运行 10 s 后，冷却泵电动机 M3 启动；按下停止按钮，3 台电动机全部停止。我们知道，在继电器接触器电路中时间继电器可以实现延时控制，那么在 PLC 内部又是如何实现时间的延时控制？

【知识链接】

学习情境 1：比较指令

比较指令是将两个操作数（IN1 和 IN2）按指定的比较关系作比较。比较关系成立则比较触点闭合。比较指令为上下限控制以及数值条件判断提供了极大的方便。

比较指令的操作数可以是整数，也可以是实数（浮点数）。在梯形图中用带参数和运算符的触点表示比较指令，比较条件满足时，触点闭合，否则断开。梯形图程序中，比较触点可以装入,也可以串联和并联。

比较指令的运算符号有 =(等于)、< =(小于等于)、> =(大于等于)、<(小于)、>(大于)、< >(不等于)。

比较指令的操作数类型有:

①字节比较 B(Byte):无符号整数。

②整数比较 I(Int)/W(Word):有符号整数。

③双字比较 DW(Double Int/Word):有符号整数。

④实数比较 R(Real):有符号双字浮点数。

比较指令的指令格式(LAD 和 STL 格式)和应用举例分别见表 2.4 和图 2.36。

表 2.4 比较指令的 LAD 和 STL 格式及功能表

STL	LD□ × × n1,n2	LD n A□ × × n1,n2	LD n O□ × × n1,n2
LAD	n1 ×× □ n2	n n1 ×× □ n2	n n1 ×× □ n2
功能	比较触点接起始总线	比较触点的"与"	比较触点的"或"

表中" × ×"表示操作数 n1,n2 所需满足的条件:

①= = 等于比较,如 LD□ = = n1,n2,即 n1 = = n2 时触点闭合;

②> = 大于等于比较,如 n1 | > = □ | n2,即 n1 > = n2 时触点闭合。

③< = 小于等于比较,如 n1 | < = □ | n2,即 n1 < = n2 时触点闭合。

"□"表示操作数 n1,n2 的数据类型及范围有字节、字、双字和实数。如 LDB = = IB2, MB2、AW > = MW2, VW12、OD < = VD24, MDϕ。

[例 2.1] 有一个恒温水池,要求温度为 30 ~ 50 ℃,当温度低于 30 ℃时,启动加热器加热,红灯亮;当温度高于 50 ℃时,停止加热,指示绿灯亮。假设温度存放在 SMB10 中。

控制程序如图 2.36 所示。

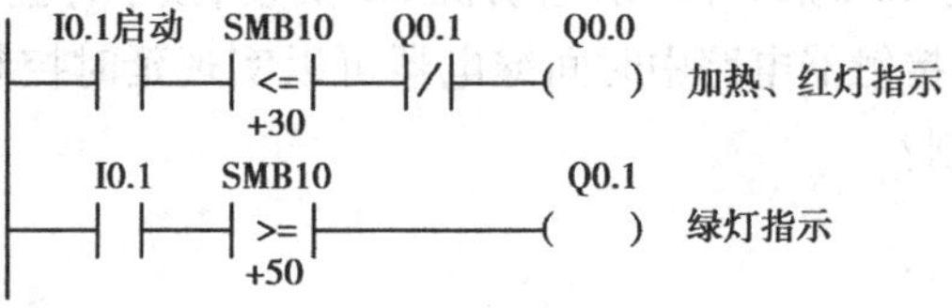

▲图 2.36 比较指令的应用程序

学习情境 2:定时器

定时器是 PLC 中最常用的元器件之一,掌握它的工作原理对 PLC 的程序设计非常重要。S7-200 PLC 的定时器为增量型定时器,用于实现时间控制,可以按照工作方式和时间基准(时基)分类,时间基准又称为定时精度和分辨率。

PLC的定时器

1)工作方式

定时器的类型

定时器按照工作方式分,可分为通电延时型(TON)、有记忆通电延时型(又称为保持型)(TONR)、断电延时型(TOF)3种。

2)时基标准

定时器按照时基标准分,可分为1,10,100 ms 3种类型,不同的时基标准,其定时精度、定时范围和定时器的刷新方式不同。

①定时精度。定时器的工作原理是定时器使能输入有效后,当前值寄存器对PLC内部的时基脉冲增1计数,最小计时单位为时基脉冲的宽度。故时间基准代表着定时器的定时精度,又称为分辨率。

②定时范围。定时器能使输入有效后,当前值寄存器对时基脉冲递增计数,当计数值大于或等于定时器的预置值后,状态位置1。从定时器输入有效到状态位输出有效经过的时间为定时时间。定时时间T等于时基乘预置值,时基越大,定时时间越长,但精度越差。

③定时器的刷新方式。1 ms定时器每隔1 ms刷新一次,定时器刷新与扫描周期和程序处理无关,它采用的是中断刷新方式。扫描周期较长时,定时器一个周期内可能多次被刷新(多次改变当前值)。

10 ms定时器在每个扫描周期开始时刷新。每个扫描周期之内当前值不变(如果定时器的输出与复位操作时间间隔很短,调节定时器指令盒与输出触点在网络段中位置是必要的)。

100 ms定时器是定时器指令执行时被刷新,下一条执行的指令即可使用刷新后的结果,非常符合正常思维,使用方便可靠。但应当注意的是,如果该定时器的指令不是每个周期都执行(比如条件跳转时),定时器就不能及时刷新,可能导致出错。

CPU 22X系列PLC的256个定时器分属TON(TOF)和TONR工作方式,以及3种时基标准,TOF和TON共享同一组定时器,不能重复使用。定时器工作方式及类型见表2.5。

表2.5 定时器工作方式及类型

工作方式	分辨率/ms	最大定时时间/s	定时器号
TONR	1	32.767	T0,T64
	10	327.67	T1~T4,T65~T68
	100	3 276.7	T5~T31,T69~T95
TON/TOF	1	32.767	T32,T96
	10	327.67	T33~T36,T97~T100
	100	3 276.7	T37~T63,T101~T255

使用定时器时应参照表2.5的时基标准和工作方式合理选择定时器编号,同时要考虑刷新方式对程序执行的影响。

3)定时器指令格式

定时器指令格式及功能见表2.6。表中IN是使能输入端,编程范围为T0~T255。

PT是预置值输入端,最大预置值为32 767;PT数据类型为INT。

表 2.6　定时器指令格式及功能

LAD	STL	功能、注释
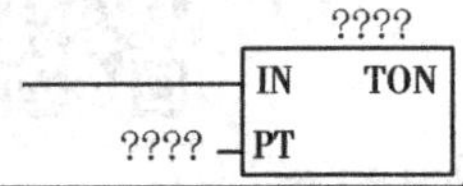	TON	通电延时型
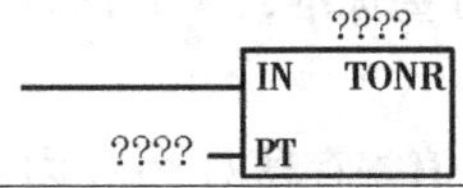	TONR	有记忆通电延时型
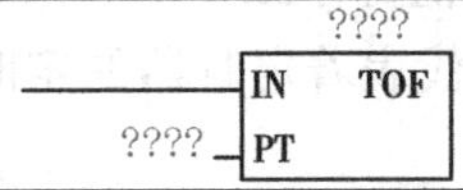	TOF	断电延时型

4)定时器工作原理分析

下面从原理、应用等方面分别叙述通电延时型(TOF)等 3 种类型定时器的使用方法。

①通电延时定时器 TON(On-Delay Timer)。使能端(IN)输入有效时,定时器开始计时,当前值从 0 开始递增,大于或等于预置值(PT)时,定时器输出状态位置 1(输出触点有效),当前值的最大值为 32767。使能端无效(断开)时,定时器复位(当前值清零,输出状态位置 0)。通电延时型定时器的应用程序及运行结果时序分析如图 2.37 所示。

②有记忆通电延时型 TONR(Retentive On-Delay Timer)。使能端(IN)输入有效时(接通),定时器开始计时,当前值递增,当前值大于或等于预置值(PT)时,输出状态位置 1。使能端输入无效(断开)时,当前值保持(记忆);使能端(IN)再次接通有效时,在原记忆值的基础上递增计时。有记忆通电延时型定时器采用线圈的复位指令(R)进行复位操作,当复位线圈有效时,定时器当前值清零,输出状态位置 0。有记忆通电延时型定时器的应用程序及运行结果时序分析,如图 2.38 所示。

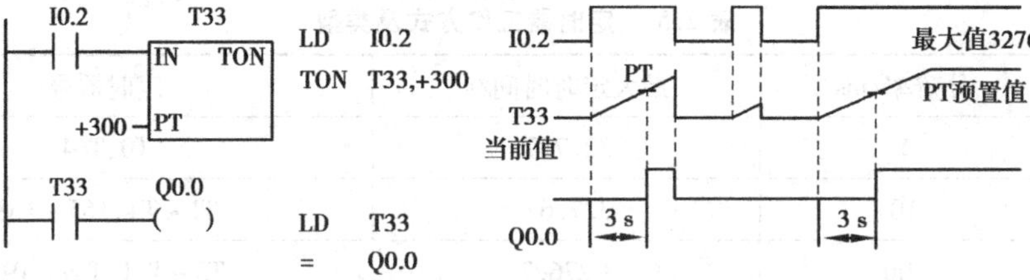

▲图 2.37　通电延时型定时器的应用程序及运行结果时序图

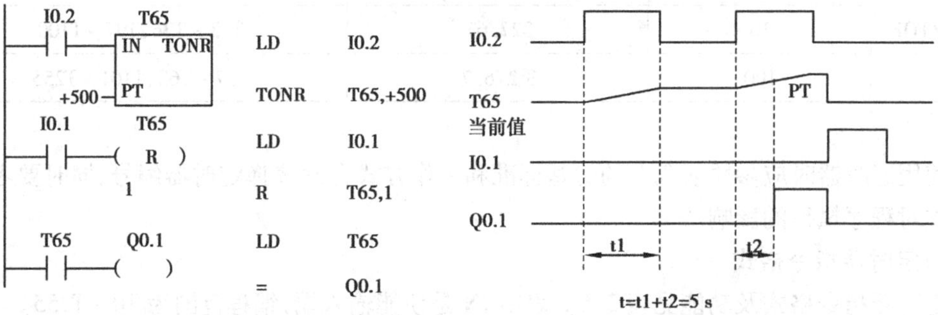

▲图 2.38　有记忆通电延时型定时器的应用程序及运行结果时序图

③断电延时型TOF(Off-Delay Timer)。使能端(IN)输入有效时,定时器输出状态位立即置1,当前值复位(为0)。使能端(IN)断开时,开始计时,当前值从0递增,当前值达到预置值时,定时器状态位复位置0,并停止计时,当前值保持。断电延时型定时器应用程序及程序运行结果时序分析,如图2.39所示。

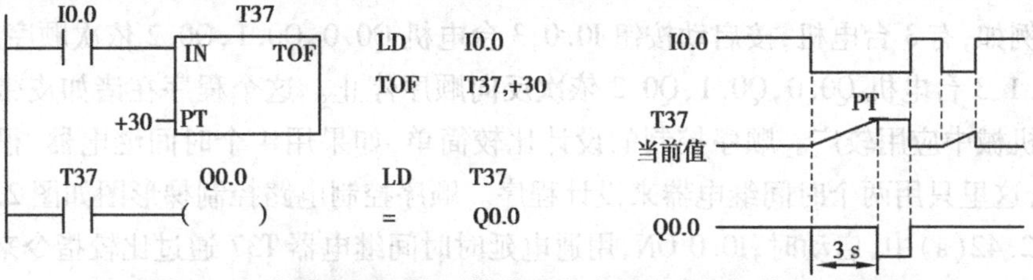

▲图2.39　断电延时型定时器应用程序及程序运行结果时序图

5)S7-200系列PLC的定时器的正确使用

如图2.40所示为使用定时器本身的动断触点作为激励输入,希望经过延时产生一个机器扫描周期的时钟脉冲输出。定时器状态位置位时,依靠本身的动断触点(激励输入)的断开使定时器复位,重新开始设定的时间,进行循环工作。采用不同时基标准的定时器时会有不同的运行结果,具体分析如下:

①T32为1 ms时基定时器,每隔1 ms定时器刷新一次当前值,CPU当前值若恰好在处理动断触点和动合触点之间被刷新,Q0.0可以接通一个扫描周期,但这种情况出现的概率很小,一般情况下,不会正好在这时刷新。若在执行其他指令时,定时时间到,1 ms的定时刷新,使定时器输出状态位置位,动断触点打开,当前值复位,定时器输出状态位立即复位,所以输出线圈Q0.0一般不会通电。

②若将图2.40中定时器T32换成T33,时基变为10 ms,当前值在每个扫描周期开始刷新,定时器输出状态位置位,动断触点断开,立即将定时器当前值清零,定时器输出状态位复位(为0),这样,输出线圈Q0.0永远不可能通电(ON)。

③若将图2.40中定时器T32换成T37,时基变为100 ms,当前指令执行时刷新,Q0.0在T37计时时间到时准确地接通一个扫描周期。可以输出一个OFF时间为定时时间,ON时间为一个扫描周期的时钟脉冲。

结论:综上所述,用本身触点激励输入的定时器,时基为1 ms和10 ms时不能可靠工作,一般不宜使用本身触点作为激励输入。若将图2.40改成图2.41,无论何种时基都能正常工作。

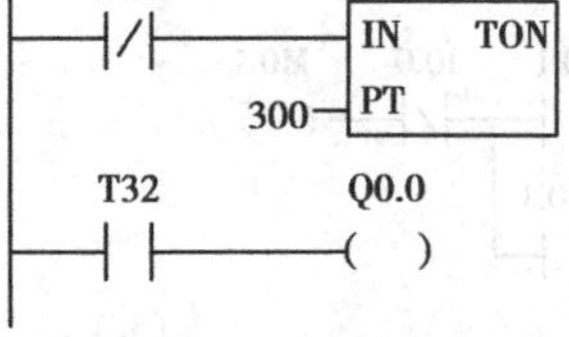

▲图2.40　自身激励输入程序

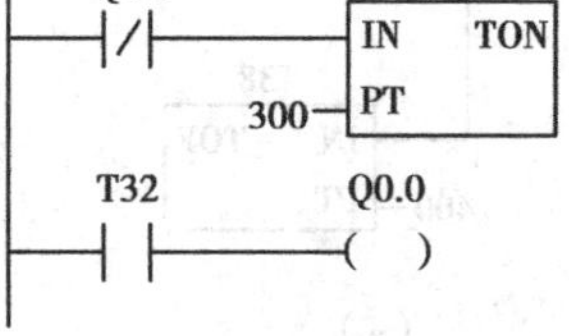

▲图2.41　非自身激励输入程序

【任务实战】

PLC 控制的电动机顺序启停电路的安装与调试

顺序控制电路分手动和自动顺序控制电路,这里介绍一种自动顺序启动,方向顺序停止的电路。例如,有 3 台电机,按启动按钮 I0.0,3 台电机 Q0.0,Q0.1,Q0.2 依次顺序启动,按停止按钮 I0.1,3 台电机 Q0.0,Q0.1,Q0.2 依次反向顺序停止。这个程序在诸如皮带机控制等顺序控制机械中应用较广。顺序控制的设计比较简单,如果用 4 个时间继电器,很容易编制控制程序,这里只用两个时间继电器来设计程序。顺序控制电路控制梯形图如图 2.42 所示。

在图 2.42(a)中,启动时,I0.0 ON,用通电延时时间继电器 T37 通过比较指令来依次启动电机,当 T37 的当前值等于 100 时,即定时 10 s 时启动 Q0.1,20 s 到,启动 Q0.2,这里也可以用比较指令。停止时,I0.1 ON,用断电延时时间继电器 T38 通过比较指令来依次反向停止电机。

在图 2.42(b)中,启动时,I0.0 ON,顺序方向存储器 M0.0 ON,通电延时时间继电器 T37 和 T38 通过延时按顺序方向启动 Q0.1 和 Q0.2。停止时,I0.1 ON,反向存储器 M0.1 ON,M0.0 OFF,T38 延时,由于 M0.0 断开,T38 只能去停止 Q0.1,同样由 T37 去停止 Q0.0。用断电延时时间继电器 T38 通过比较指令来依次反向停止电机。

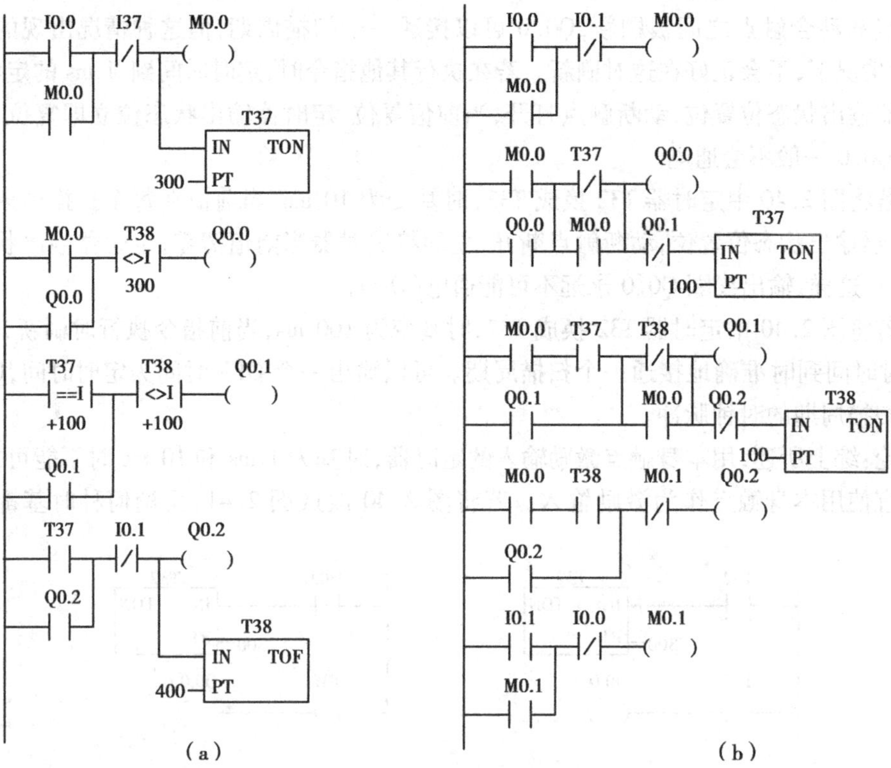

▲图 2.42 顺序控制梯形图

1)元件选择与检查

根据控制要求画出顺序控制硬件接线图,并选用合适的元件。

2)电路的安装与连接

参照硬件接线图接好 PLC 控制电路。

3)电路的检查

接好电路后,应使用万用表等电气仪表对电路进行检查,确保线路无误后方可通电试车。

4)通电试车

通电试车时应注意安全,观察电动机的运行状态。

【知识拓展】

常用定时器应用实例

1)二分频电路

二分频电路也称为单按钮电路。在许多控制场合,需要对控制信号进行分频,有时为了节省一个输入点,也需要采用此种电路。图 2.43 是二分频电路时序图。

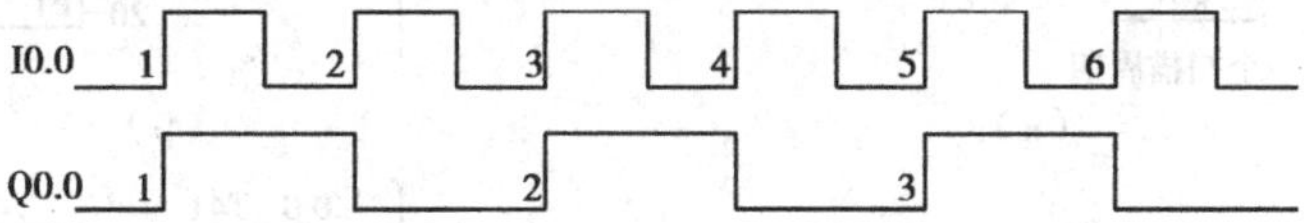

▲图 2.43　二分频电路时序图

如图 2.44 所示是实现二分频时序控制的两种梯形图程序。在图 2.44(a)中,I0.0 第一个脉冲到来时,PC 第一次扫描,M0.0 ON 一个扫描周期,Q0.0 ON,第二次扫描,Q0.0 自锁;I0.0 第二个脉冲到来时,PC 第一次扫描,M0.0 ON, M0.1 ON, Q0.0 断开,第二次扫描,M0.0 断开,Q0.0 保持断开;以此类推。梯形图程序(b)和(a)的原理差不多,不作说明。

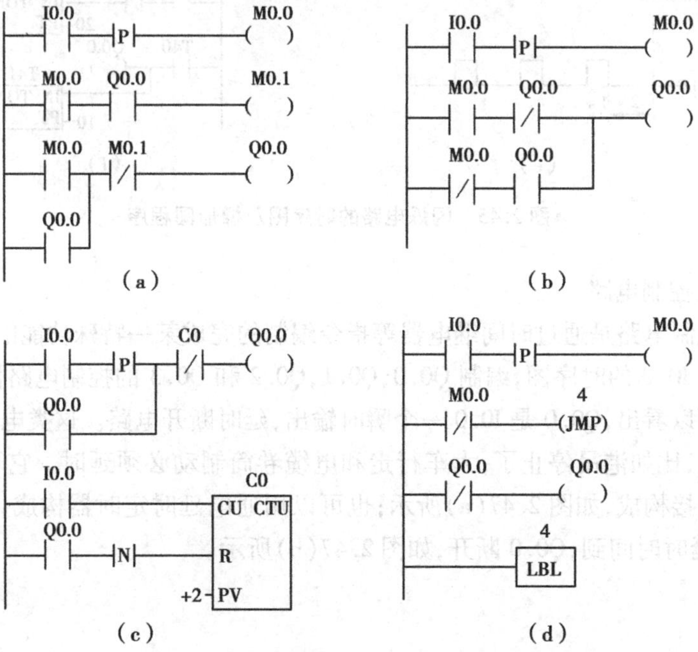

▲图 2.44　二分频时序控制的两种梯形图程序

2)闪烁电路

闪烁电路也称为振荡电路。闪烁电路实际上就是一个时钟电路,它可以是等间隔的通断,也可以是不等间隔的通断。

图2.45是3个典型闪烁电路的时序图及梯形图程序。在实际的程序设计中,如果电路中用到闪烁功能,往往直接用两个定时器或一个定时器组成闪烁电路,如图2.45(b)所示是一个简易的闪烁电路,它适用于控制精度不高的场合。图2.45(d)和图2.45(f)所示是两个常用的闪烁电路,该电路不管其他信号如何,I0.0一通电,它就开始工作,通断时间值可以根据需要任意设定。图2.45(d)所示为一个通2 s、断1 s的闪烁电路。图2.45(f)所示为一个断2 s、通1 s的闪烁电路。

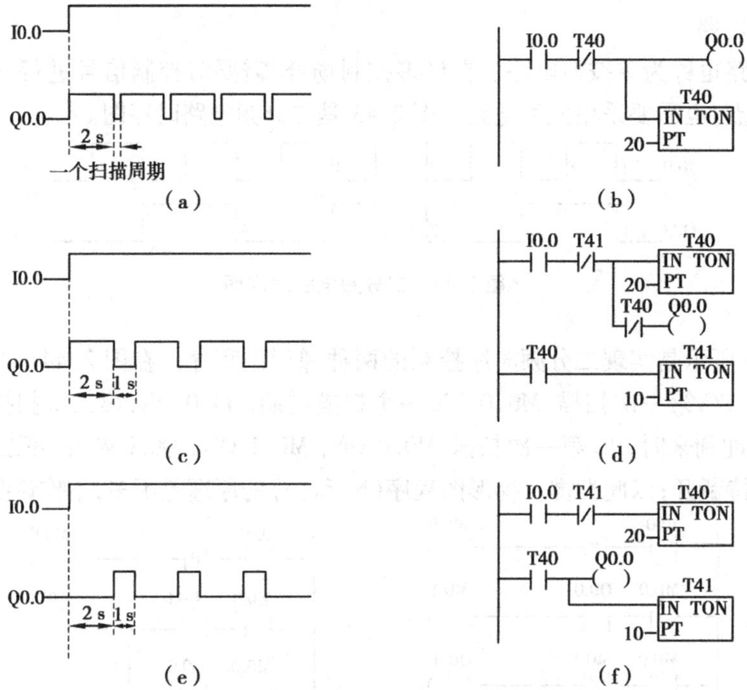

▲图2.45 闪烁电路的时序图及梯形图程序

3)特殊时间控制电路

特殊时间控制电路是通过时间继电器等指令编制的完成某一特殊功能的电路,如图2.46所示。根据输入I0.0的时序图,编制Q0.0,Q0.1,Q0.2和Q0.3的控制电路梯形图。

由时序图可以看出,Q0.0是I0.0一个瞬时输出,延时断开电路。这类电路在制动控制的电路中应用广泛,比如港吊停止了,大车行走和电缆卷筒制动必须延时。它可以用一个断电延时的继电器直接构成,如图2.47(a)所示;也可以用通电延时定时器构成,当I0.0断开时,T37开始延时,延时时间到,Q0.0断开,如图2.47(b)所示。

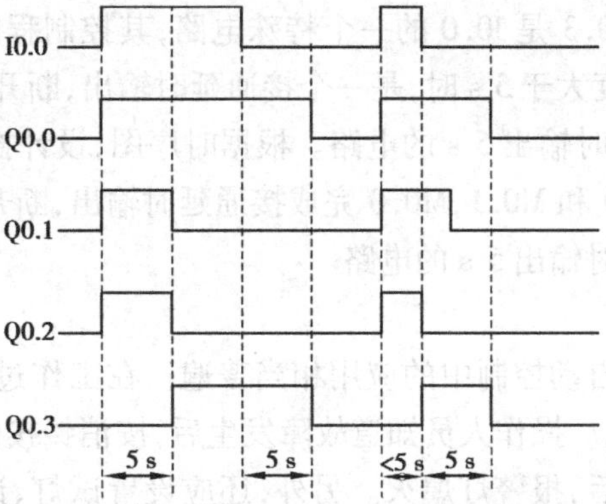

▲图 2.46　特殊时间控制电路时序图

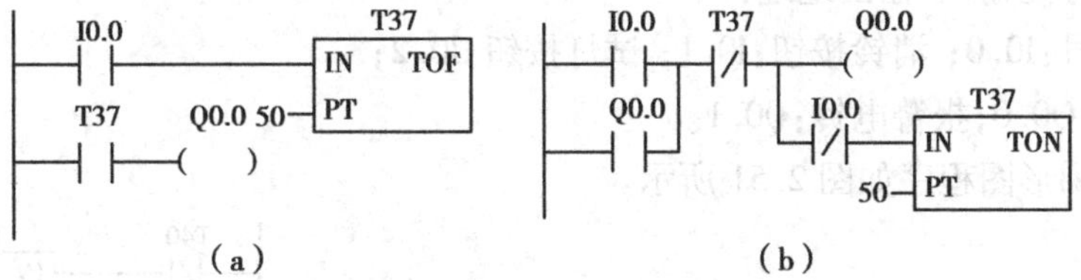

▲图 2.47　瞬时接通，延时断开电路梯形图

由时序图可以看出，Q0.1 是 I0.0 的一个输出脉冲宽度可以控制的电路。该电路在输入信号宽度不规范的情况下，要求在每一个输入信号的上升沿产生一个宽度固定的脉冲，该脉冲宽度可以调节。即本例不管 I0.0 的输入宽度如何，Q0.1 都输出一个宽度为 5 s 的脉冲。如图 2.48 所示，梯形图(a)是利用边沿指令编制的程序，它是以采集 I0.0 的边沿为基础延时 5 s。梯形图(b)，如果 I0.0 是短脉冲，M0.0 得电自锁，延时到，断开自锁回路和输出；如果是长脉冲，延时到，只是断开自锁回路，M0.0 继续 ON，T40 ON，由 T40 的常闭接点断开输出。

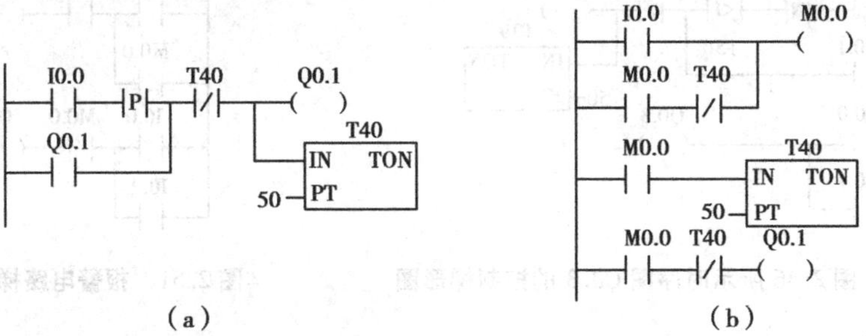

▲图 2.48　脉冲宽度可以控制电路梯形图

由时序图可以看出，Q0.2 是 I0.0 的一个一般电路，其控制程序如图 2.49 所示。

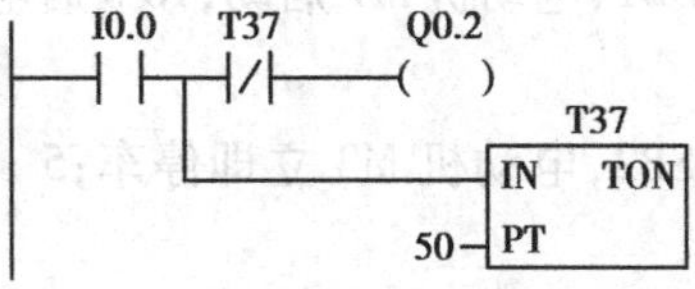

▲图 2.49　图 2.26 所示时序图 Q0.2 的控制梯形图

由时序图可以看出,Q0.3是I0.0的一个特殊电路,其控制程序如图2.50所示。从时序图可以看出,当I0.0的宽度大于5 s时,是一个接通延时输出,断开延时断开输出电路;当I0.0的宽度小于5 s时,断开瞬时输出5 s的电路。根据时序图,设计控制梯形图如图2.50所示,它用了两个位存储器M0.0和M0.1,M0.0完成接通延时输出,断开延时断开输出;M0.1通过一个比较电路完成断开瞬时输出5 s的电路。

4)报警电路

报警电路在工业电气自动控制中的应用相当普遍。在工作过程中,当故障发生时,报警指示灯闪烁,报警电铃鸣响。操作人员知道故障发生后,按消铃按钮关掉电铃,报警指示灯从闪烁变为长亮。故障消失后,报警灯熄灭。另外,还应设置试灯、试铃按钮,用于平时检测报警指示灯和电铃的好坏。

根据要求分配输入/输出地址:

①故障信号:I0.0; 消铃按钮:I0.1; 试灯按钮:I0.2;

②报警灯:Q0.0;报警电铃:Q0.1。

设计控制梯形图程序如图2.51所示。

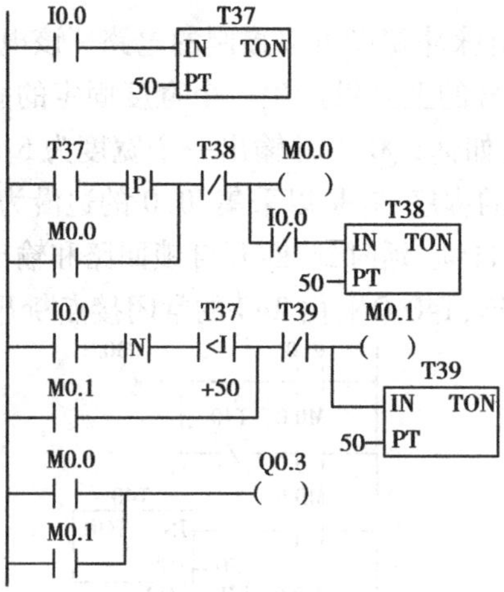

▲图2.50 图2.46所示时序图Q0.3的控制梯形图

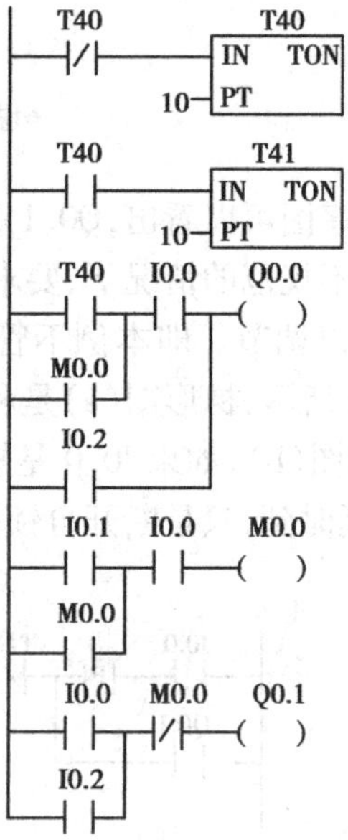

▲图2.51 报警电路梯形图程序

【思考问题】

1. 设计1个3台电动机的启/停顺序控制程序。

(1)启动操作:按启动按钮SB1,电动机M1启动,10 s后电动机M2自动启动,又经过8 s,电动机M3自动启动。

(2)停车操作:按停止按钮SB2,电动机M3立即停车;5 s后,电动机M2自动停车;又经过4 s,电动机M1自动停车。

2. 有3台电动机,要求启动时,每隔10 min依次启动1台,每台运行8 h后自动停机。在运行中可用停止按钮将3台电动机同时停机。

任务四　交通指挥信号灯控制系统的安装与调试

【内容提要】

本任务主要通过学习S7-200系列PLC基本指令计数器的原理及应用来完成PLC控制的交通指挥信号灯的控制系统的安装与调试。

交通信号灯的认识

【学习要求】

①掌握基本指令计数器的原理及应用。

②掌握PLC控制的交通指挥信号灯系统控制原理及安装调试。

【任务导入】

在实际生活中,我们都会看到交通信号灯。信号灯受一个启动开关控制。当启动开关接通时,信号灯系统开始工作,且先南北红灯亮,东西绿灯亮;当启动开关断开时,所有信号灯都熄灭。那么,交通信号灯控制系统是如何实现其控制过程的?

两种不同的交通信号灯

【知识链接】

学习情境1:边沿脉冲指令

边沿脉冲指令为EU(Edge Up)、ED(Edge Down)。边沿脉冲指令的格式及功能见表2.7。边沿脉冲指令EU/ED的用法,如图2.52所示。

表2.7　边沿脉冲指令的格式及功能表

STL	LAD	功　能	操作元件
EU(Edge Up)	——│P│——( )	上升沿微分输出	无
ED(Edge Down)	——│N│——( )	下降沿微分输出	无

EU指令对其之前的逻辑运算结果的上升沿产生一个宽度为一个扫描周期的脉冲;ED指令对逻辑运算结果的下降沿产生一个宽度为一个扫描周期的脉冲。这两个脉冲可以用来启动一个运算过程、启动一个控制程序、记忆一个瞬时过程、结束一个控制过程等。

[例2.2]　如图2.53所示是一个库门自动控制示意图。当有汽车接近库门时,超声波开关动作(超声波开关为ON),库门打开,直到上限位开关动作,汽车通过库门,红外线光电开关动作(汽车遮断了光束,光电开关为ON),汽车完全入库后,库门开始关门,直到下限位开关动作,完成一个自动控制过程。

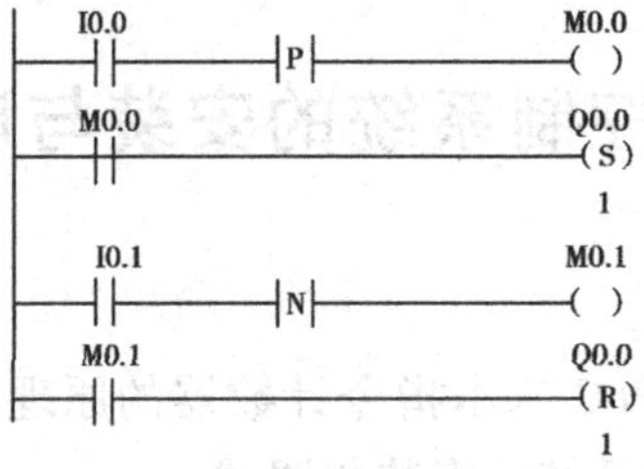

(a) 梯形图

```
LD    I0.0
EU
=     M0.0
LD    M0.0
S     Q0.0,1
LD    I0.1
ED
=     M0.1
LD    M0.1
R     Q0.0,1
```

(b) 语句表

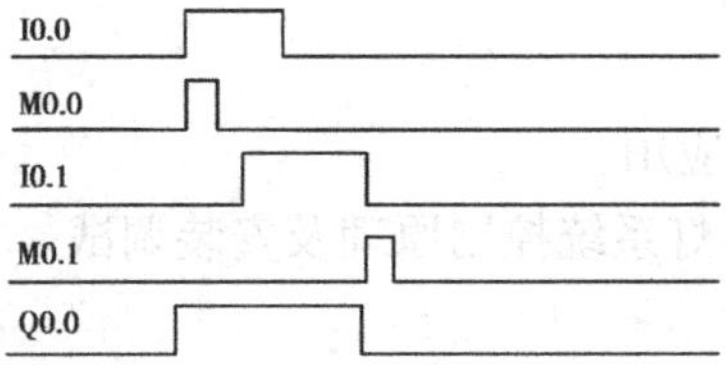

(c) 时序图

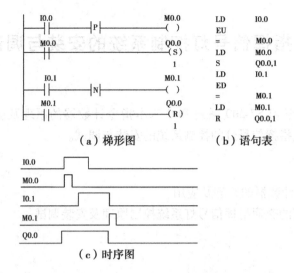

▲图 2.52　边沿脉冲指令 EU/ED 应用程序梯形图及时序图

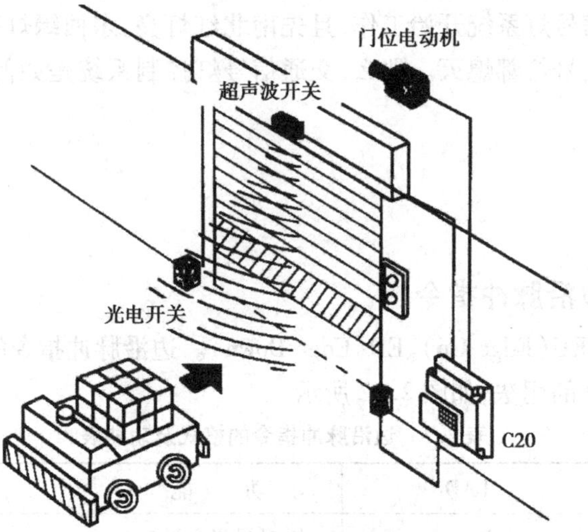

▲图 2.53　自动库门示意图

根据上述过程,地址分配和控制程序如图 2.54 所示。值得一提的是,当汽车完全进入库门后,光电开关 OFF,由边沿脉冲指令 ED 给出一个只有一个扫描周期的脉冲 M0.0 使 Q0.1 动作并自锁。其余程序请读者自己分析。

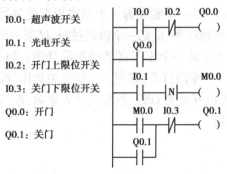

I0.0: 超声波开关
I0.1: 光电开关
I0.2: 开门上限位开关
I0.3: 关门下限位开关
Q0.0: 开门
Q0.1: 关门

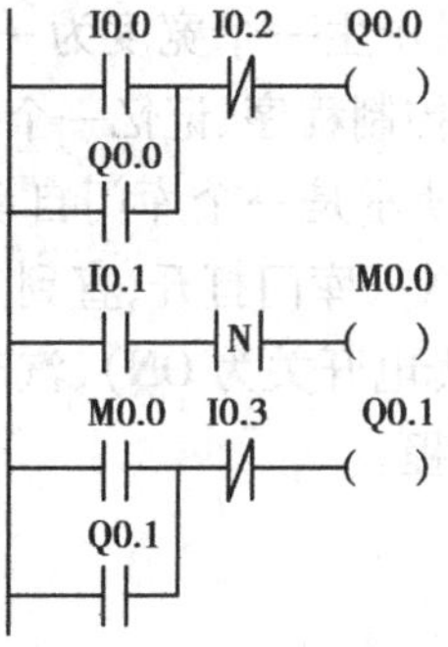

▲图 2.54　地址分配与控制梯形图

学习情境 2：计数器

计数器利用输入脉冲上升沿累计脉冲个数，在实际应用中用来对产品进行计数或完成复杂的逻辑控制任务。S7-200 系列 PLC 有递增计数（CTU）、增/减计数（CTUD）、递减计数（CTD）3 类计数指令。计数器的使用方法和基本结构与定时器基本相同，主要由预置值寄存器、当前值寄存器、状态位等组成。

PLC的计数器　　计数器的类型　　计数器指令

1）指令格式

计数器的梯形图指令符号为指令盒形式，指令格式见表 2.8。

表 2.8　计数器指令格式功能表

LAD	STL	功　能
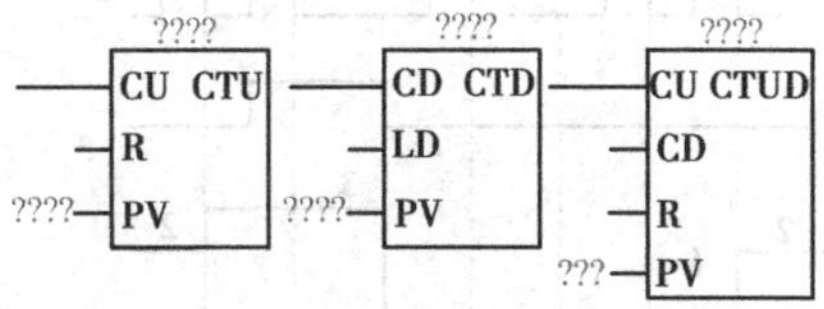	CTU	（Counter Up）增计数器
	CTD	（Counter Down）减计数器
	CTUD	（Counter Up/Down）增/减计数器

梯形图指令符号中 CU 为增 1 计数脉冲输入端；CD 为减 1 计数脉冲输入端；R 为复位脉冲输入端；LD 为减计数器的复位脉冲输入端。编程范围为 C0～C255；PV 预置值最大范围为 32767；PV 数据类型为 INT。

2）工作原理分析

下面从原理、应用等方面分别叙述增计数指令（CTU）、增/减计数指令（CTUD）、减计数指令（CTD）3 种类型计数指令的应用方法。

①增计数指令 CTU（Count Up）。计数指令在 CU 端输入脉冲上升沿，计数器的当前值增 1 计数。当前值大于或等于预置值（PV）时，计数器状态位置 1。当前值累加的最大值为 32767。复位输入（R）有效时，计数器状态位复位（置 0），当前计数值清零。

②增/减计数指令 CTUD（Count Up/Down）。增/减计数器有两个脉冲输入端，其中 CU 端用于递增计数，CD 端用于递减计数，执行增/减计数指令时，CU/CD 端的计数脉冲上升沿增 1/减 1 计数。当前值大于或等于计数器预置值（PV）时，计数器状态位置位。复位输入（R）有效或执行复位指令时，计数器状态位复位，当前值清零。达到计数器最大值 32767 后，下一个 CU 输入上升沿将使计数值变为最小值（-32768）。同样，达到最小值（-32768）后，下一个 CD 输入上升沿将使计数值变为最大值（32767）。增/减计数器指令应用程序段及时序分析，如图 2.55 所示。

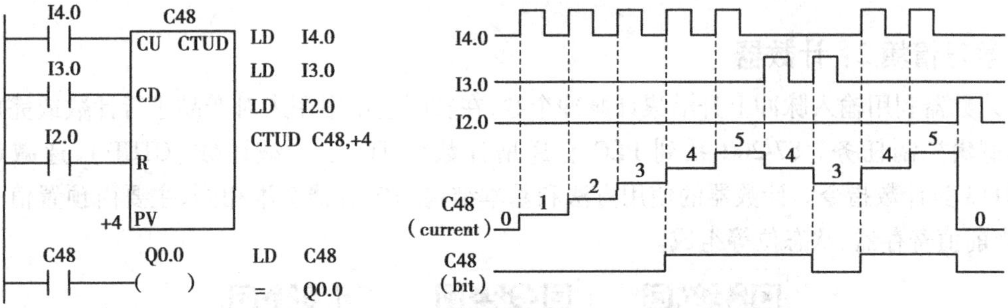

▲图 2.55 增/减计数器指令应用程序及时序分析图

③减计数指令 CTD(Count Down)。复位输入(LD)有效时,计数器把预置值(PV)装入当前值存储器,计数器状态位复位(置0)。CD 端每一个输入脉冲上升沿,减计数器的当前值从预置值开始递减计数,当前值等于0时,计数器状态位置位(置1),停止计数。减计数指令应用程序及时序如图2.56所示,减计数器在计数脉冲I3.0的上升沿减1计数,当前值从预置值开始减至0时,定时器输出状态位置1,Q0.0通电(置1)。在复位脉冲I1.0的上升沿,定时器状态位置0(复位),当前值等于预置值,为下次计数工作做好准备。

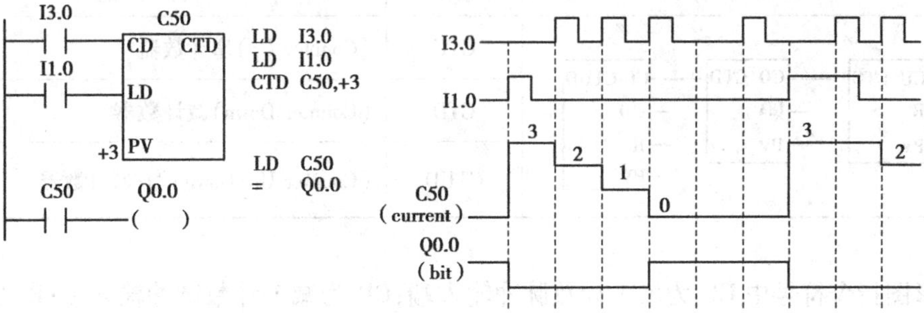

▲图 2.56 减计数指令应用程序及时序分析图

【任务实战】

交通指挥信号灯的控制系统的安装与调试

十字路口的交通指挥信号灯的控制要求如下:

1)控制开关

信号灯受一个启动开关控制。当启动开关接通时,信号灯系统开始工作,且先南北红灯亮,东西绿灯亮;当启动开关断开时,所有信号灯都熄灭。

2)控制要求

①南北绿灯和东西绿灯不能同时亮。如果同时亮应关闭信号灯系统,并立即报警。

②南北红灯亮维持25 s。在南北红灯亮的同时东西绿灯也亮,并维持20 s。20 s时,东西绿灯闪亮,闪亮3 s后熄灭。在东西绿灯熄灭时,东西黄灯亮,并维持2 s。到2 s时,东西黄灯熄灭,东西红灯亮。同时,南北红灯熄灭,南北绿灯亮。

③东西红灯亮维持30 s。南北绿灯亮维持25 s,然后闪亮3 s,再熄灭。同时南北黄灯亮,维持2 s后熄灭,这时南北红灯亮,东西绿灯亮。

④周而复始,循环往复。

根据控制要求可知，这是一个时序逻辑控制系统。图2.57是其时序图。

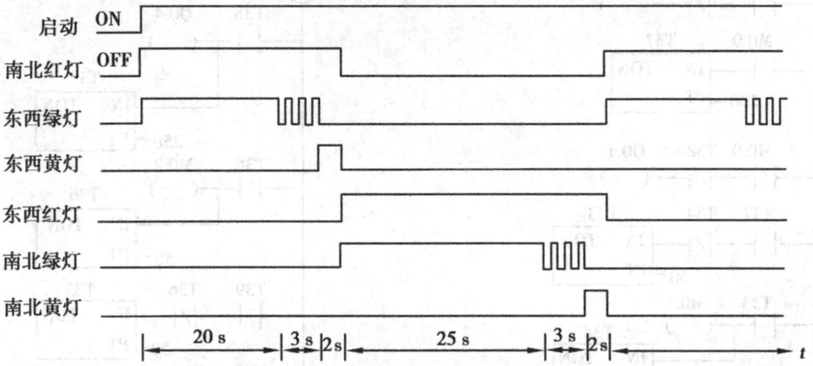

▲图2.57　交通指挥信号灯时序图

3）输入/输出地址分配

根据时序图，交通信号灯输入/输出地址分配为：

启动按钮：I0.0　　警　灯：Q0.0

南北红灯：Q0.1　　东西绿灯：Q0.2

南北绿灯：Q0.5　　东西黄灯：Q0.3

南北黄灯：Q0.6　　东西红灯：Q0.4

4）程序设计及说明

根据控制要求和I/O地址分配，编制的交通灯控制梯形图如图2.58所示。需要说明的有以下几点：

①本控制程序采用时间继电器和计数器进行编程，并且在每一个循环周期中，全部时间继电器都处于受控状态，只是在一个循环周期结束的瞬间才全部复位，复位时间为一个扫描周期。计数器也是在一个周期后由T40复位，如果是中途，由I0.0的断开脉冲复位。

②在程序中使用了两个闪烁电路，输出一个先OFF0.5 s，再ON0.5 s的周期性振荡波，完成绿灯的3次闪烁，包括绿灯的一次常亮，共4次计数。并且振荡与T37（T39）定时到同步。闪烁电路由T33和T34（T35、T36）构成，M0.1（M0.2）作为输出。如果想简单一些，可以用SM0.5代替，但不能保证绿灯常亮后，停0.5 s后再亮，原因是机控特殊继电器无法与现场控制设备要求的时间同步。

③本控制程序在南北绿灯和东西绿灯同时亮。由Q0.0报警，在程序中没有显示要关闭信号灯系统，要做到这一点，可以在程序的第一行加入Q0.0常闭接点。

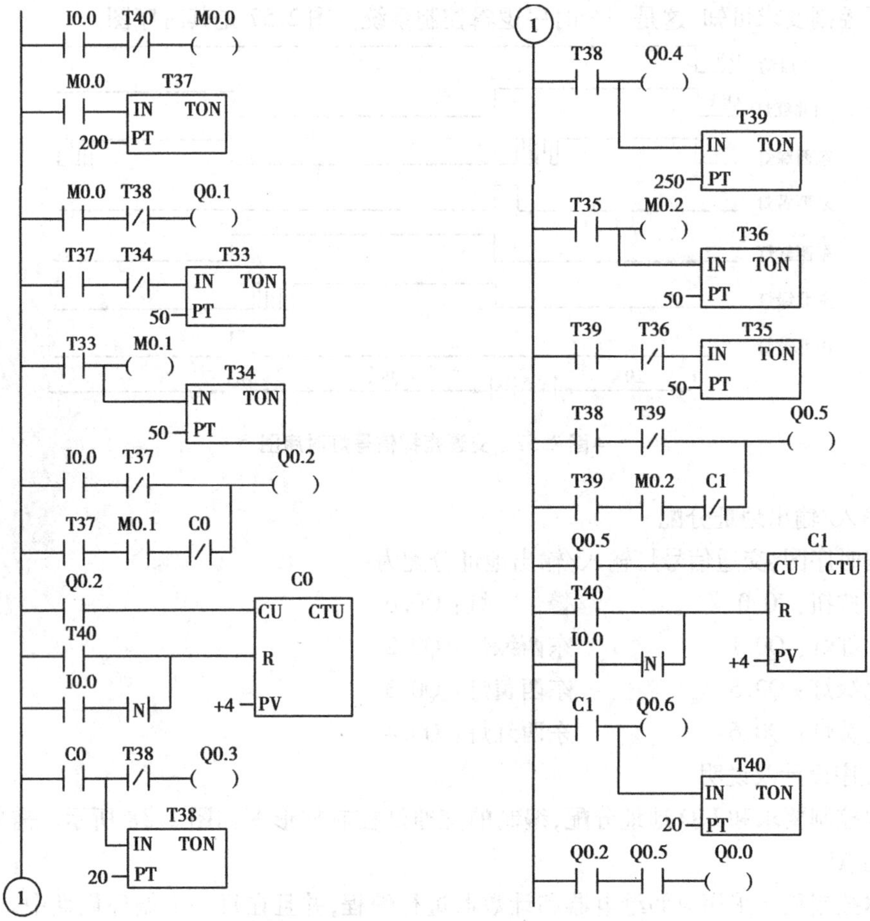

▲图2.58 交通指挥信号灯控制梯形图程序

【知识拓展】

1)立即指令I(Immediate)

立即指令是提高PLC对输入/输出的响应速度而设置的,它不受PLC循环扫描工作方式的影响,允许对输入和输出点进行快速直接存取。当用立即指令读取输入点的状态时,对I进行操作,相应地输入映像寄存器中的值并未更新;当用立即指令访问输出点时,对Q进行操作,新值同时写到PLC的物理输出点和相应的输出映像寄存器。立即指令的名称和使用说明见表2.9。

表2.9 立即指令的格式及功能表

指令名称	LAD	STL	功能说明
立即触点	bit ─┤ I ├─ bit ─┤/I├─	LDI/LDNI bit AI/ANI bit OI/ONI bit	立即动合触点和动断触点

续表

指令名称	LAD	STL	功能说明
立即输出	bit —(I)	=I bit	立即将运算结果输出到某一个继电器
立即置位	bit —(SI) N	SI bit N	立即将从指定地址开始的 *N* 个位置置位
立即复位	bit —(RI) N	RI bit N	立即将从指定地址开始的 *N* 个位置复位

使用说明：

①立即触点指令根据触点所处的位置决定使用 LD，A，O，如 LDI bit，ONI bit 等。

②立即输出、立即置位、立即复位指令的操作数只能是 Q。立即置位、立即复位 *N* 的范围为 1 ~ 128。

2）触发器指令

触发器指令分为 SR 触发器和 RS 触发器，它是根据输入端的优先权决定输出是置位或复位，SR 触发器是置位优先，RS 触发器是复位优先。操作数为 Q，V，M，S。SR 触发器和 RS 触发器的指令格式见表 2.10。

表 2.10　触发器的指令格式及功能表

指令名称	LAD	STL	功　能
SR 触发点	bit SI OUT SR R	SR	置位与复位同时为 1 时置位优先
RS 触发点	bit S OUT RS RI	RS	置位与复位同时为 1 时复位优先

如设计一个单按钮控制启停的电路，也是一个二分频电路，其控制梯形图如图 2.59 所示。它是由 RS 触发器构成的，复位优先，I0.0 第一个脉冲来时，Q0.0 置位；第二个脉冲来时，Q0.0 复位。

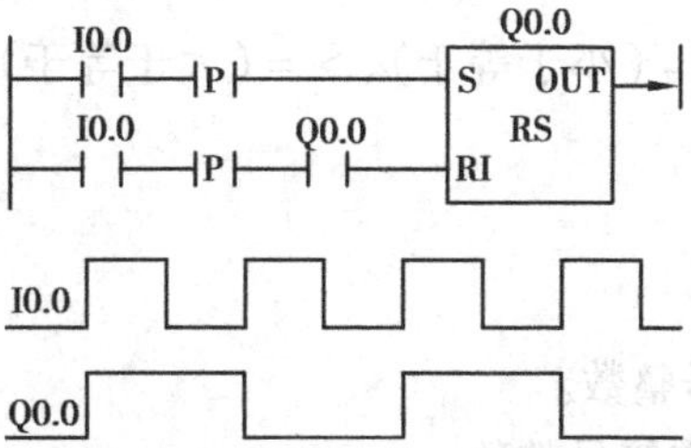


```
LD   I0.0       A    Q0.0
EU              =    Q0.0
LD   I0.0       LPP
EU              ALD
A    Q0.0       O    Q0.0
NOT             =    Q0.0
LPS
```

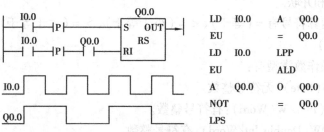

▲图 2.59　二分频电路控制梯形图

3)取反和空操作指令

(1)取反指令 NOT

取反指令是指将它左边电路的运算结果取反,运算结果若为1则变为0,为0则变为1,该指令没有操作数。能流到达该触点时停止,若能流未到达该触点,该触点给右侧供给能流。NOT指令将堆栈顶部的值从0改为1,或从1改为0。

(2)空操作指令 NOP(No Operation)

空操作指令起增加程序容量的作用。使能输入有效时,执行空操作指令,将稍微延长扫描周期长度,不影响用户程序的执行,不会使能量流输出断开。

操作数 N 为执行空操作指令的次数,$N=0\sim255$。

取反和空操作指令格式,见表2.11。

表2.11 取反和空操作指令格式及功能表

LAD	STL	功 能
—|NOT|—	NOT	取反
N —[NOP]—	NOP N	空操作指令

取反和空操作指令的用法,如图2.60所示。

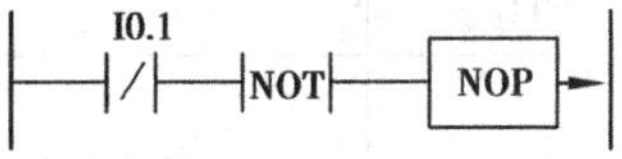

(a)梯形图

```
LDI    I0.1
NOT
NOP    10
```

(b)语句表

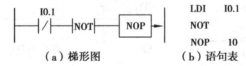

▲图2.60 取反指令和空操作指令的应用程序

4)比较指令

比较指令是将两个操作数(IN1、IN2)按指定的比较关系作比较。比较关系成立则比较触点闭合。比较指令为上下限控制以及数值条件判断提供了极大的方便。

比较指令的操作数可以是整数,也可以是实数(浮点数)。在梯形图中用带参数和运算符的触点表示比较指令,比较条件满足时,触点闭合,否则断开。梯形图程序中,比较触点可以装入,也可以串联和并联。

比较指令的运算符号有=(等于)、< =(小于等于)、> =(大于等于)、<(小于)、>(大于)、< >(不等于)。

比较指令的操作数类型有:

①字节比较 B(Byte):无符号整数。

②整数比较 I(Int)/W(Word):有符号整数。

③双字比较 DW(Double Int/Word):有符号整数。

④实数比较 R(Real):有符号双字浮点数。

比较指令的指令格式(LAD及STL格式)和应用举例分别,见表2.12和图2.61。

表2.12　比较指令的LAD及STL格式及功能表

STL	LD□×× n1,n2	LD n A□×× n1,n2	LD n O□×× n1,n2
LAD	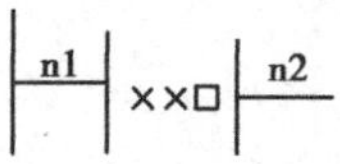	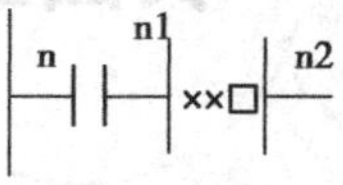	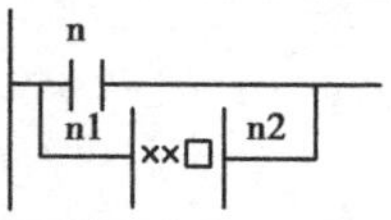
功能	比较触点接起始总线	比较触点的“与”	比较触点的“或”

表中“××”表示操作数n1,n2所需满足的条件:

①==　等于比较,如LD□==n1,n2,即n1==n2时触点闭合。

②>=　大于等于比较,如 n1 | >= □ | n2,即n1>=n2时触点闭合。

③<=　小于等于比较,如 n1 | <= □ | n2,即n1<=n2时触点闭合。

“□”表示操作数n1,n2的数据类型及范围有:字节、字、双字和实数。例如,LDB==IB2,MB2、AW>=MW2,VW12、OD<=VD24,MDϕ。

[例2.3]　有一个恒温水池,要求温度在30~50 ℃,当温度低于30 ℃时,启动加热器加热,红灯亮;当温度高于50 ℃时,停止加热,指示绿灯亮。假设温度存放在SMB10中。

控制程序如图2.61所示。

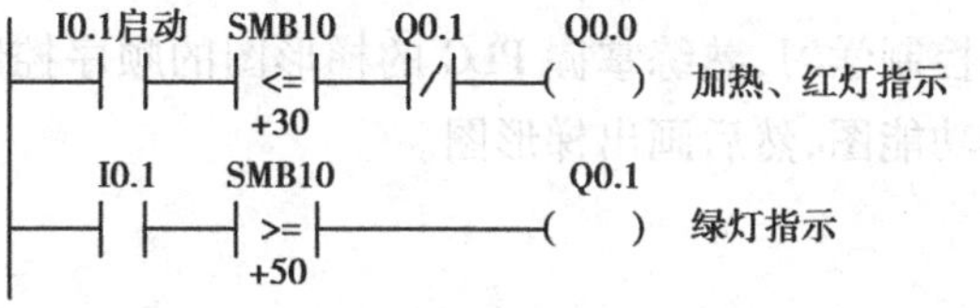

▲图2.61　比较指令的应用程序

【思考问题】

1.应用计数器与比较指令构成24 h可设定定时时间的控制器,每15 min为一设定单位,共96个时间单位。控制过程:(1)6:30电铃(Q0.0)每秒响1次,6次后自动停止。(2)9:00—17:00,启动住宅报警系统(Q0.1)。(3)18:00开园内照明(Q0.2)。(4)22:00关园内照明(Q0.2)。设I0.0为启停开关;I0.1为15 min快速调整与试验开关;I0.2为格数设定的快速调整与试验开关;时间设定值为钟点数×4。使用时,在0:00时启动定时器。

2.用比较指令构成密码系统。密码锁有12个按钮,分别接入I0.0—I1.3,其中I0.0—I0.3代表第1个十六进制数;I0.4—I0.7代表第2个十六进制数;I1.0—I1.3代表第3个十六进制数。根据设计要求,每次同时按4个键,分别代表3个十六进制数,共按4次,如与密码锁设定值都相符合,3 s后可开锁,10 s后重新锁定。

项目三

PLC步进顺控指令及应用

任务一　液压剪切机的控制

【内容提要】

机械设备的动作过程大多数是按工艺要求预先设计的逻辑顺序或时间顺序的工作过程，即在现场开关信号的作用下，启动机械设备的某个机构动作后，该机构在执行任务中发出另一现场开关信号，继而启动另一机构动作，如此按步进行下去，直至全部工艺过程结束。这种由开关元件控制的按步控制方式称为顺序控制。

【学习要求】

通过液压剪切机的控制学习，熟练掌握 PLC 的梯形图的顺序控制设计法，能够利用此法根据具体问题画出顺序功能图，然后画出梯形图。

【任务导入】

液压传动与控制是现代工程机械的基础技术，由于其在功率质量比、无级调速、自动控制、过载保护等方面的独特技术优势，使其成为国民经济中多行业、多类机械装备实现传动与控制的重要技术手段。

液压传动是利用受压液体作为介质来传递运动和动力的一种传动方式。一般的液压传动系统都是由动力元件、执行元件、控制调节元件、辅助元件以及工作介质 5 个部分组成。动力元件即液压泵，由电动机或其他原动机拖动；执行元件，即液压缸和液压马达，它们在压力油的推动下驱动工作部件，将压力油的压力转换为机械能；辅助元件主要有油箱、管路、蓄能器、滤油器、管接器、压力开关、压力表等；工作介质即液压油；控制调节元件主要是液压阀。

【知识链接】

学习情境 1：顺序控制指令

PLC 除梯形图外，还采用了顺序功能图（Sequential Function Chart，SFC）语言，用于编制复杂的顺序控制程序。利用这种编程方法能够较容易地编写出复杂的顺序控制程序，从而提高其工作效率,对程序调试也极为方便。顺序控制是指按照生产工艺预先规定的顺序,在各个输入信号的作用下,根据步状态和时间的顺序,使各个执行机构自动有序地进行操作。

1)顺序功能图简介

顺序功能图又称为功能流程图或功能图。它是描述控制系统的控制过程、功能和特性的一种图形,也是设计 PLC 顺序控制程序的有力工具。

(1)顺序功能图的产生

20 世纪 80 年代初,法国科技人员根据 PETRI NET 理论,提出了可编程序控制器设计的 Grafacet 法。Grafacet 法是专用于工业顺序控制程序设计的一种功能说明语言,现已成为法国国家标准(NFC03190)。IEC(国际电工委员会)于 1988 年公布了类似的"控制系统功能图准备"标准(IEC848)。我国在 2008 年颁布了顺序功能表图用 GRAFCET 规范语音(GB/T 21654—2008/IEC 60848:2002),1994 年 5 月公布的 IEC PLC 标准(IEC1131)中,顺序功能图被确定为 PLC 位居首位的编程语言。

(2)顺序功能图的基本概念

顺序功能图主要由步、转移及有向线段等元素组成。如果适当运用组成元素,就可得到控制系统的静态表示方法,再根据转移触发规则模拟系统的运行,就可以得到控制系统的动态过程。

①步。将控制系统的一个周期划分为若干个顺序相连的阶段,这些阶段称为步,并用编程元件来代表各步。步的符号如图 3.1 所示,矩形框中可写上该步的编号或代码。

初始步。与系统初始状态相对应的步称为初始步,初始状态一般是系统等待启动命令的相对静止的状态,一个控制系统至少要有一个初始步。初始步的图形符号为双线的矩形框,如图 3.2 所示。在实际使用时,有时也画成单线矩形框,或者画一条横线表示功能图的开始。

活动步。当控制系统正处于某一步所在的阶段时,该步处于活动状态,称该步为"活动步"。步处于活动状态时,相应的动作被执行;处于不活动状态时,相应的非存储型的动作被停止执行。

与步对应的动作或命令。在每个稳定的步下,可能会有相应的动作。动作的表示方法如图 3.3 所示。

▲图 3.1 步的图形符号

▲图 3.2 初始步的图形符号

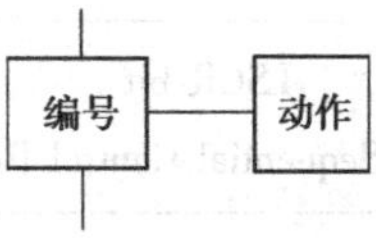

▲图 3.3 动作的表示方法

②转移。为了说明从一个步到另一个步的变化,要用转移概念,即用一个有向线段来表示转移的方向。两个步之间的有向线段上再用一段横线表示这一转移。转移的符号如图 3.4 所示。

转移是一种条件,当此条件成立时,称为转移使能。该转移如果能够使步发生转移,则称为触发。一个转移能够触发必须满足:步为活动步及转移使能。转移条件是指使系统从一个步向另一个步转移的必要条件,通常用文字、逻辑方程及符号来表示。

(3)功能图的构成规则

控制系统功能图的绘制必须满足以下规则:

①步与步不能相连,必须用转移分开。

②转移与转移不能相连,必须用步分开。

③步与转移、转移与步之间的连接采用有向线段,从上向下画时,可以省略箭头;当有向线段从下向上画时,必须画上箭头,以表示方向。

④一个功能图至少要有一个初始步。

▲图3.4 转移符号

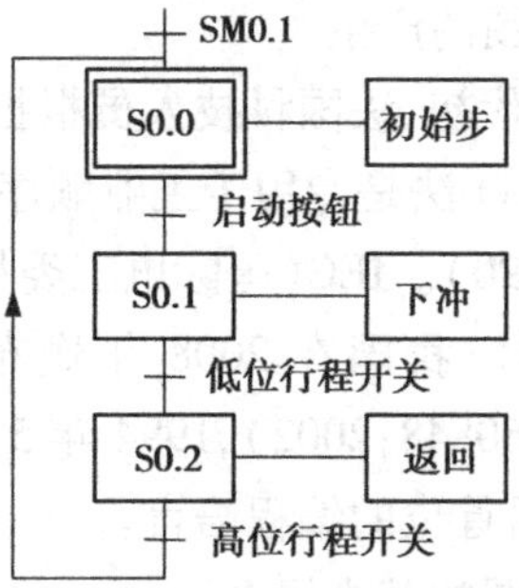

▲图3.5 冲压机运行过程图

我们用一个例子来说明功能图的绘制。某一冲压机的初始位置是冲头抬起,处于高位;当操作者按动启动按钮时,冲头向工件冲击;到最低位置时,触动低位行程开关;然后冲头抬起,回到高位,触动高位行程开关,停止运行。如图3.5所示为功能图表示的冲压机运行过程。冲压机的工作顺序可分为3个步骤:初始步、下冲和返回。从初始步到下冲步的转移必须满足启动信号和高位行程开关信号同时为ON才能发生;从下冲步到返回步,必须满足低位行程开关为ON才能发生。

2)顺序控制指令

S7-200 PLC提供了3条顺序控制指令,它们的STL形式、LAD形式和功能见表3.1。从表中可以看出,顺序控制指令的操作对象为状态继电器S,每一个S的位都表示功能图中的一步。S的范围为S0.0～S31.7。

表3.1 顺序控制指令的形成及功能

STL	LAD	功 能	操作对象
LSCR bit (Load Sequential Control Relay)	bit SCR	顺序状态开始	S
SCRT bit (Sequential Control Relay Transition)	bit —(SCRT)	顺序状态转移	S
SCRE (Sequential Control Relay End)	—(SCRE)	顺序状态结束	无

从LSCR指令开始到SCRE指令结束的所有指令组成一个顺序控制(SCR)段,对应功能图中的一步。LSCR指令标记一个SCR步的开始,当该步的状态继电器置位时,允许该SCR步工作。SCR步必须用SCRE指令结束。当SCRT指令的输入端有效时,一方面置位下一个SCR步的状态继电器S,以便使下一个SCR步工作;另一方面又同时使该步的状态继电器复

位,使该步停止工作。由此可以总结出每一个 SCR 程序步,一般有 3 种功能:

①驱动处理:在该步状态继电器有效时,要做什么工作;有时也可能不做任何工作。

②指定转移条件和目标:满足什么条件后活动步移到何处。

③转移源自动复位功能:步发生转移后,使下一个步变为活动步的同时,自动复位原步。

学习情境 2:顺序控制指令使用

在使用功能图编程时,应先画出功能图,然后对应功能图画出梯形图。如图 3.6 所示中的两条传送带用来传送钢板之类的长物体,要求尽可能地减少传送带的运行时间。在传送带端部设置了两个光电开关 I0.1 和 I0.2,传送带 A 和 B 的电机分别由 Q0.1 和 Q0.2 驱动。SM0.1 使系统进入初始步,按下启动按钮,I0.0 变为"1"状态时,系统进入步 S0.1,传送带 Q0.1 开始运行,被传送的物体前沿使 I0.1 变为"1"状态时,系统进入步 S0.2,两条传送带同时运行。被传送物体的后沿离开 I0.1 时,传送带 A 停止运行,物体的后沿离开 I0.2 时,传送带 B 也停止运行,系统返回初始步。

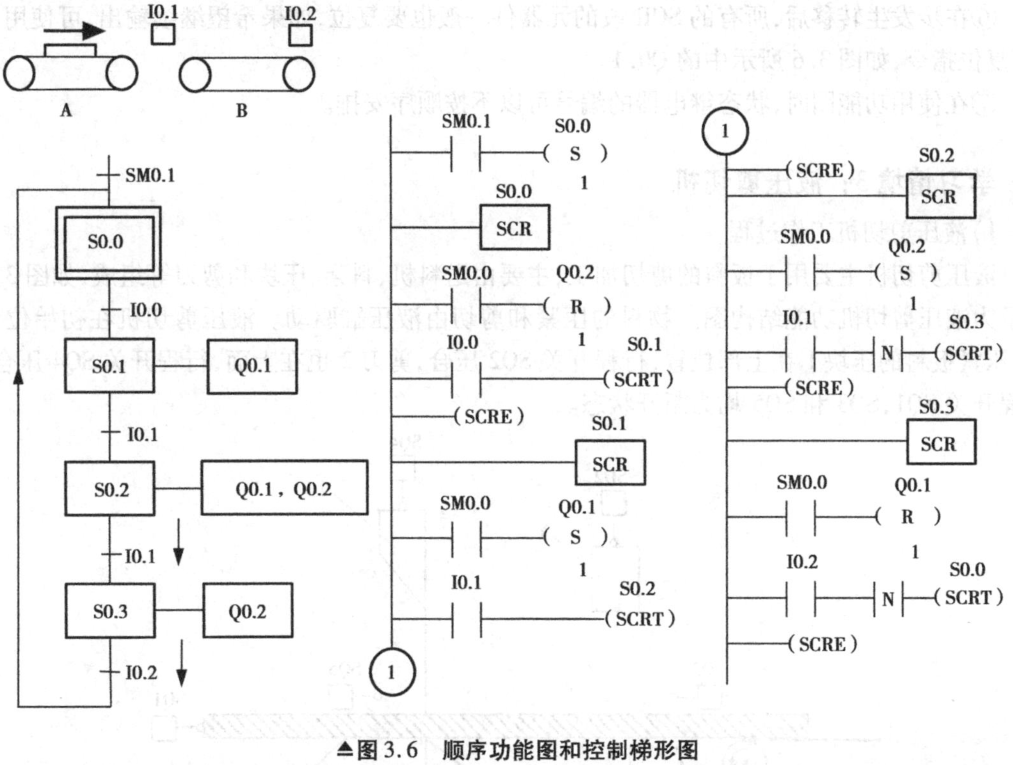

▲图 3.6 顺序功能图和控制梯形图

在该例中,初始化脉冲 SM0.1 用来置位 S0.0,即把 S0.0(步 1)激活;在步 1 的 SCR 段要做的工作是复位 Q0.2。按启动按钮 I0.0 后,步发生转移,I0.0 即为步转移条件,I0.0 的常开触点将 S0.1(步 2)置位(激活)的同时,自动使原步 S0.0 复位。在步 2 的 SCR 段,要做的工作是置位 Q0.1,当 I0.1 变为"1"状态时,步从步 2(S0.1)转移到步 3(S0.2),同时步 2 复位。在步 3 的 SCR 段,要做的工作是置位 Q0.2,当 I0.1 断开时,步从步 3(S0.2)转移到步 4(S0.3)。在步 4 的 SCR 段,要做的工作是复位 Q0.1,当 I0.2 断开时,步从步 4(S0.3)转移到步 1(S0.0)。

在SCR段输出时,常用特殊中间继电器SM0.0(常ON继电器)执行SCR段的输出操作。因为线圈不能直接和母线相连,所以必须借助于一个常闭的SM0.0来完成任务。有时也用发生转移条件的常闭接点来执行输出。

使用说明:

①顺控指令仅对元件S有效,状态继电器S也具有一般继电器的功能,对它能够使用其他指令。

②SCR段程序能否执行取决于该步(S)是否被置位,SCRE与下一个LSCR之间的指令逻辑不影响下一个SCR段程序的执行。

③不能把同一个S位用于不同程序中,例如,如果在主程序中用了S1.1,则在子程序中就不能再使用它。

④在SCR段中不能使用JMP和LBL指令,就是说不允许跳入、跳出或在内部跳转,但可以在SCR段附近使用跳转和标号指令。

⑤在SCR段中不能使用FOR、NEXT和END指令。

⑥在步发生转移后,所有的SCR段的元器件一般也要复位,如果希望继续输出,可使用置位/复位指令,如图3.6所示中的Q0.1。

⑦在使用功能图时,状态继电器的编号可以不按顺序安排。

学习情境3:液压剪切机

1)液压剪切机工作过程

液压剪切机主要用于板料的剪切加工,主要由送料机、料架、压块和剪刀等组成,如图3.7所示为液压剪切机功能结构图。物料的压紧和剪切由液压缸驱动。液压剪切机在初始位置时,压紧板料的压块1在上部位置,行程开关SQ2压合,剪刀2也在上面,行程开关SQ4压合。行程开关SQ1,SQ3和SQ5均为断开状态。

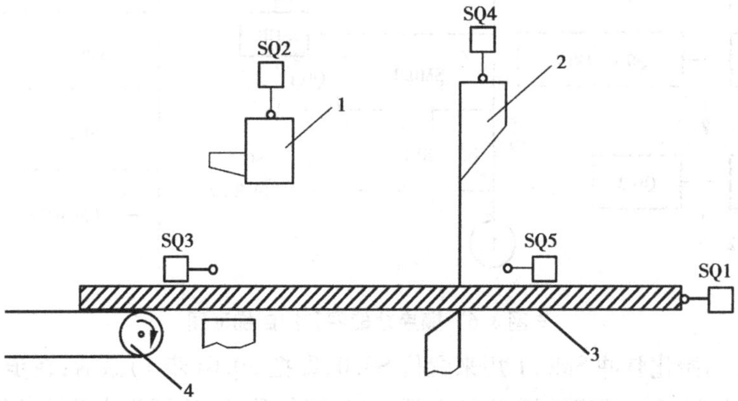

▲图3.7 液压剪板机的结构原理简图

1—压块;2—剪刀;3—物料;4—送料机

剪切机进入工作状态前,物料放在送料皮带上,然后启动液压系统并升压到工作压力后,开动送料机4,向前输送物料3,当物料送至规定的剪切长度时压下行程开关SQ1,送料机4停止,压块1由液压缸带动下落,当压块下落到压紧物料位置触动SQ3时,剪刀2由另一液压缸带动下降,剪刀切断物料后,行程开关 SQ5 接通。料下落,行程开关 SQ1 复位断开。每落一块板料,由光电开关计一次数(光电开关没在图上表示)。与此同时,压块 1 和剪刀 2 分别回程复位,即完成一次自动工作循环。然后自动重复上述过程,实现剪切机的工作过程自动控制。

2)剪切机的液压系统工作原理

图 3.8 为剪切机的液压系统原理图。系统采用变量液压泵 1 供油,先导式溢流阀 2 用于设定系统的工作压力(由压力表及开关 4 显示),接溢流阀 1 的远程控制口的二位二通电磁换向阀 3,用于控制液压系统卸荷;系统的执行器为剪板机液压缸 13 和压块液压缸 14,两缸的运动方向分别采用二位四通电磁换向阀 8 和 9 控制;压块液压缸 14 的工作压力较低,由减压阀 6 设定并由开关及压力表 7 显示;单向顺序阀 10 作平衡阀,用于防止释压时压块缸因自重下落;单向节流阀 12 用于剪板机液压缸 13 下降时的回油节流调速;液控顺序阀 11 用于剪刀缸上位时的锁紧。

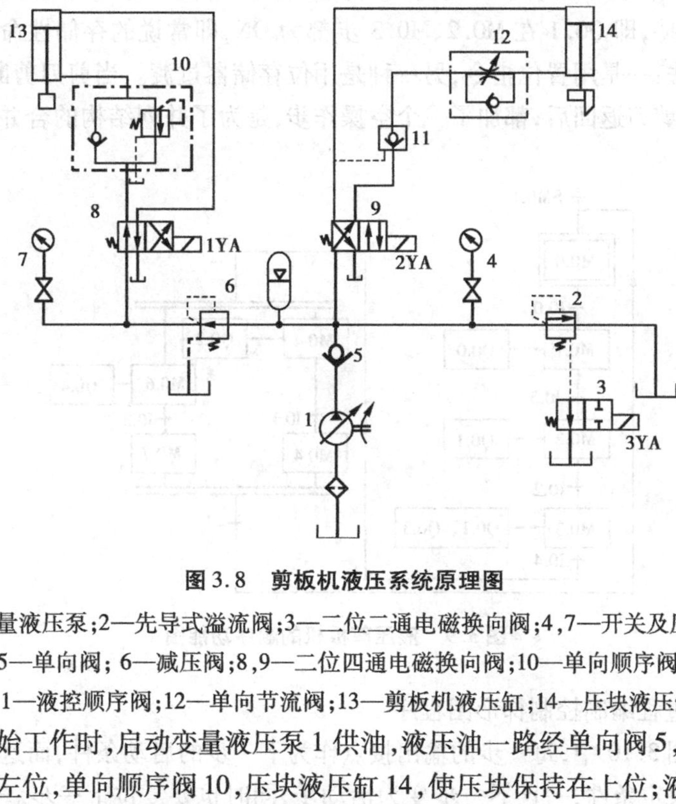

图 3.8 剪板机液压系统原理图

1—变量液压泵;2—先导式溢流阀;3—二位二通电磁换向阀;4,7—开关及压力表;
5—单向阀; 6—减压阀;8,9—二位四通电磁换向阀;10—单向顺序阀;
11—液控顺序阀;12—单向节流阀;13—剪板机液压缸;14—压块液压缸

液压系统开始工作时,启动变量液压泵 1 供油,液压油一路经单向阀 5,减压阀 6,二位四通电磁换向阀 8 左位,单向顺序阀 10,压块液压缸 14,使压块保持在上位;液压油另一路经二位四通电磁换向阀 9,液控顺序阀 11,单向节流阀 12,剪板机液压缸 13,使剪刀保持在上位;这是原位状态。剪切机开始工作时,送料机运行,向前输送物料,当物料送至规定的剪切长度时压下行程开关 SQ1,二位四通电磁换向阀 8 得电(1YA),二位四通电磁换向阀 8 处于右位,液压油进入压块液压缸 14 上部,压块下行,当压块下落到压紧物料位置触动 SQ3 时,保压,2YB 得电,二位四通电磁换向阀 9 处于右位,剪刀下行,完成剪板过程。

【任务实战】

1)根据液压剪切机工作过程分配输入/输出地址

启动:	I0.0	板料送料:Q0.0
压钳原位(SQ2):	I0.1	压钳压行:Q0.1
压钳压力到位(SQ3):	I0.2	压钳返回:Q0.2
剪刀原位(SQ4):	I0.3	剪刀剪行:Q0.3
剪刀剪到位(SQ5):	I0.4	剪刀返回:Q0.4
板料到位(SQ1):	I0.5	

2)绘制顺序功能流程图

图3.9是一个单序列加并列序列的简单功能图。需要说明的是当压钳到位后,剪刀下行的同时,压钳要保持,即Q0.1在M0.2、M0.3步都为ON,即常说的存储性命令。编程时有两种简单的解决办法:一是用置位指令,另一种是用位存储器过渡。当剪刀剪断板料后,是一个并列结构,压钳和剪刀返回后,都加了一个空操作步,是为了并列结构的合并,同时满足后,转移到下一步。

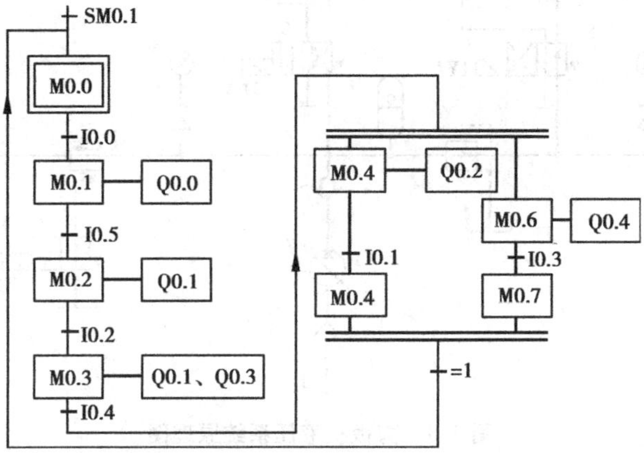

▲图3.9　液压剪板机的顺序功能图

3)根据工作过程编制控制梯形图程序

在控制梯形图3.10中,每一步的输出接点作为下一步的启动条件,而这一步的终止条件是下一步启动的决定条件,一旦下一步变为活动步,同时也要复位上一步。在以转换为中心的编程方式中,运动要注意置位和复位指令的使用,对某一位置位,在该程序中,一定也要对它复位,否则这一位永远处于一种状态,无法循环使用。如在压钳和剪刀都返回原位后,M0.5和M0.7都要复位,在程序的最后面。

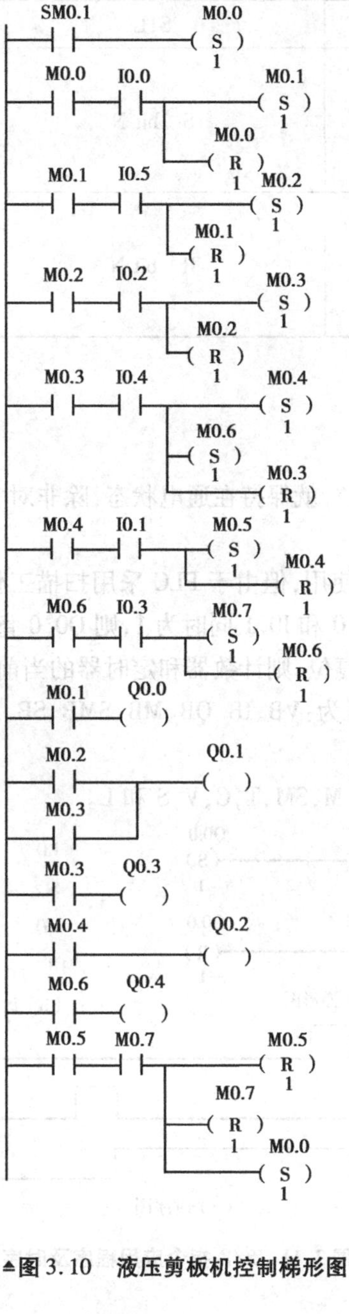

▲图 3.10 液压剪板机控制梯形图

【知识拓展】

置位 S(Set)、复位 R(Reset)指令

置位/复位指令的 LAD 和 STL 格式以及功能见表 3.2。如图 3.11 所示为 S/R 指令的用法。

表 3.2　置位/复位指令格式及功能表

指令名称	LAD	STL	功　能
置位指令	bit ——(S) N	S　bit N	从 bit 开始 N 个元件置 1 并保持
复位指令	Bit ——(R) N	R　bit N	从 bit 开始的 N 个元件清 0 并保持

S/R 指令使用说明：

①对位元件来说一旦被置位，就保持在通电状态，除非对它复位；而一旦被复位就保持在断电状态，除非再对它置位。

②S/R 指令可以互换次序使用，但由于 PLC 采用扫描工作方式，因此写在后面的指令具有优先权。在图 3.11 中，若 I0.0 和 I0.1 同时为 1，则 Q0.0 肯定处于复位状态而为 0。

③如果对计数器和定时器复位，则计数器和定时器的当前值被清零。

④N 的范围为 1～255，N 可为：VB、IB、QB、MB、SMB、SB、LB、AC、常数、* VD、* AC 和 * LD。一般情况下使用常数。

⑤S/R 指令的操作数为：Q，M，SM，T，C，V，S 和 L。

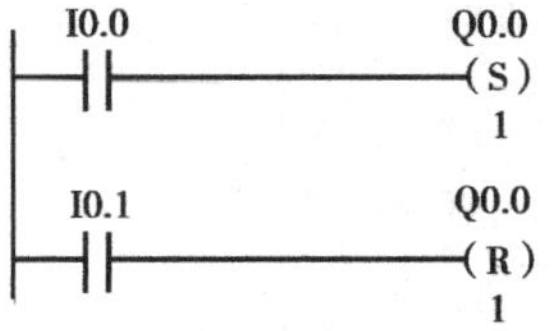

(a) 梯形图

LD	I0.0
S	Q0.0,1
LD	I0.1
R	Q0.0,1

(b) 语句表

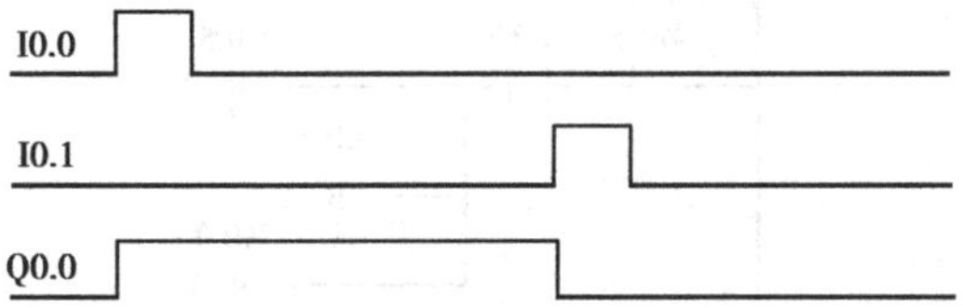

(c) 时序图

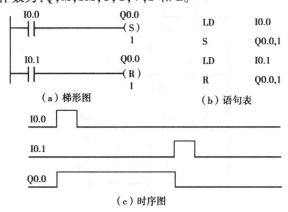

▲图 3.11　S/R 指令应用程序及时序图

【思考问题】

1. 使用顺序控制程序结构，编写出实现红、黄、绿 3 种颜色信号灯循环显示程序(要求循环时间为 1 s)，并画出该程序设计的功能流程图。

2. 按下启动按钮后，能根据图所示依次完成下列动作，用 PLC 实现并画出梯形图。

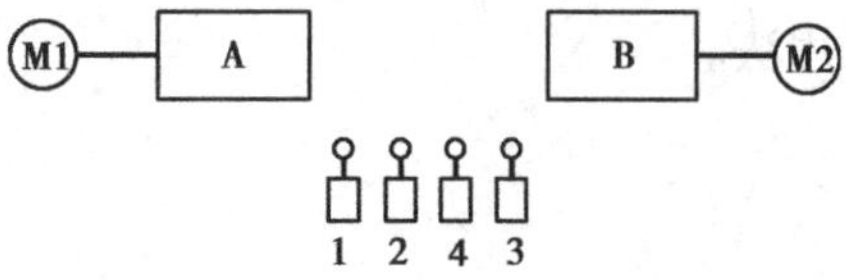

(1) A 部件从位置 1 到 2。

(2)B 部件从位置 3 到 4。
(3)A 部件从位置 2 回到 1。
(4)B 部件从位置 4 回到 3。

任务二　组合机床动力滑台的控制

【内容提要】

本项目主要通过学习 S7-200 系列 PLC 梯形图程序设计方法,来完成 PLC 控制的组合机床动力滑台电路的安装与调试。

【学习要求】

①掌握 PLC 梯形图程序设计方法。

②掌握 PLC 控制的组合机床动力滑台电路控制原理及安装调试。

【任务导入】

组合机床动力滑台是组合机床上用以实现进给运动的一种通用部件,操作简便、效率高,广泛用于生产中。

现以 YT4543 型液压动力滑台为例,分析其液压系统的工作原理和特点。该系统采用限压式变量叶片泵供油,用电液换向阀换向,用行程阀实现快慢速度转换,用串联调速实现两次工进速度的转换。该系统只有一个单杆活塞缸的中压系统,其最高工作压力不大于6.3 MPa。下面以液压动力滑台的"快进→第一次工作进给→第二次工作进给→止位钉停留→快退→原位停止"半自动工作循环为例分析其工作原理及特点。

动力滑台上的工作循环是通过固定的滑动工作台侧面上的挡块直接压行程阀换位,或通过碰压行程开关控制电磁换向阀的通电顺序来实现。

【知识链接】

学习情境 1:PLC 的梯形图程序设计方法

1)PLC 梯形图的经验设计法

在 PLC 发展初期,沿用了设计继电器电路图的方法来设计比较简单的 PLC 梯形图,即在一些典型电路的基础上,根据被控对象对控制系统的具体要求,不断地修改和完善梯形图。有时需要多次反复调试和修改梯形图,增加一些中间编程元件和触点,最后才能得到一个较为满意的结果。

这种 PLC 梯形图的设计方法没有普遍规律可以遵循,具有很大的试探性和随意性,最后的结果不是唯一的,设计所用的时间、质量与设计者的经验有很大关系,所以有人把这种设计方法称为经验设计法,它可用于较简单的梯形图(如手动程序)设计。

梯形图的经验设计法是目前使用比较广泛的一种设计方法,该方法的核心是输出线圈,这是因为 PLC 的动作是从线圈输出的(可以称为面向输出线圈的梯形图设计方法)。以下是一些经验设计法的基本步骤。

①分解控制功能,画输出线圈梯级。根据控制系统的工作过程和工艺要求,将要编制的梯形图程序分解成独立的子梯形图程序。以输出线圈为核心画输出位梯级图,并画出该线圈的得电条件、失电条件和自锁条件。在画图过程中,注意程序的启动、停止、连续运行、选择性分支和并发分支。

②建立辅助位梯级。如果不能直接使用输入条件逻辑组合作为输出线圈的得电和失电条件,则需要使用工作位、定时器或计数器以及功能指令的执行结果作为条件,建立输出线圈的得电和失电条件。

③画互锁条件和保护条件。互锁条件是可以避免同时发生互相冲突的动作,保护条件可以在系统出现异常时,使输出线圈动作,保护控制系统和生产过程。

在设计梯形图程序时,要注意先画基本梯形图程序,当基本梯形图程序的功能能够满足要求后,再增加其他功能。在使用输入条件时,注意输入条件是电平、脉冲还是边沿。调试时要将梯形图分解成小功能块调试完毕后,再调试全部功能。

经验设计法具有设计速度快等优点,但在设计问题变得复杂时,难免会出现设计漏洞。

2)PLC梯形图的逻辑设计法

逻辑设计法的理论基础是逻辑代数,而继电器控制系统的本质是逻辑线路。由电器控制线路都可以发现,线路的接通和断开,都是通过继电器等元件的触点来实现的,故控制线路的种种功能必定取决于这些触点的开、合两种状态。因此,电控线路从本质上说是一种逻辑线路,符合逻辑运算的基本规律。

PLC是一种新型的工业控制计算机,在某种意义上可以说PLC是“与”“或”“非”3种逻辑线路的组合体。而PLC的梯形图程序的基本形式是与、或、非的逻辑组合。它们的工作方式及规律完全符合逻辑运算的基本规律。因此,用变量及函数只有“0”和“1”两种取值的逻辑代数作为研究PC应用程序的工具就是顺理成章的事。

例如,三相异步电动机的启/停继电控制电路和梯形图的逻辑代数分别为:

$$f(\mathrm{km}) = (\mathrm{SB2} + \mathrm{KM}) \cdot \overline{\mathrm{SB1}} \cdot \overline{\mathrm{FR}}$$

$$f(\mathrm{Q0.0}) = (\mathrm{I0.2} + \mathrm{Q0.0}) \cdot \overline{\mathrm{I0.1}} \cdot \overline{\mathrm{I0.0}}$$

用逻辑设计法对PLC组成的电控系统进行设计,一般可分为下面几个步骤。

首先明确控制任务和控制要求。通过分析工艺过程绘制工作循环和检测元件分布图,取得电气元件执行功能表。

其次是详细绘制电控系统的状态转换表。通常它由输出信号状态表、输入信号状态表、状态主令表和中间记忆装置状态表4个部分组成。状态转换表全面、完整地展示了电控系统各部分、各时刻的状态和状态之间的联系及转换,非常直观,对建立电控系统的整体联系,动态变化的概念有很大帮助,是进行电控系统分析和设计的有效工具。

有了状态转换表,便可进行电控系统的逻辑设计,包括列写中间记忆元件的逻辑函数式和列写执行元件(输出端点)的逻辑函数式两个内容。这两个函数式组,既是生产机械或生产过程内部逻辑关系和变化规律的表达形式,又是构成电控系统实现控制目标的具体程序。

PLC程序的编制就是将逻辑设计结果转化。PLC作为工业控制机,逻辑设计的结果(逻辑函数式)能够很方便地过渡到PLC程序,特别是语句表达式。当然,如果设计者需要由梯形图程序作为一种过渡,或者选用的PLC编程器具有图形输入功能,则也可先由逻辑函数式转化为梯形图程序。程序的完善和补充是逻辑设计法的最后一步,包括手动调整工作方式的设计,手动与自动工作方式的选择,自动工作循环、保护措施等。

3)PLC 梯形图的"翻译"设计法

PLC 梯形图是在继电器控制系统的基础上发展起来的,如果用 PLC 改造继电器控制系统,根据继电器电路图来设计梯形图是一条捷径。这是因为原有的继电器控制系统经过长期使用和考验,已经被证明能完成系统要求的控制功能,而继电器电路图又与梯形图有很多相似之处,因此可以将继电器电路图"翻译"成梯形图,即用 PLC 的外部硬件接线和梯形图软件来实现继电器系统的功能,这种方法习惯上也称为翻译法。

将继电器控制系统电路图转换为功能相同的 PLC 外部接线图和梯形图的步骤如下:

①了解和熟悉被控设备的工艺过程和机械的动作情况,根据继电器电路图分析和掌握控制系统的工作原理,这样才能做到在设计和调试控制系统时心中有数。

②确定 PLC 的输入信号和输出负载,以及与它们对应的梯形图中的输入位和输出位地址,画出 PLC 的外部接线图。

③确定与继电器电路图的中间继电器、时间继电器对应的梯形图中的存储器位(M)和定时器(T)的地址。这两步建立了继电器电路图中的元件和梯形图中的位地址之间的对应关系。

④根据上述对应关系画出梯形图。

在设计时应注意 PLC 梯形图与继电器电路图的区别,梯形图是一种软件,是 PLC 图形化的程序。在继电器电路图中,各继电器可以同时动作,而可编程序控制器的 CPU 是串行工作的,即 CPU 同时只能处理 1 条指令。根据继电器电路图设计 PLC 的外部接线图和梯形图时应注意以下问题:

①遵守梯形图语言中的语法规定。在继电器电路图中,触点可以放在线圈的左边,也可以放在线圈的右边,但是在梯形图中,线圈必须放在电路的最右边。

②设置中间单元。在梯形图中,若多个线圈都受某一触点串、并联电路的控制,为了简化电路,在梯形图中可设置该电路控制的存储器位,它类似于继电器电路中的中间继电器。

③尽量减少 PLC 的输入信号和输出信号。可编程序控制器的价格与 I/O 点数有关,每一输入信号和每一输出信号分别要占用一个输入点和一个输出点,因此减少输入信号和输出信号的点数是降低硬件费用的主要措施。

某些器件的触点如果在继电器电路图中只出现一次,并且与 PLC 输出端的负载串联(如有锁存功能的热继电器的常闭触点),不必将它们作为 PLC 的输入信号,可以将它们放在 PLC 外部的输出回路,仍与相应的外部负载串联。继电器控制系统中某些相对独立且比较简单的部分,可以用继电器电路控制,这样可同时减少所需的 PLC 的输入点和输出点。

④外部联锁电路的设立。在许多实际应用中,为了防止控制电机的正反转、三位两通电磁阀的两侧同时通电等造成电源短路、设备损坏等现象的发生,我们除在程序上进行处理外,还应在 PLC 外部设置硬件联锁电路。

4)PLC 梯形图的顺序控制设计法

所谓顺序控制,就是按照生产工艺预先规定的顺序,在各个输入信号的作用下,根据内部状态和时间顺序,在生产过程中各执行机构自动地、有秩序地进行操作。使用顺序控制设计法时先根据系统的工艺过程画出顺序功能图,然后根据顺序功能图画出梯形图。有的 PLC 为用户提供了顺序功能图语言,在编程软件中生成顺序功能图后便完成了编程工作。它是一种先进的设计方法,很容易被初学者接受,对有经验的工程师,也会提高设计效率,程序调试、修改和阅读也很方便。

顺序控制设计法最基本的思想是将系统的一个工作周期划分为若干个顺序相连的阶段,这些阶段称为步(Step),并用编程元件(例如位存储器 M 和顺序控制继电器 S)来代表各步。步是根据输出量的状态变化来划分的,在任何一步之内,各输出量的 ON/OFF 状态不变,但是相邻两步输出量的状态是不同的。

步与步之间的过渡则是通过转换条件来实现的,转换条件可以是外部的输入信号,如按钮、指令开关、限位开关的接通/断开等;也可以是可编程序控制器内部产生的信号,如定时器、计数器常开触点的接通等。转换条件还可能是若干个信号的与、或、非逻辑组合。

顺序控制设计法是用转换条件控制代表各步的编程元件,让它们的状态按一定的顺序变化,然后用代表各步的编程元件去控制 PLC 的各输出位。

顺序功能图根据序列中有无分支及实现转换的不同,功能图的基本结构可分为单序列、选择序列和并列序列 3 种。本项目对这 3 种结构的编程加以说明。

根据系统的顺序功能图设计梯形图的方法,称为顺序控制梯形图的编程方式。顺序功能图的一般格式如图 3.12(a)所示,假设 M_X,M_{X-1}和 M_{X+1}是顺序功能图中相连的三步;I_X,I_{X+1}是转换条件,这里用 M 代替状态继电器 S 是表示通用的格式,不拘于顺序功能指令编程的一种格式。根据功能图,我们介绍 3 种编程方式。

(1)顺序功能指令编程方式

顺序功能指令编程方式是本任务重点介绍的方法。对于如图 3.12(a)所示的功能图,采用顺序功能指令编程的格式示意图如图 3.12(b)所示。由 SCRT 指令来激活 M_X步,复位 M_{X-1}步,在 M_X步中,一般采用特殊功能继电器 SM0.0 即常闭接点接入,满足条件再转移到下一步。不过特别要注意的是采用顺序功能指令编程时,不能用位存储器 M,只能用状态继电器 S(这里就功能图的格式才采用图 3.12(b)的方式表示),否则不能用顺序功能指令编程。

(2)启保停电路编程方式

启保停电路编程方式的格式如图 3.13(a)所示。这是一种具有记忆的电路,它是经验法和逻辑法编程的基础,M_{X-1}是转换的前提条件,I_X是转换条件,下一步 M_{X+1}是 M_X的退出条件,启保停电路仅仅使用与触点和线圈有关的指令,任何一种 PLC 的指令系统都有这一类的指令,因此这是一种通用的编程方式。

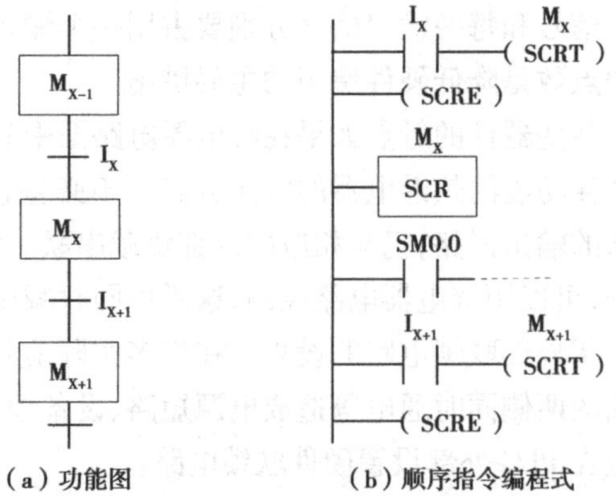

▲图 3.12 功能图及顺序功能指令编程方式示意图

(3)以转换为中心的编程方式

对启保停电路,我们可以用具有同样功能的 SET 和 RST 指令来代替它,如图 3.13(b)所示,图(a)和图(b)的区别在于图(b)复位的是它的上一步。其他与图(a)具有相同功能。

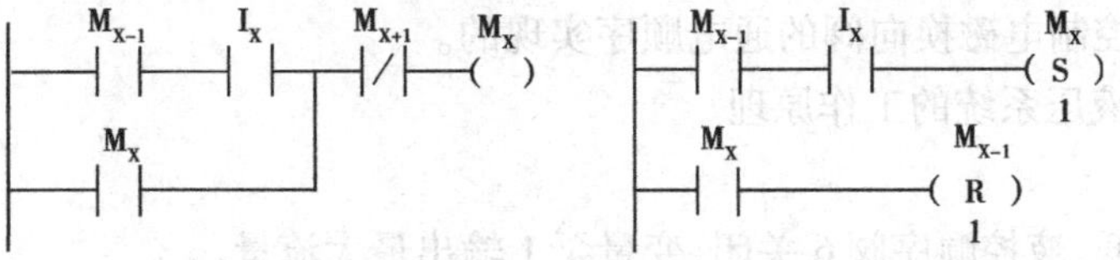

(a)启保停电路编程方式 (b)以转换为中心的编程方式

▲图3.13 启保停编程方式和以转换为中心的编程方式

在本节中,我们主要通过顺序功能图的3种结构来介绍顺序功能指令编程方式。

学习情境2:组合机床动力滑台

1)组合机床液压动力滑台概述

液压动力滑台是组合机床上用以实现进给运动的一种通用部件,操作简便,效率高,广泛应用于生产中。

现以YT4543型液压动力滑台为例,分析其液压系统的工作原理及特点。如图3.14所示为YT4543型动力滑台液压系统图。该系统采用限压式变量叶片泵供油,用电液换向阀换向,用行程阀实现快慢速度转换,用串联调速实现两次工进速度的转换。该系统只有一个单杆活塞缸的中压系统,其最高工作压力不大于6.3 MPa。下面以液压动力滑台的"快进→第一次工作进给→第二次工作进给→止位钉停留→快退→原位停止"半自动工作循环为例分析其工作原理及特点。

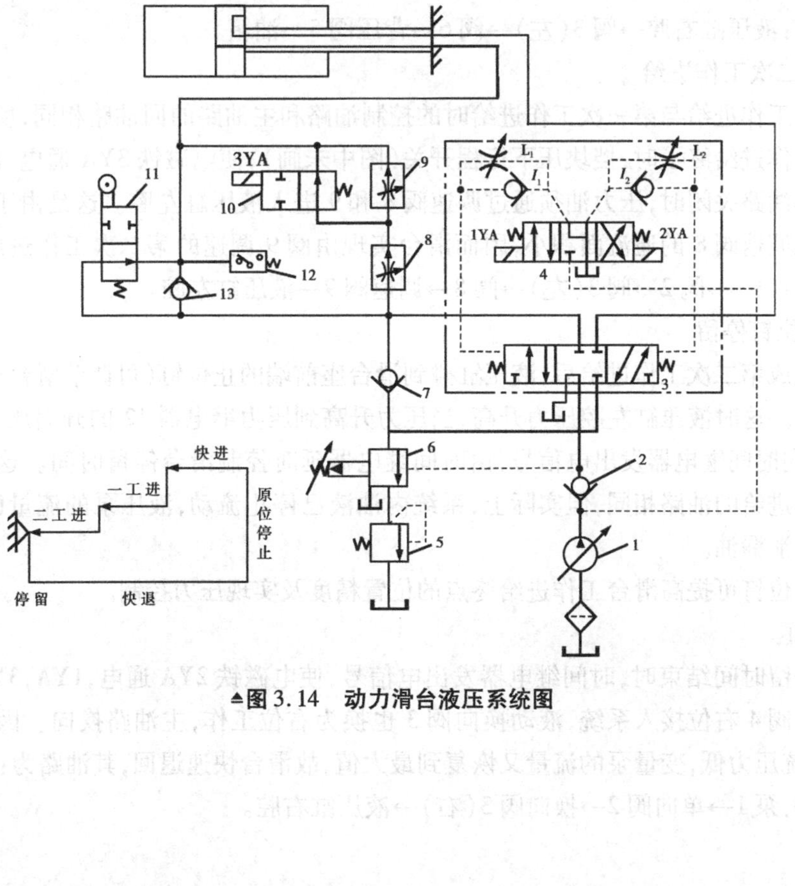

▲图3.14 动力滑台液压系统图

动力滑台上的工作循环是通过固定的滑动工作台侧面上的挡块直接压行程阀换位,或通过碰压行程开关控制电磁换向阀的通电顺序实现的。

2)动力滑台液压系统的工作原理

(1)快进

快进时压力低,液控顺序阀 6 关闭,变量泵 1 输出最大流量。

按下启动按钮,电磁铁 1YA 通电,电磁换向阀 4 左位接入系统,液动换向阀 3 在控制压力油作用下也将左位接入系统工作,其油路为:

进油路:泵 1→单向阀 2→电液换向阀 3(左位)→行程阀 11(下位)→液压缸左腔。

回油路:液压缸右腔→电液换向阀 3(左位)→单向阀 7→行程阀 11(下位)→液压缸左腔,形成差动连接。

这时液压缸两腔连通,滑台差动快进。节流阀 L2 用以调节液动换向阀芯移动的速度,也即调节主换向阀的换向时间,以减少换向冲击。

(2)第一次工作供给

当滑台快进终了时,滑台上的挡块压下行程阀 11,切断换向阀 3 快速运动的进油路。其控制油路未变,而主油路中,压力油只能通过调速阀 8 和二位二通电磁阀 10(右位)进入液压缸左腔。由于油液流经调速阀而使系统压力升高,液控顺序阀 6 开启,单向阀 7 关闭,液压缸右腔的油液经阀 6 和背压阀 5 流回油箱。同时,泵的流量也自动减少。滑台实现由调速阀 8 调速的第一次工作进给,其主油路为:

进油路:泵 1→阀 2→阀 3(左)→调速阀 8→阀 10(右)→液压缸左腔。

出油路:液压缸右腔→阀 3(左)→阀 6→背压阀 5→油箱。

(3)第二次工作进给

第二次工作进给与第一次工作进给时的控制油路和主油路的回油路相同,所不同之处是当第一次工作进给终了时,挡块压下行程开关(图中未画),使电磁铁 3YA 通电,阀 10 左位接入系统使其油路关闭时,压力油须通过调速阀 8 和 9 进入液压缸左腔。这是由于调速阀 9 的通流面积比调速阀 8 的通流面积小,因而滑台实现由阀 9 调速的第二次工作进给,其主油路的进油路为:泵 1→阀 2→阀 3(左)→阀 8→调速阀 9→液压缸左腔。

(4)止位钉停留

滑台完成第二次工作进给后,液压缸碰到滑台座前端的止位钉(可调节滑台行程的螺钉)后停止运动。这时液压缸左腔压力升高,当压力升高到压力继电器 12 的开启压力时,压力继电器动作,向时间继电器发出电信号,由时间继电器延时控制滑台停留时间。这时的油路与第二次工作进给的油路相同,但实际上,系统内油液已停止流动,液压泵的流量已减至很小,仅用于补充泄漏油。

设置止位钉可提高滑台工作进给终点的位置精度及实现压力控制。

(5)快退

滑台停留时间结束时,时间继电器发出电信号,使电磁铁 2YA 通电,1YA,3YA 断电。这时电磁换向阀 4 右位接入系统,液动换向阀 3 也换为右位工作,主油路换向。因滑台返回时为空载,系统压力低,变量泵的流量又恢复到最大值,故滑台快速退回,其油路为:

进油路:泵 1→单向阀 2→换向阀 3(右)→液压缸右腔。

回油路:液压缸左腔→单向阀 13→换向阀 3(右)→油箱。

当滑台退至第一次工作进给起点位置时,行程阀 11 复位。由于液压缸无杆腔有效面积为有杆腔有效面积的 2 倍,故快退速度与快进速度基本相等。

(6)原位停止

当滑台快速退回到其原始位置时,挡块压下原位行程开关,使电磁铁 2YA 断电,电磁换向阀 4 恢复中位,液动换向阀 3 也恢复中位,液压缸两腔油路被封闭,滑台被锁紧在起始位置上,这时液压泵则经单向阀 2 及阀 3 的中位回油(卸荷)。

单向阀 2 的作用是使滑台在原位停止时,控制油路仍保持一定的控制压力(低压),以便能迅速启动。

3)动力滑台液压系统的特点

动力滑台液压系统是能完成较复杂工作循环的典型单缸中压系统,其特点如下:

①该系统采用了由限压式变量叶片泵、调速阀、背压阀组成的容积调速回路,使动力滑台获得稳定的低速运动,较好的调速刚性和较大的速度范围。

②采用限压式变量泵和差动连接式液压缸来实现快进,能源利用比较合理。滑台停止运动时,换向阀使液压泵在低压下卸荷,可减少能量的损耗。

③系统采用行程阀和液控顺序阀配合动作,实现快进与工作进给速度的转换,使速度转换平稳、可靠、位置准确。采用两个串联的调速阀及用行程开关控制的电磁换向阀实现两种工进速度的转换。由于进给速度较低,故能保证换接精度和平稳性的要求。

【任务实战】

1)根据组合机床动力滑台工作过程分配输入/输出地址

启动:	I0.0	电磁阀 1YA:Q0.0
行程阀 11 动作信号:	I0.1	电磁阀 3YA:Q0.1
行程开关:	I0.2	电磁阀 2YA:Q0.2
压力继电器:	I0.3	
原位行程开关:	I0.4	

2)绘制动力滑台功能流程图(图 3.15)

按下启动按钮 SB0,电磁阀 1YA 通电,滑台差动快进。当滑台快进终了时,滑台上的挡块压下行程阀 11(I0.1),切断换向阀 3 快速运动的进油路,滑台实现由调速阀 8 调速的第一次工作进给,在该过程中,是电磁阀 1YA 和行程阀共同作用的结果,行程阀由液压油控制,不受 PLC 控制。第一次工作进给终了时,挡块压下行程开关 I0.2(图中未画),使电磁铁 3YA 通电。滑台完成第二次工作进给后,液压缸碰到滑台座前端的止位钉(可调节滑台行程的螺钉)后停止运动。这时液压缸左腔压力升高,当压力升高到压力继电器 12 的开启压力时,压力继电器动作,向时间继电器发出电信号,由时间继电器延时控制滑台停留时间(时间继电器在功能图中没画出)。滑台停留时间结束时,时间继电器发出电信号,使电磁铁 2YA 通电,1YA,3YA 断电,滑台快速退回。当滑台快速退回到其原始位置时,挡块压下原位行程开关,使电磁铁 2YA 断电,电磁换向阀 4 恢复中位,液动换向阀 3 也恢复中位,液压缸两腔油路被封闭,滑台被锁紧在起始位置上。

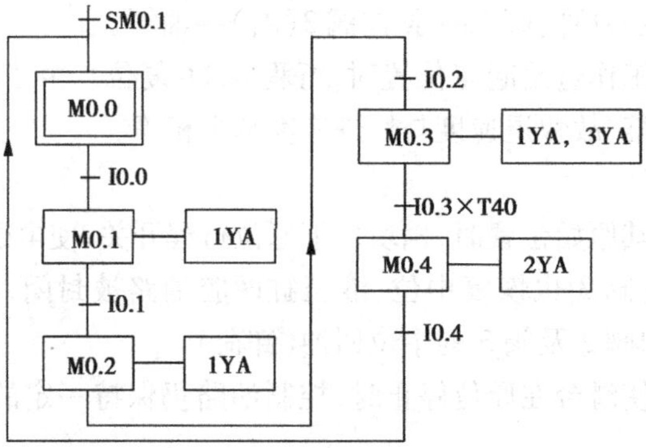

▲图3.15 动力滑台功能流程图

3)动力滑台控制梯形图程序

这是采用启保停电路编程方式编制的梯形图程序,程序的启动由初始化脉冲SM0.1或者原位开关启动,如图3.16所示。

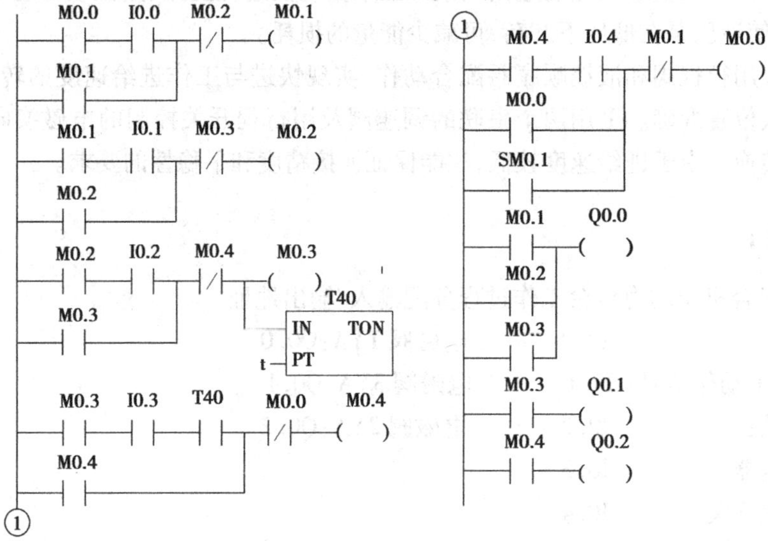

▲图3.16 动力滑台控制梯形图

【知识拓展】

交通指挥信号灯的顺序控制

①交通信号灯输入/输出地址分配为:

启动按钮:	I0.0	警灯:	Q0.0
南北红灯:	Q0.1	东西绿灯:	Q0.2
南北绿灯:	Q0.5	东西黄灯:	Q0.3
南北黄灯:	Q0.6	东西红灯:	Q0.4

②根据控制要求和动作编制顺序功能流程图,如图3.17所示。这是一个典型的并列结构,在并列结构中还有选择结构,但是控制功能清晰。

③绘制控制梯形图，如图 3.18 所示。S7-200 PLC 的顺控指令不支持直接输出（=）的双线圈操作。如果在图 3.17 中的状态 S0.1 的 SCR 段有 Q0.2 输出，在状态 S0.3 的 SCR 段也有 Q0.2 输出，则不管在什么情况下，在前面的 Q0.2 永远不会有效，这是 S7-200 PLC 顺控指令设计方面的缺陷，为用户的使用带来了极大的不便，所以在使用 S7-200 PLC 的顺控指令时一定不要有双线圈输出。为解决这一问题，如在本例中的绿灯亮和闪烁的控制逻辑设计中，这里的 Q0.2 用中间继电器 M0.1 和 M0.2 过渡，Q0.5 用中间继电器 M0.5 和 M0.6 过渡，即在 SCR 段中先用中间继电器表示其分段的输出逻辑，在程序的最后再进行合并输出处理，这是解决这一缺陷的最佳方法。另一种方法是在功能指令应用编程中介绍过的，使用跳转指令，但在 SCR 段中不能使用 JMP 和 LBL 指令，也就是说，不允许跳入、跳出或在内部跳转，但可以在 SCR 段附近使用跳转和标号指令。

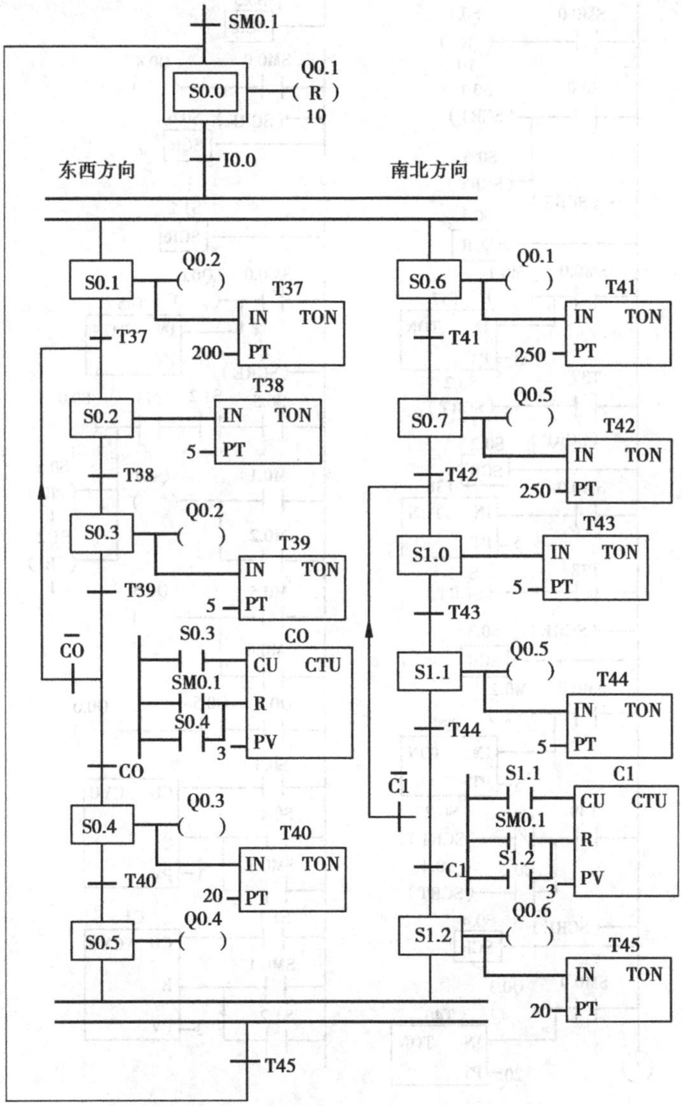

▲图 3.17 交通指挥信号灯顺序功能流程图

在功能图中使用了两个计数器，如在 S0.3 中使用了 C0 来计绿灯的闪烁次数，而且作为选择支路的转换条件,但是在程序中,计数器不能在活动部S0.3的编程阶梯中,必须编制在公共段程序中,否则无法实现计数和复位功能。计数器的计数脉冲和复位脉冲分别是满足条件后转换的两个相邻步。

还要注意并列结构步进功能指令的编程方法,尤其是合并。在本程序中,当S0.5和S1.2都变成活动步后,而且T45定时时间到后转换到起始步,同时复位S0.5和S1.2。

因为是并列结构且两个方向的程序基本相同,所以在程序中省略了一部分,请读者参考前面的程序进行补充。

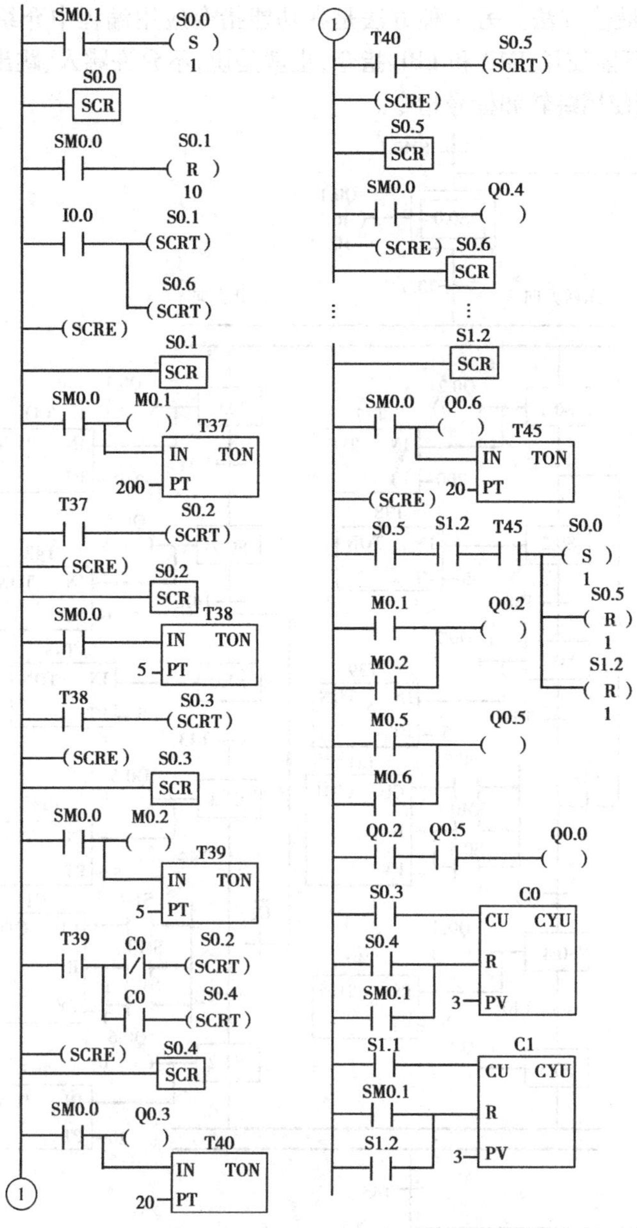

▲图3.18 交通指挥信号灯顺序控制梯形图

【思考问题】

1. 设计出如图 3.19 所示的顺序功能图的梯形图程序，T37 的设定值为 5 s。
2. 用 SCR 指令设计如图 3.20 所示的顺序功能图的梯形图程序。
3. 设计出如图 3.21 所示的顺序功能图的梯形图程序。

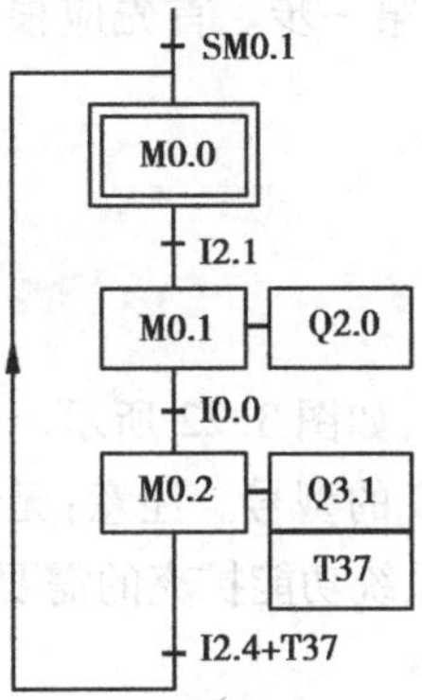

▲图 3.19

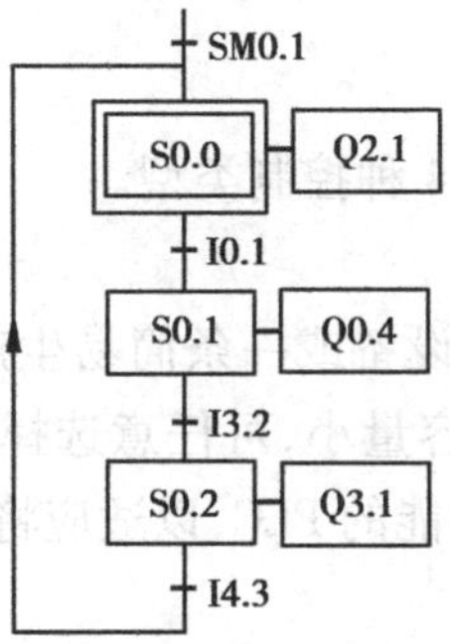

▲图 3.20

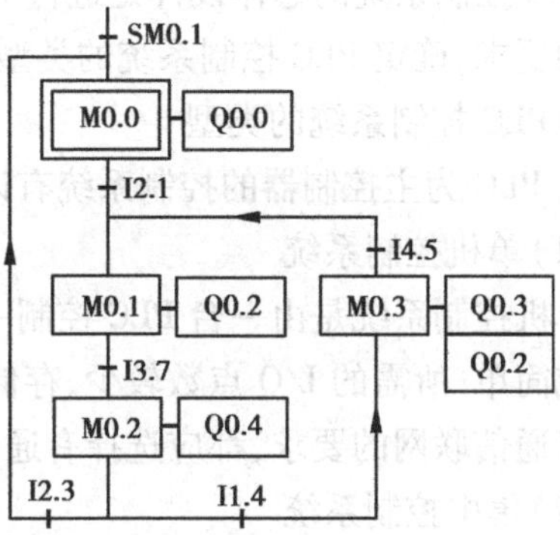

▲图 3.21

任务三 组合机床动力滑台的控制

【内容提要】

本任务主要通过了解 PLC 控制系统的总体设计来完成机械手 PLC 顺序控制系统的设计。

机械手搬运系统

【学习要求】

①建立 PLC 控制系统总体设计的设计思路。

②了解 PLC 控制系统设计的基本原则。

③掌握减少 PLC 输入/输出点数的方法。

④通过机械手控制系统应用设计事例的学习，能够运用所学基本指令以及功能指令进行 PLC 顺序控制系统的设计。

机械手臂的设计构造

【任务导入】

PLC 已广泛用于工业控制的各个领域，由于 PLC 的应用场合多种多样，以 PLC 为主控制器的控制系统越来越多。应当说，在熟悉了 PLC 的基本工作原理和指令系统之后，就可以结合实际进行 PLC 控制系统的应用设计，使 PLC 能够实现对生产机械或生产过程的控制。由于 PLC 的工作方式和通用微机不完全一样，因此，用 PLC 设计自动控制系统与微机控制系统的开发过程也不完全相同，需要根据 PLC 的特点进行系统设计。PLC 控制系统与继电器控制系统也有本质区别，硬件和软件可分开进行设计是 PLC 的一大特点。本任务将介绍 PLC 控制系统的硬件设计方面的问题，它包括 PLC 控制系统的总体设计、减少 PLC 输入和输出点数的方

机械手臂的高效

法以及提高PLC抗干扰的措施。然后介绍一个简单的控制系统设计。

【知识链接】

学习情境1：PLC控制系统的总体设计

PLC控制系统的总体设计是进行PLC应用设计时至关重要的第一步。首先应根据被控对象的要求,确定PLC控制系统的类型。

1)PLC控制系统的类型

以PLC为主控制器的控制系统有以下4种控制类型。

(1)单机控制系统

单机控制系统是由一台PLC控制一台设备或一条简易生产线,如图3.22所示。单机系统构成简单,所需的I/O点数较少,存储器容量小,可任意选择PLC的型号。注意:无论目前是否有通信联网的要求,都应选择有通信功能的PLC,以适应将来系统功能扩充的需要。

(2)集中控制系统

集中控制系统是由一台PLC控制多台设备或几条简易生产线,如图3.23所示。这种控制系统的特点是多个被控对象的位置比较接近,且相互之间的动作有一定的联系。由于多个被控对象通过同一台PLC控制,因此各个被控对象之间的数据、状态的变化不需另设专门的通信线路。

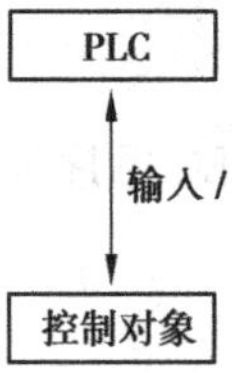

▲图3.22　单机控制系统

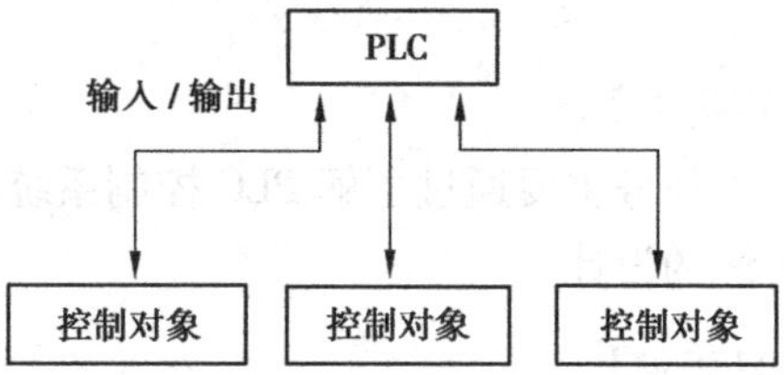

▲图3.23　集中控制系统

集中控制系统的最大缺点是:如果某个被控对象的控制程序需要改变或PLC出现故障时,整个系统都要停止工作。对于大型的集中控制系统,可以采用冗余系统来克服这一缺点,此时要求PLC的I/O点数和存储器容量有较大的余量。

(3)远程I/O控制系统

这种控制系统是集中控制系统的特殊情况,也是由一台PLC控制多个被控对象,但是却有部分I/O系统远离PLC主机,如图3.24所示。

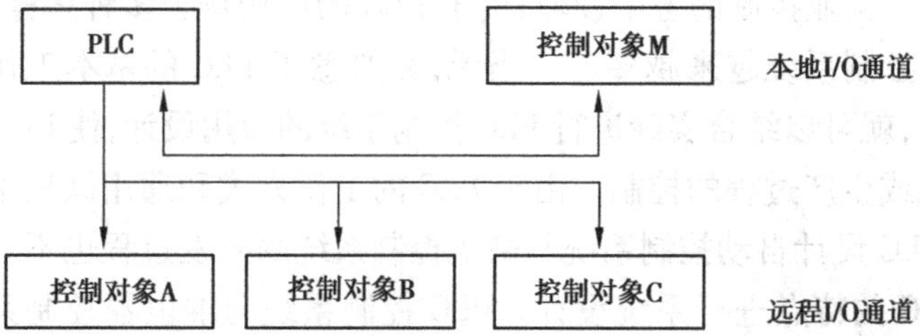

▲图3.24　远程I/O控制系统

远程 I/O 控制系统适用于具有部分被控对象远离集中控制室的场合。PLC 主机与远程 I/O 通过同轴电缆传递信息，不同型号的 PLC 所能驱动的同轴电缆的长度不同，所能驱动的远程 I/O 通道的数量也不同，选择 PLC 型号时，要重点考察驱动同轴电缆的长度和远程 I/O 通道的数量。

(4)分布式控制系统

这种控制系统有多个被控对象，每个被控对象由一台具有通信功能的 PLC 控制，由上位机通过数据总线与多台 PLC 进行通信，各个 PLC 之间也有数据交换，如图 3.25 所示。

分布式控制系统的特点是多个被控对象分布的区域较大，相互之间的距离较远，每台 PLC 可以通过数据总线与上位机通信，也可以通过通信线与其他 PLC 交换信息。分布式控制系统的最大好处是某个被控对象或 PLC 出现故障时，不会影响其他 PLC 正常运行。

PLC 控制系统的发展非常快，从简单的单机控制系统到集中控制系统，再到分布式控制系统，目前又提出了 PLC 的 EIC 综合化控制系统，即将电气控制(Electric)、仪表控制(Instrumentation)和计算机(Computer)控制集成于一体，形成先进的 EIC 控制系统。基于这种控制思想，在进行 PLC 控制系统的总体设计时，要考虑如何同这种先进性相适应，并有利于系统功能的进一步扩展。

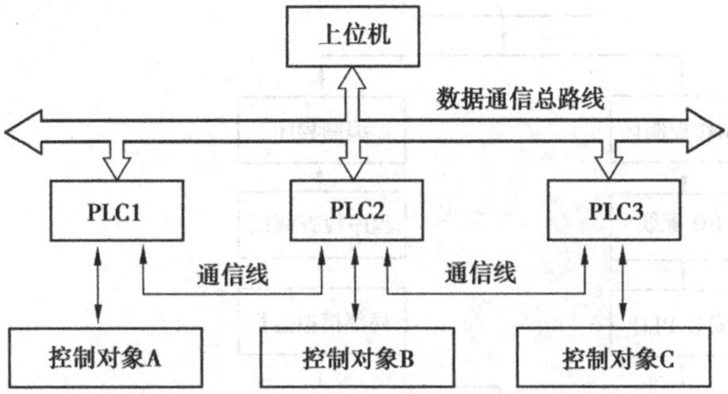

▲图 3.25 分布式控制系统

2)PLC 控制系统设计的基本原则

PLC 控制系统的总体设计原则是：根据控制任务，在最大限度地满足生产机械或生产工艺对电气控制要求的前提下，运行稳定，安全可靠，经济实用，操作简单，维护方便。

任何一个电气控制系统所要完成的控制任务，都是为了满足被控对象(生产控制设备、自动化生产线、生产工艺过程等)提出的各项性能指标，提高劳动生产率，保证产品质量，减轻劳动强度和危害程度，提升自动化水平。因此，在设计 PLC 控制系统时，应遵循的基本原则如下：

(1)最大限度地满足被控对象提出的各项性能指标

为明确控制任务和控制系统应有的功能，设计人员在进行设计前，就应深入现场进行调查研究，搜集资料，与机械部分的设计人员和实际操作人员密切配合，共同拟订电气控制方案，以便协同解决在设计过程中出现的各种问题。

(2)确保控制系统的安全可靠

电气控制系统的可靠性就是生命线，不能安全可靠工作的电气控制系统，是不可能长期投入生产运行的。尤其是在以提高产品数量和质量，保证生产安全为目标的应用场合，必须将可靠性放在首位。

(3)力求控制系统简单

在能够满足控制要求和保证可靠工作的前提下,不失先进性,应力求控制系统结构简单。只有结构简单的控制系统才具有经济性、实用性的特点,才能做到使用方便和维护容易。

(4)留有适当的余量

考虑到生产规模的扩大,生产工艺的改进,控制任务的增加,以及维护方便的需要,要充分利用 PLC 易于扩充的特点,在选择 PLC 的容量(包括存储器的容量、机架插槽数、I/O 点的数量等)时,应留有适当的余量。

3)PLC 控制系统设计的步骤

用 PLC 进行控制系统设计的一般步骤可参考图 3.26 所给出的流程。

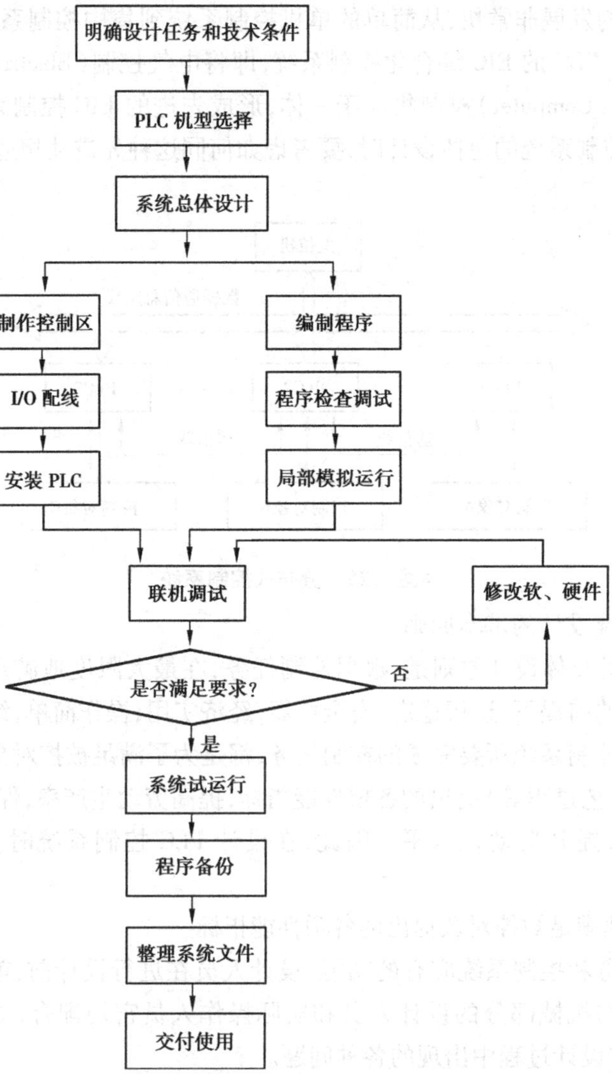

▲图 3.26　PLC 控制系统设计的步骤

下面就几个主要步骤做进一步解释和说明。

(1)明确设计任务和技术条件

在进行系统设计之前,设计人员首先应对被控对象进行深入调查和分析,并熟悉工艺流程及设备性能。根据生产中提出的问题,确定系统所要完成的任务。与此同时,拟订出设计任务书,明确各项设计要求、约束条件及控制方式。设计任务书是整个系统设计的依据。

(2)选择 PLC 机型

目前,国内外 PLC 生产厂家生产的 PLC 品种已达数百个,其性能各有特点,价格也不尽相同。在设计 PLC 控制系统时,要选择最适宜的 PLC 机型,一般应考虑下列因素。

①系统的控制目标。设计 PLC 控制系统时,首要的控制目标是:确保控制系统安全可靠地稳定运行,提高生产效率,保证产品质量等。如果要求以极高的可靠性为控制目标,则需要构成 PLC 冗余控制系统,这时要从能够完成冗余控制的 PLC 型号中进行选择。

②PLC 的硬件配置。根据系统的控制目标和控制类型,从众多的 PLC 生产厂中初步选择几个具有一定知名度的公司,如 SIEMENS,OMRON,A-B 等。另一方面也要征求和听取生产厂家的意见。再根据被控对象的工艺要求及 I/O 系统考虑具体配置问题。

PLC 硬件配置时,主要考虑以下几个方面。

①CPU 能力。CPU 能力是 PLC 最重要的性能指标,在选择机型时,首先要考虑如何配置 CPU,主要从处理器的个数及位数、存储器的容量及可扩展性以及编程元件的能力等方面考虑。

②I/O 系统。PLC 控制系统的输入/输出点数的多少,是 PLC 系统设计时必须知道的参数,由于各个 PLC 生产厂家在产品手册上给出的最大 I/O 点数所表示的确切含义有一些差异,有的表示输入/输出的点数之和,有的则分别表示最大输入点数和最大输出点数。因此,要根据实际控制系统所需的 I/O 点数,在充分考虑余量的基础上配置输入/输出点。

③指令系统。PLC 的种类繁多,因此其指令系统是不完全相同的。可根据实际应用场合对指令系统提出的要求,选择相应的 PLC。PLC 的控制功能是通过执行指令来实现的,指令的数量越多,PLC 的功能就越强,这一点是毫无疑问的。另一方面应用软件的程序结构以及 PLC 生产厂家为方便用户利用通用计算机(IBM-PC 及其兼容机)编程及模拟调试而开发的专用软件的能力也是要考虑的问题。

④响应速度。对以数字量控制为主的 PLC 控制系统,PLC 的响应速度均可以满足要求,不必特殊考虑。而对含有模拟量的 PLC 控制系统,特别是含有较多闭环控制的系统,必须考虑 PLC 的响应速度。

其他还要考虑工程投资及性能价格比,备品配件的统一性,以及相关的技术培训、设计指导、系统维修等技术支持。

(3)系统硬件设计

PLC 控制系统的硬件设计是指对 PLC 外部设备的设计。在硬件设计中,要进行输入设备的选择(如操作按钮、开关及计量保护装置的输入信号等)、执行元件的选择(如接触器的线圈、电磁阀的线圈、指示灯等),以及控制台、柜的设计和选择,操作面板的设计。

通过对用户输入、输出设备的分析、分类和整理,进行相应的 I/O 地址分配,在 I/O 设备表中,应包含 I/O 地址、设备代号、设备名称及控制功能,应尽量将相同类型的信号,相同电压等级的信号地址安排在一起,以便于施工和布线,并依此绘制出 I/O 接线图。对于较大的控制系统,为便于软件设计,可根据工艺流程将所需的定时器、计数器及内部辅助继电器、变量寄存器等进行相应的地址分配。

(4)系统软件设计

对于电气技术人员来说,控制系统软件的设计就是用梯形图编写控制程序,可采用经验设计法或逻辑设计法。对控制规模比较大的系统,可根据工艺流程图,将整个流程分解为若干步,确定每步的转换条件,配合分支、循环、跳转及某些特殊功能,以便很容易地转换为梯形图设计。对传统的继电器控制线路的改造,可根据原系统的控制线路图,将某些桥式电路按照梯形图的编程规则进行改造后,直接转换为梯形图。这种方法设计周期短,修改、调试程序简单方便。软件设计可以与现场施工同步进行,以缩短设计周期。程序设计将在第9章重点介绍。

(5)系统的局部模拟运行

上述步骤完成后,便有了一个PLC控制系统的雏形,接着便进行模拟调试。在确保硬件工作正常的前提下,再进行软件调试。在调试控制程序时,应本着"从上到下,先内后外,先局部后整体"的原则,逐句逐段地反复调试。

(6)控制系统联机调试

这是最关键的一步。应对系统性能进行评价后再作出改进。反复修改、调试,直到满足要求为止。为了判断系统各部件工作的情况,可以编制一些短小而针对性强的临时调试程序(待调试结束后再删除)。在系统联调中,要注意使用灵活的技巧,以便加快系统调试过程。

(7)编制系统的技术文件

在设计任务完成后,要编制系统的技术文件。技术文件一般应包括总体说明、硬件文件、软件文件和使用说明等,随系统一起交付使用。

学习情境2:减少PLC输入和输出点数的方法

为了提高PLC系统的可靠性,并减少PLC控制系统的造价,在设计PLC控制系统或对老设备进行改造时,往往会遇到输入点数不够或输出点数不够而需要扩展的问题,当然可以通过增加I/O扩展单元或I/O模板来解决,但PLC的每一个I/O点的平均价格达数十元。如果不是需要增加很多点,我们可以对输入信号或输出信号进行一定的处理,节省一些PLC的I/O点数,使问题得以解决。下面介绍几种常用的减少PLC输入和输出点数的方法。

1)减少PLC输入点数的方法

(1)分时分组输入

自动程序和手动程序不会同时执行,自动和手动这两种工作方式分别使用的输入量可以分成两组输入(图3.27)。I1.0用来输入自动/手动命令信号,供自动程序和手动程序切换之用。

图3.27中的二极管用来切断寄生电路。假设图中没有二极管,系统处于自动状态,S1,S2,S3闭合,S4断开,这时电流从L+端子流出,经S3,S1,S2形成的寄生回路流入I0.1端子,使输入位I0.1错误地变为ON。各开关串联二极管后,切断了寄生回路,避免了错误输入的产生。

(2)输入触点的合并

如果某些外部输入信号总是以某种“与或非”组合的整体形式出现在梯形图中,可将它们对应的触点在可编程序控制器外部串、并联后作为一个整体输入可编程序控制器,只占可编程序控制器的一个输入点。

例如,某负载可在多处启动和停止,可以将 3 个启动信号并联,将 3 个停止信号串联,分别送给可编程序控制器的两个输入点(图 3.28)。与每一个启动信号和停止信号占用一个输入点的方法相比,不仅节约了输入点,还简化了梯形图电路。

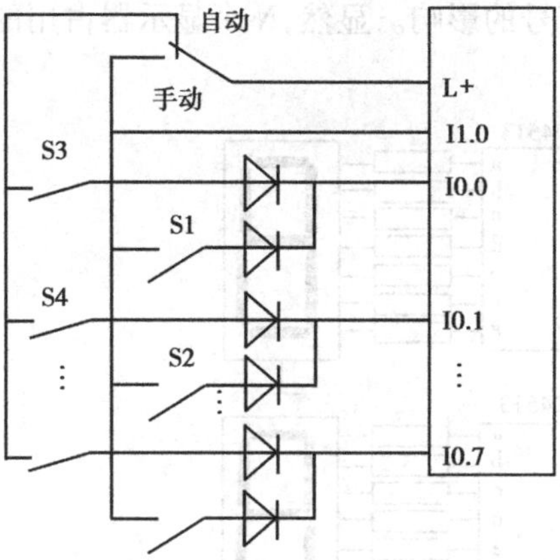

▲图 3.27 分时分组输入

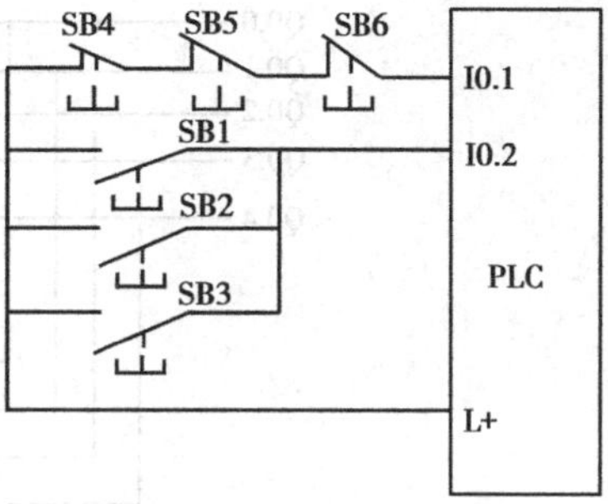

▲图 3.28 输入触点的合并

(3)将信号设置在可编程序控制器之外

系统的某些输入信号,如手动操作按钮、保护动作后需手动复位的电动机热继电器 FR 的常闭触点提供的信号,可以设置在可编程序控制器外部的硬件电路中(图 3.29)。某些手动按钮需要串接一些安全联锁触点,如果外部硬件联锁电路过于复杂,则应考虑仍将有关信号送入可编程序控制器,用梯形图实现联锁。

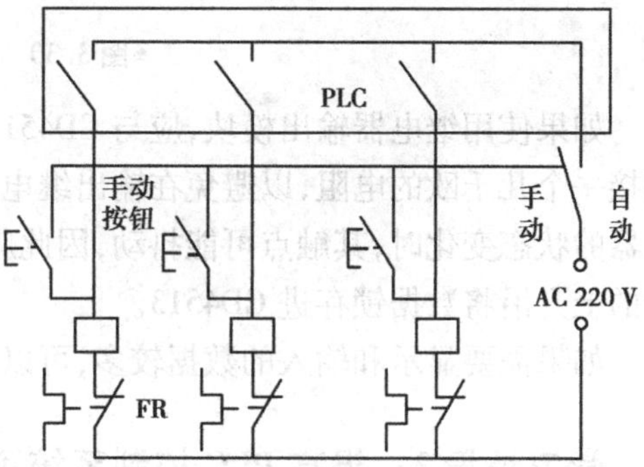

▲图 3.29 将信号设置在 PLC 之外

以上是一些常见的减少 PLC 输入点数的方法。PLC 的软件功能较强,如果应用 PLC 的功能指令,还可以设计出多种减少输入点数的方法,这里就不再赘述。

2)减少 PLC 输出点数的方法

①在 PLC 的输出功率允许的条件下,通/断状态完全相同的多个负载并联后,可以共用一个输出点,通过外部的或 PLC 控制的转换开关切换,一个输出点可以控制两个或多个不同时工作的负载。与外部元件的触点配合,可以用一个输出点控制两个或多个有不同要求的负载。用一个输出点控制指示灯常亮或闪烁,可以显示两种不同的信息。

在需要用指示灯显示 PLC 驱动的负载(如接触器线圈)状态时,可以将指示灯与负载并联,并联时指示灯与负载的额定电压应相同,总电流不应超过允许值。可选用电流小、工作可靠的 LED(发光二极管)指示灯。

系统中某些相对独立或比较简单的部分,可以不进 PLC,直接用继电器电路来控制,这样能减少所需的PLC输入点和输出点。

②减少数字显示所需的输出点数方法。如果直接用数字量输出点来控制多位LED七段显示器,则所需的输出点较多。

在如图3.30所示的电路中,用具有锁存、译码、驱动功能的芯片CD4513驱动共阴极LED七段显示器,两只CD4513的数据输入端A—D共用可编程序控制器的4个输出端,其中A为最低位,D为最高位。LE是锁存使能输入端,在LE信号的上升沿将数据输入端输入的BCD数锁存在片内的寄存器中,并将该数译码后显示出来。如果输入的不是十进制数,显示器熄灭。LE为高电平时,显示的数不受数据输入信号的影响。显然,N个显示器占用的输出点数为:4+N。

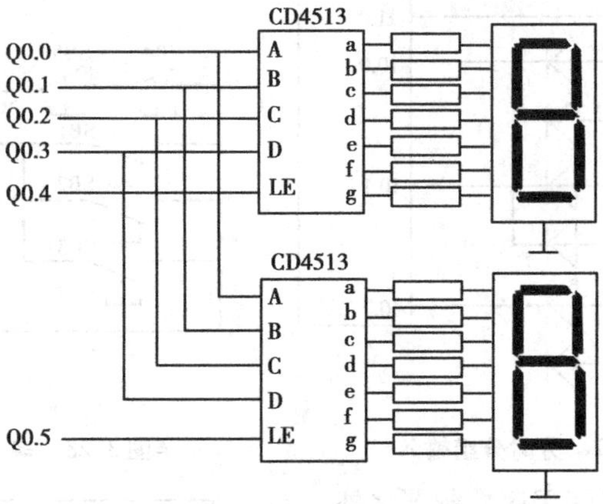

▲图3.30 PLC数字显示电路

如果使用继电器输出模块,应与CD4513相连的可编程序控制器各输出端与"地"之间分别接一个几千欧的电阻,以避免在输出继电器的触点断开时CD4513的输入端悬空。输出继电器的状态变化时,其触点可能抖动,因此应先送数据输出信号,待该信号稳定后,再用LE信号的上升沿将数据锁存进CD4513。

如果需要显示和输入的数据较多,可以考虑使用TD200文本显示器或其他操作员面板。

学习情境3:提高PLC控制系统可靠性的措施

PLC是专门为工业环境设计的控制装置,一般不需要采取什么特殊措施就可直接在工业环境中使用。如果环境过于恶劣,电磁干扰特别强烈,或安装使用不当,都不能保证系统的正常安全运行。干扰可能使PLC接收到错误的信号,造成误动作,或使PLC内部的数据丢失,严重时甚至会使系统失控。在系统设计时,应采取相应的可靠性措施,以消除或减少干扰的影响,保证系统的正常运行。

1)PLC的工作环境

①温度:PLC要求环境温度在0~55 ℃。安装时不能把发热量大的元件放在PLC下面,PLC四周通风散热的空间应足够大,开关柜上、下部应有通风的百叶窗。

②湿度:为了保证PLC的绝缘性能,空气的相对湿度一般应小于85%(无凝露)。

③振动:应使PLC远离强烈的振动源。可以用减振橡胶来减轻柜内和柜外产生的振动影响。

④空气：如果空气中有较浓的粉尘、腐蚀性气体和盐雾，在温度允许时可以将 PLC 封闭，或者将 PLC 安装在密闭性较好的控制室内，并安装空气净化装置。

2）对电源的处理

电源是干扰进入可编程序控制器的主要途径之一，电源干扰主要是通过供电线路的阻抗耦合产生的，各种大功率用电设备是主要的干扰源。

在干扰较强或对可靠性要求很高的场合，可以在可编程序控制器的交流电源输入端加接带屏蔽层的隔离变压器和低通滤波器（图 3.31），隔离变压器可以抑制从电源线窜入的外来干扰，提高抗高频共模干扰能力，屏蔽层应可靠接地。

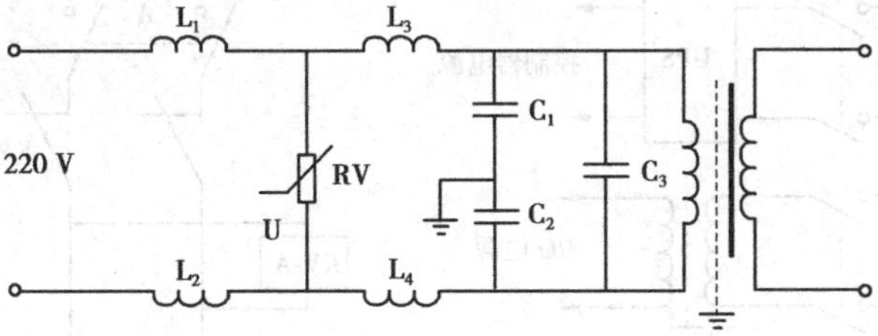

▲图 3.31　低通滤波器与隔离变压器

在电力系统中，使用 220 V 的直流电源（蓄电池）给 PLC 供电，可以显著地减少来自交流电源的干扰，在交流电源消失时，也能保证 PLC 的正常工作；动力部分、控制部分、PLC、I/O 电源应分别配线，隔离变压器与 PLC 和与 I/O 电源之间应采用双绞线连接；外部输入电路用的外接直流电源最好采用稳压电源，那种仅将交流电压整流滤波的电源含有较强的纹波，可能使 PLC 接收到错误的信息。PLC 的供电系统一般采用下列几种方案。

（1）使用隔离变压器的供电系统

如图 3.32 所示为使用隔离变压器的供电系统图，控制器和 I/O 系统分别由各自的隔离变压器供电，并与主电路电源分开。这样当某一部分电源出了故障时，不会影响其他部分，当输入、输出供电中断时控制器仍能继续供电，提高了供电的可靠性。

（2）使用 UPS 供电系统

不间断电源 UPS 是电子计算机的有效保护装置，当输入交流电失电时，UPS 能自动切换到输出状态继续向控制器供电。图 3.33 是 UPS 的供电系统图，根据 UPS 的容量在交流电失电后可继续向控制器供电 10～30 min。因此对非长时间停电的系统，其效果更显著。

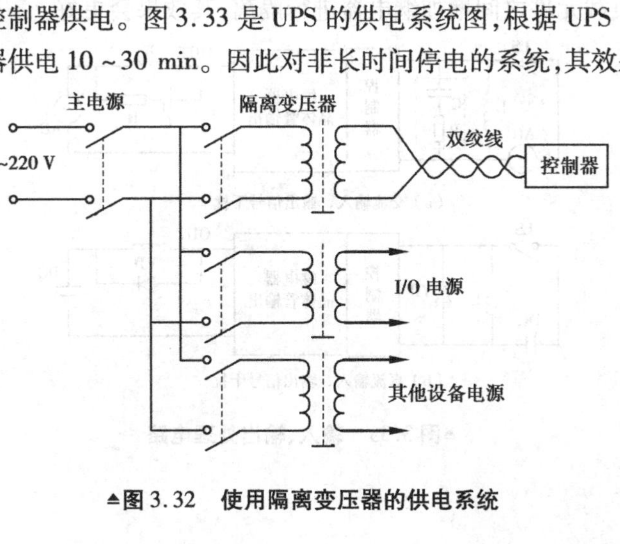

▲图 3.32　使用隔离变压器的供电系统

(3)双路供电系统

为了提高供电系统的可靠性,交流供电最好采用双路,其电源应分别来自两个不同的变电站。当一路供电出现故障时,能自动切换到另一路供电。图3.34是双路供电系统图。KV为欠电压继电器,若先合A开关,KV-A线圈得电,铁芯吸合,其常闭触点断开B路,这样完成A路供电控制。然后合上B开关,而B路此时处于备用状态。当A路电压降低到整定值时,KV-A欠压继电器铁芯释放,其触点复位,则B路开始供电,与此同时KV-B线圈得电,铁芯吸合,其常闭触点KV-B断开A路,完成A路到B路的切换。

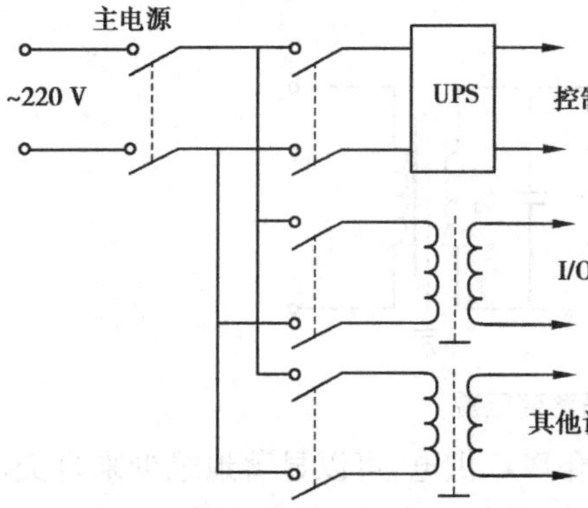

▲图3.33 使用UPS供电系统

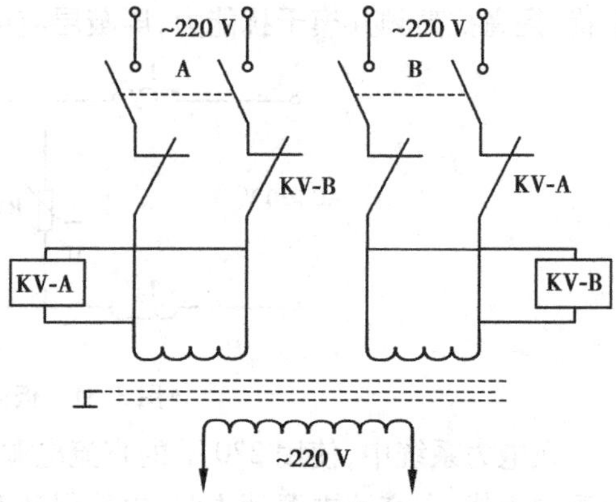

▲图3.34 双路供电系统

3)对感性负载的处理

感性负载具有储能的作用,当控制触点断开时,电路中感性负载会产生高于电源电压数倍甚至数十倍的反电动势,触点吸合时,会因触点的抖动而产生电弧,从而对系统产生干扰。PLC在输入、输出端有感性负载时,应在负载两端并联电容C和电阻R,对直流输入、输出信号,则并接续流二极管VD,具体电路如图3.35所示。图3.35(a)电路中的C和R的选择要适当,一般负载容量在10 V·A以下,选取C为0.1 μF,R为120 Ω;负载容量在10 V·A以上时,选取C为0.47 μF,R为47 Ω较适宜。图3.35(b)电路中二极管的额定电流选为1 A,反向耐压电压要大于电源电压的3~4倍。当PLC的输出驱动负载为电磁阀或交流接触器的线圈时,在输出与负载元件之间增加继电器进行隔离,其效果会更好。

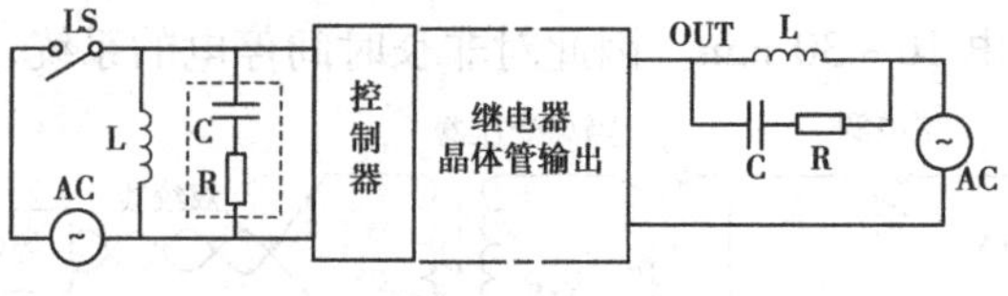

(a)交流输入、输出信号干扰

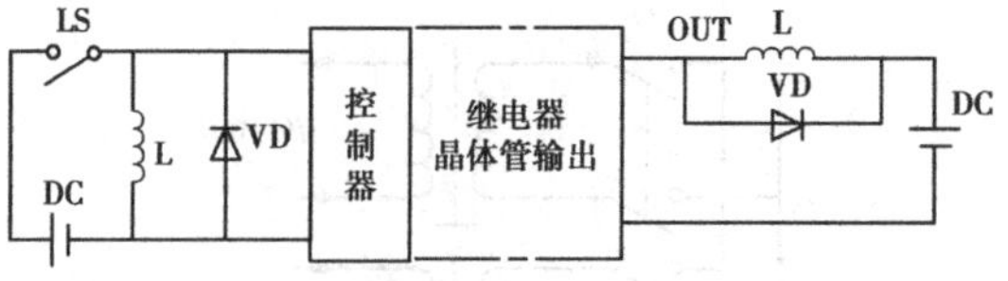

(b)直流输入、输出信号干扰

▲图3.35 输入、输出处理电路

通常交流接触器的触点在通断大容量负载电路时会产生电弧干扰，因此可在主触点两端连接由 C 和 R 组成的浪涌吸收器，如图 3.36(a)所示，若电动机或变压器开关干扰时，可在线间采用 C 和 R 浪涌吸收器，如图 3.36(b)所示。

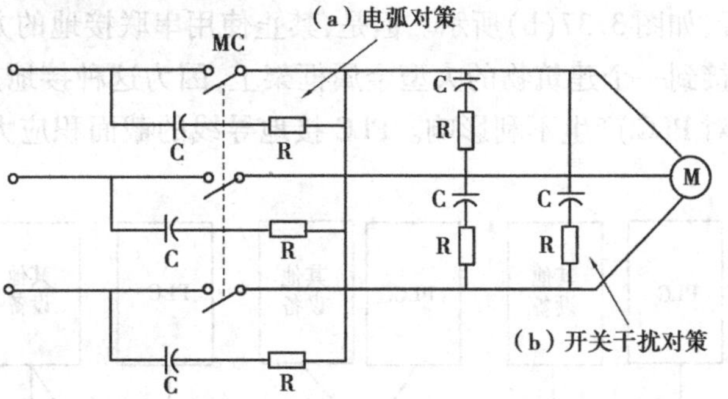

▲图 3.36 大容量负载电路的处理

4)安装与布线的注意事项

数字量信号一般对信号电缆无严格要求，可选用一般电缆，信号传输距离较远时，可选用屏蔽电缆。模拟信号和高速信号线(如脉冲传感器、计数码盘等提供的信号)应选择屏蔽电缆。通信电缆对可靠性的要求高，有的通信电缆的信号频率很高(如大于等于 10 MHz)，一般应选用专用电缆(如光纤电缆)，在要求不高或信号频率较低时，也可选用带屏蔽的多芯电缆或双绞线电缆。

PLC 应远离强干扰源，如大功率晶闸管装置、变频器、高频焊机和大型动力设备等。PLC 不能与高压电器安装在同一个开关柜内，在柜内 PLC 应远离动力线(二者之间的距离应大于 200 mm)。与 PLC 装在同一个开关柜内的电感性元件，如继电器、接触器的线圈，应并联 RC 消弧电路。

信号线与功率线应分开走线，电力电缆应单独走线，不同类型的线应分别装入不同的电缆管或电缆槽中，并使其有尽可能大的空间距离，信号线应尽量靠近地线或接地的金属导体。

当数字量输入、输出线不能与动力线分开布线时，可用继电器来隔离输入/输出线上的干扰。当信号线距离超过 300m 时，应采用中间继电器来转接信号，或使用 PLC 的远程 I/O 模块。

I/O 线与电源线应分开走线，并保持一定的距离。如不得已要在同一线槽中布线时，应使用屏蔽电缆。交流线与直流线应分别使用不同的电缆，如 I/O 线的长度超过 300 m 时，输入线与输出线应分别使用不同的电缆；数字量、模拟量 I/O 线应分开敷设，后者应采用屏蔽线。如果模拟量输入/输出信号距离 PLC 较远，应采用 4 ~ 20 mA 或 0 ~ 10 mA 的电流传输方式，而不是易受干扰的电压传输方式。

传送模拟信号的屏蔽线，其屏蔽层应一端接地，为了释放高频干扰，数字信号线的屏蔽层应并联电位均衡线，其电阻应小于屏蔽层电阻的 1/10，并将屏蔽层两端接地。如果无法设置电位均衡线，或只考虑抑制低频干扰时，也可以一端接地。

不同的信号线最好不用同一个插接件转接，如必须用同一个插接件，要用备用端子或地线端子将它们分隔开，以减少相互干扰。

5) PLC 的接地

良好的接地是PLC安全可靠运行的重要条件,PLC一般应与其他设备分别采用各自独立的接地装置,如图3.37(a)所示。如果确实做不到,也可采用公共接地方式,可与其他弱电设备共用一个接地装置,如图3.37(b)所示。但是,禁止使用串联接地的方式,如图3.37(c)所示,或者把接地端子接到一个建筑物的大型金属框架上,因为这种接地方式会在各设备之间产生电位差,可能会对PLC产生不利影响。PLC接地导线的截面积应大于2 mm^2,接地电阻应小于100 Ω。

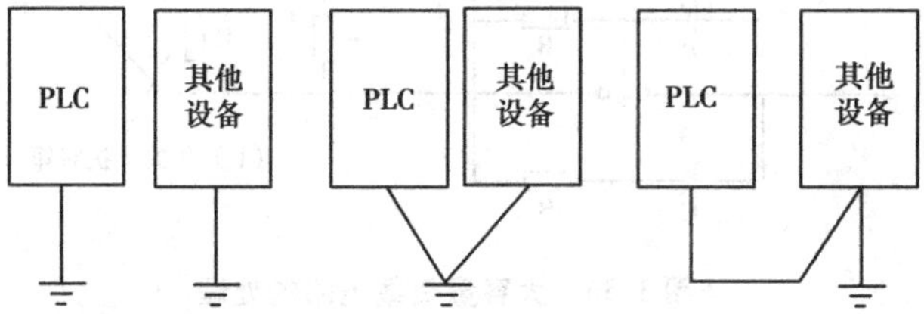

(a) 独立接地 (b) 公共接地 (c) 串联接地

▲图3.37 PLC接地

6)冗余系统与热备用系统

某些过程控制系统,如化学、石油、造纸、冶金、核电站等工业部门中的某些系统,要求控制装置有极高的可靠性。如果控制系统出现故障,由此引起的停产或设备的损坏将造成极大的经济损失。某些复杂的大型生产系统,如汽车装配生产线,只要系统中一个地方出现问题,就会造成整个系统停产,造成巨大的经济损失。仅仅通过提高控制系统的硬件可靠性来满足上述工业部门对可靠性的要求是不可能的。因为PLC本身的可靠性的提高有一定的限度,并且会使成本急剧增长。使用冗余(Redundancy)系统或热备用(Hot Back-up)系统能有效解决上述问题。

在冗余控制系统中,整个PLC控制系统(或系统中最重要的部分,如CPU模块)由两套完全相同的“双胞胎”组成。是否使用备用的I/O系统取决于系统对可靠性的要求。两块CPU模块使用相同的用户程序并行工作,其中一块是主CPU,另一块是备用CPU,后者的输出是被禁止的。当主CPU失效时,马上投入备用CPU,这一切换过程是用所谓冗余处理单元RPU(Redundant Processing Unit)控制的,如图3.38(a)所示。I/O系统的切换也是用RPU完成的。在系统正常运行时,由主CPU控制系统的工作,备用CPU的I/O映像表和寄存器通过RPU被主CPU同步刷新。接到主CPU的故障信息后,RPU在13个扫描周期内将控制功能切换到备用CPU。

(a) 冗余系统 (b) 热备用系统

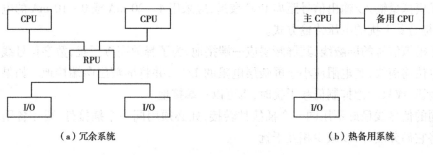

▲图3.38 冗余系统与热备用系统

另一类系统没有冗余处理单元 RPU。两台 CPU 用通信接口连在一起,如图 3.37(b)所示。当系统出现故障时,由主 CPU 通知备用 CPU,这一切换过程一般不会太快。这种结构较简单的系统称为热备用系统。

7)故障的检测与诊断

PLC 的可靠性很高,本身有很完善的自诊断功能,如果出现故障,借助自诊断程序可以方便地找到出现故障的部件,更换后即可恢复正常工作。

大量的工程实践表明,PLC 外部的输入、输出元件,如限位开关、电磁阀、接触器等的故障率远远高于 PLC 本身的故障率,而这些元件出现故障后,PLC 一般不能觉察出来,不会自动停机,可能使故障扩大,直至强电保护装置动作后停机,有时甚至会造成设备和人身事故。停机后,查找故障也要花费很多时间。为了及时发现故障,在没有酿成事故之前自动停机和报警,也为了方便查找故障,提高维修效率,可用梯形图程序实现故障的自诊断和自处理。

现代的 PLC 拥有大量的软件资源,如 S7-200 系列 CPU 有几百点存储器位、定时器和计数器,有相当大的余量。也可以把这些资源利用起来用于故障检测。

(1)超时检测

机械设备在各工步的动作所需的时间一般是不变的,即使变化也不会太大,因此可以以这些时间为参考,在 PLC 发出输出信号,相应的外部执行机构开始动作时启动一个定时器定时,定时器的设定值比正常情况下该动作的持续时间长 20% 左右。例如,设某执行机构在正常情况下运行 10 s 后,其驱动的部件使限位开关动作,发出动作结束信号。在该执行机构开始动作时启动设定值为 12 s 的定时器定时,若 12 s 后还没有接收到动作结束信号,则由定时器的常开触点发出故障信号,该信号停止正常的程序,启动报警和故障显示程序,使操作人员和维修人员能迅速判别故障的种类,及时采取排除故障的措施。

(2)逻辑错误检测

在系统正常运行时,PLC 的输入、输出信号和内部信号(如存储器位的状态)相互之间存在着确定关系,如出现异常逻辑信号,则说明出现了故障。因此,可以编制一些常见故障的异常逻辑关系,一旦异常逻辑关系为 ON 状态,就应按故障处理。例如,某机械运动过程中先后有两个限位开关动作,这两个信号不会同时为 ON。若它们同时为 ON,说明至少有一个限位开关被卡死,应停机进行处理。在梯形图中,用这两个限位开关对应的输入位的常开触点串联来驱动一个表示限位开关故障的存储器位。

学习情境 4:机械手控制系统

机械手的动作示意图如图 3.39 所示,它是一个水平/垂直位移的机械设备,用来将工件由左工作台搬到右工作台。

1)工艺过程与控制要求

机械手的全部动作均由液压驱动,而液压缸又由相应的电磁阀控制。其中,上升/下降和左移/右移分别由三位四通电磁阀控制。即当下降电磁阀通电时,机械手下降;当上升电磁阀通电时,机械手才上升;当电磁阀断电时,电磁阀处于中位,机械手停止。同样,左移/右移控制原理相同。机械手的放松/夹紧由一个二位二通电磁阀(称为夹紧电磁阀)控制。当该线圈通电时,机械手夹紧;当该线圈断电时,机械手放松。

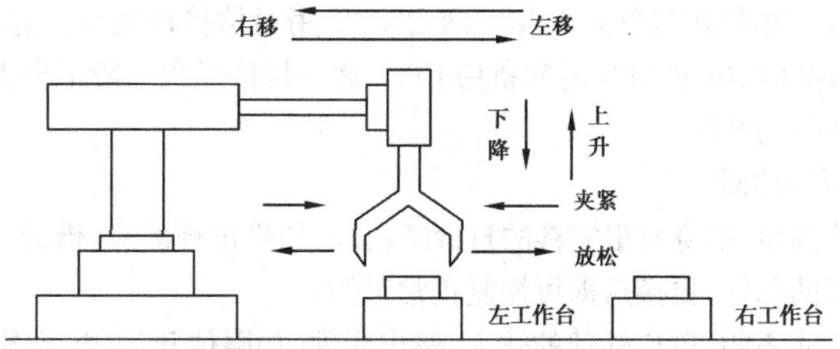

▲图3.39 机械手的动作示意图

为了确保安全,必须在右工作台无工件时才允许机械手下降。若上一次搬运到右工作台上的工件尚未搬走时,机械手应自动停止下降,用光电开关I0.5进行无工件检测。

机械手的动作过程如图3.40所示。机械手的初始位置在原点,按下启动按钮,机械手将依次完成下降→夹紧→上升→右移→再下降→放松→再上升→左移8个动作。至此,机械手经过8步动作完成了一个周期的动作。机械手下降、上升、右移、左移等动作的转换,是由相应的限位开关来控制的,而夹紧、放松动作的转换是由时间继电器来控制的。

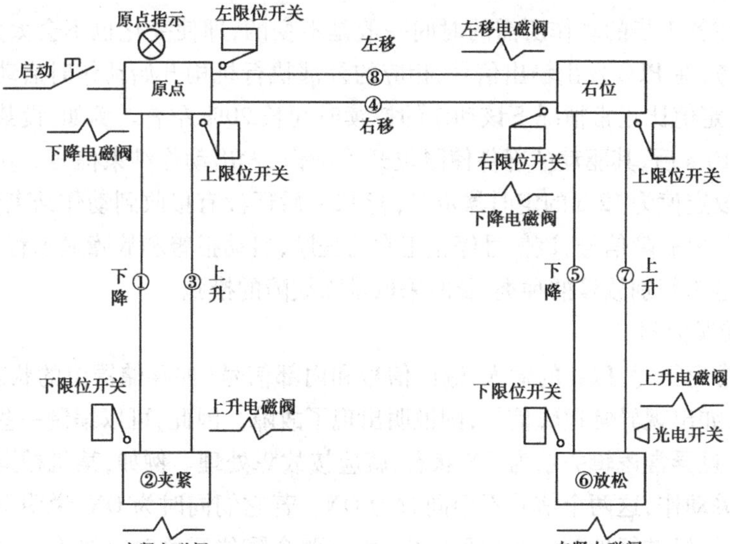

▲图3.40 机械手的动作过程

机械手的操作方式分为手动操作方式和自动操作方式。自动操作方式又分为步进、单周期和连续操作方式。

①手动操作:用按钮操作对机械手的每一步运动单独进行控制。例如,当选择上/下运动时,按下启动按钮,机械手下降;按下停止按钮,机械手上升。当选择左/右运动时,按下启动按钮,机械手右移;按下停止按钮,机械手左移。当选择夹紧/放松运动时,按下启动按钮,机械手夹紧;按下停止按钮,机械手放松。

②步进操作:每按一次启动按钮,机械手完成一步动作后自动停止。

③单周期操作:机械手从原点开始,按一下启动按钮,机械手自动完成一个周期的动作后停止。

④连续操作:机械手从原点开始,按一下启动按钮,机械手的动作将自动地、连续不断地

周期性循环。在工作中若按下停止按钮,则机械手将继续完成一个周期的动作后,回到原点自动停止。

2)操作面板布置

图 3.41 为操作面板布置图。

接通 I0.7 是单操作方式。按加载选择开关的位置,用启动/停止按钮选择加载操作,当加载选择开关打到“左/右”位置时,按下启动按钮,机械手右行;若按下停止按钮,机械手左行。用上述操作可使机械手停在原点。

接通 I1.0 是步进方式。机械手在原点时,按下启动按钮,向前操作一步;每按启动按钮一次,操作一步。接通 I1.1 是单周期操作方式。机械手在原点时,按下启动按钮,自动操作一个周期。接通 I1.2 是连续操作方式。机械手在原点时,按下启动按钮,连续执行自动周期操作,当按下停止按钮,机械手完成此周期动作后自动回到原点并不再动作。

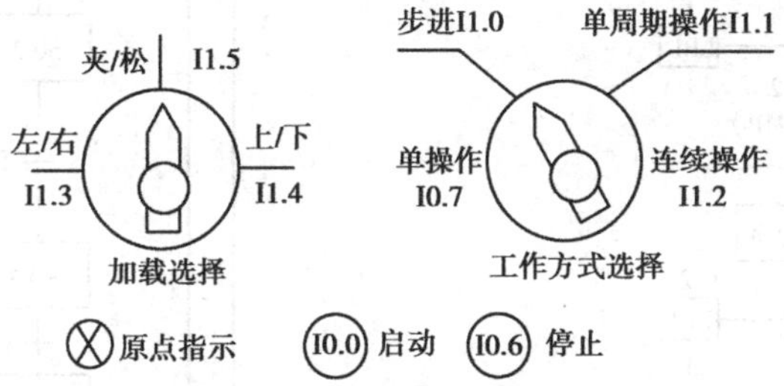

▲图 3.41 操作面板布置图

【任务实战】

1)根据机械手工作过程分配输入/输出地址

图 3.42 是 S7-200 CPU 214 输入/输出端子地址分配图。该机械手控制系统共使用了 14 个输入量,6 个输出量。

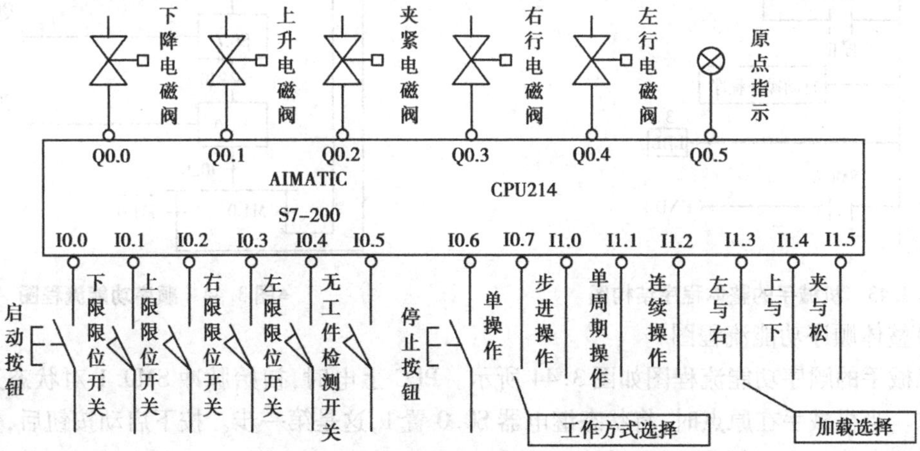

▲图 3.42 输入/输出端子地址分配图

2)整体程序结构

机械手的整体程序结构如图3.43所示。若选择单操作工作方式,I0.7断开,接着执行单操作程序。单操作程序可以独立于自动操作程序,可另行设计。

在单周期工作方式和连续操作方式下,可执行自动操作程序。在步进工作方式下,可执行步进操作程序,按启动按钮执行下一个动作,并按规定顺序进行。

在需要自动操作方式时,中间继电器M1.0接通。步进工作方式、单操作工作方式和自动操作方式都用同样的输出继电器。

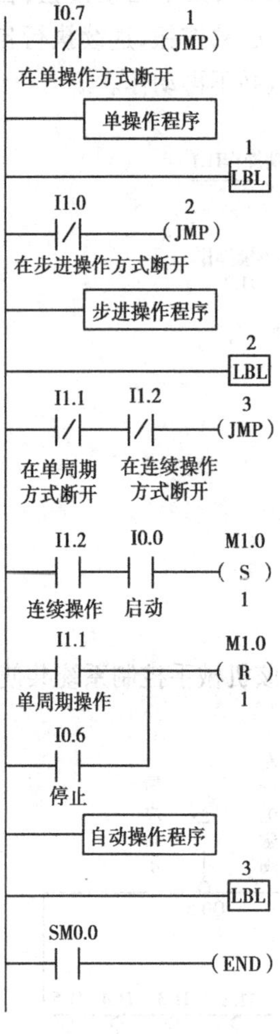

▲图3.43 机械手的整体程序结构图

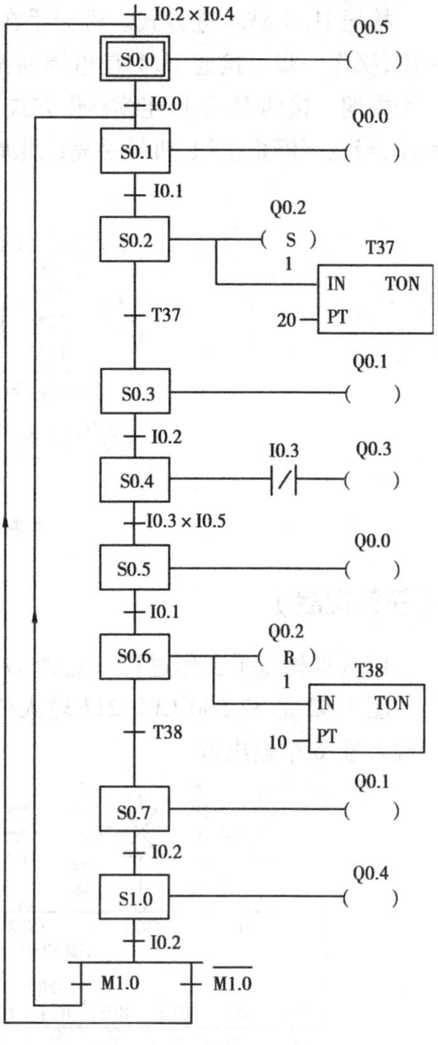

▲图3.44 顺序功能流程图

3)整体顺序功能流程图

机械手的顺序功能流程图如图3.44所示。PLC上电时,初始脉冲SM0.1对状态进行初始复位。当机械手在原点时,将状态继电器S0.0置1,这是第一步。按下启动按钮后,置位状态继电器S0.1,同时将原工作状态继电器S0.0清零,输出继电器Q0.0得电,Q0.5复位,原点指示灯熄灭,执行下降动作。当机械手下降到底碰到下限位开关时,I0.1接通,将状态继电器S0.2置1,同时将状态继电器S0.1清零,输出继电器Q0.0复位,Q0.2置1,于是机械手停止下降,执行夹紧动作;定时器 T37 开始计时,延时 2s 后,接通 T37 动合触点将状态继电器 S0.3 置 1,同时将状态继电器 S0.2 清零,而输出继电器 Q0.1 得电,执行上升动作。由于 Q0.2 已被置 1,夹紧动作继续执行。当上升到上限位时,I0.2 接通,将状态继电器 S0.4 置 1,同时将状态继电器 S0.3 清零,Q0.1 失电,不再上升,而 Q0.3 得电,执行右行动作。当右行至右限位时,I0.3 接通,Q0.3 失电,机械手停止右行,若此时 I0.5 接通,则将状态继电器 S0.5 置 1,同时将状态继电器 S0.4 清零,而 Q0.0 再次得电,执行下降动作,当下降到底碰到下限位开关时,I0.1 接通,将状态继电器 S0.6 置 1,同时将状态继电器 S0.5 清零,输出继电器 Q0.0 复位,Q0.2 被复位,于是机械手停止下降,执行松开动作;定时器 T38 开始计时,延时 1s 后,接通 T38 动合触点将状态继电器 S0.7 置 1,同时将状态继电器 S0.6 清零,而输出继电器 Q0.1 再次得电,执行上升动作。行至上限位置,I0.2 接通,将状态继电器 S1.0 置 1,同时将状态继电器 S0.7 清零,Q0.1 失电,停止上升,而 Q0.4 得电,执行左移动作。到达左限位,I0.4 接通,将状态继电器 S1.0 清零。如果此时为连续工作状态,M1.0 置 1,即将状态继电器 S0.1 置 1,重复执行自动程序。若为单周期操作方式,状态继电器 S0.0 置 1,则机械手停在原点。

在运行中,如按停止按钮,机械手的动作执行完当前一个周期后,回到原点自动停止。

在运行中,若 PLC 掉电,机械手动作停止。重新启动时,先用手动操作将机械手移回原点,再按启动按钮便可重新开始自动操作。

4)实现单操作工作的程序

图 3.45 是实现单操作工作的梯形图程序。为避免发生误动作,插入了一些连锁电路。例如,将加载开关扳到"左右"挡,按下启动按钮,机械手向右行;按下停止按钮,机械手向左行。这两个动作只能当机械手处在上限位置时才能执行(即为安全起见,设上限安全连锁保护)。

将加载选择开关扳到"夹/松"挡,按启动按钮,执行夹紧动作;按停止按钮,松开。

将加载选择开关扳到"上/下"挡,按启动按钮,下降;按停止按钮,上升。

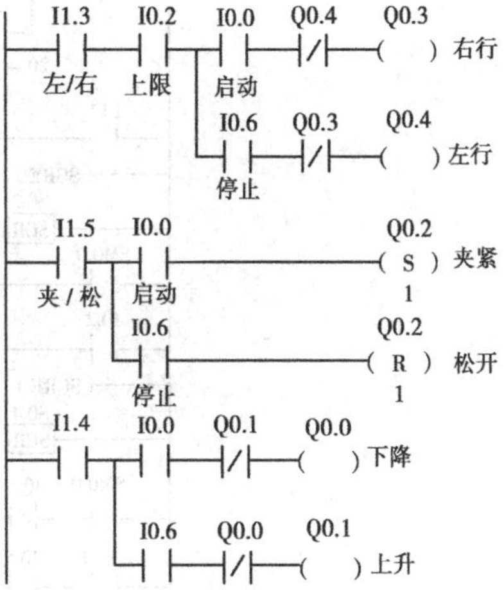

▲图 3.45 单操作工作的梯形图程序

5)自动顺序操作控制程序

根据机械手顺序工作流程图(或称功能图),用步进控制指令编制梯形图如图 3.46 所示。需要说明以下几点:

①PLC 上电,用传送指令复位从 S0.0 开始的一个字,本例中,复位 S0.0 ~ S1.0。

②点位置必须是机械手在上限位开关和左限位都闭合的位置,所有的操作必须从原点位置开始。

③从顺序功能流程图上看,上升和下降在一个循环周期中出现两次,使用 S7-200 PLC 的顺控指令时不能有双线圈输出,所以在本例中用了位存储器 M2.0 和 M2.1 来控制 Q0.0 输出,用了位存储器 M2.2 和 M2.3 来控制 Q0.1 输出。

④右行到位后由右行限位开关断开右行,然后光电开关检测右工作台无工件时,才进入步 S0.5,机械手开始下降,所以在右行控制梯级中串入了 I0.3 的常闭接点。

⑤由位存储器的状态来决定执行连续或单操作过程。

机械手自动顺序操作也可以用移位寄存器指令来编程,每一步的满足条件作为下一步的启动条件,顺序操作,这里不再列出程序,请读者自行设计。

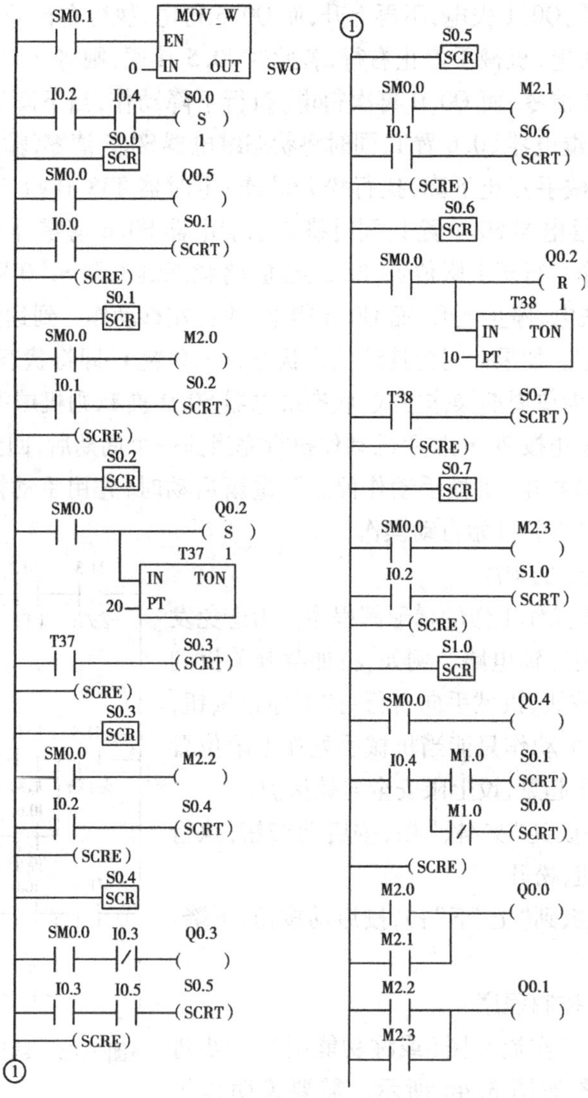

▲图3.46 机械手自动顺序操作梯形图

6)机械手步进操作功能流程图

步进动作是指按下启动按钮一次,动作一次。步进动作功能图与图3.45相似,只是每步动作都需按一次启动按钮,如图3.47所示。步进操作所用的输出继电器、定时器与其他操作所用的输出继电器、定时器相同。

在步进操作功能流程图中,在每个活动步的后面都加了一个控制启动按钮I0.0,由于I0.0是短信号,因此,如果是一般输出线圈,则与I0.0都并联了一个相应输出的线圈常开接点来自锁输出,如下降、上升、右行、左行;如果使用了置位,可以不与I0.0并联一个相应输出的线圈常开接点来自锁,但如果本支路带时间继电器,就必须与I0.0并联一个相应输出的线圈常开接点来自锁，为时间继电器提供能流，如夹紧；松开梯级由于是复位，所以并联了一个输出的常闭接点，为时间继电器提供能流。

步进操作功能流程图与自动顺序功能图相似，控制梯形图请参考图 3.46。

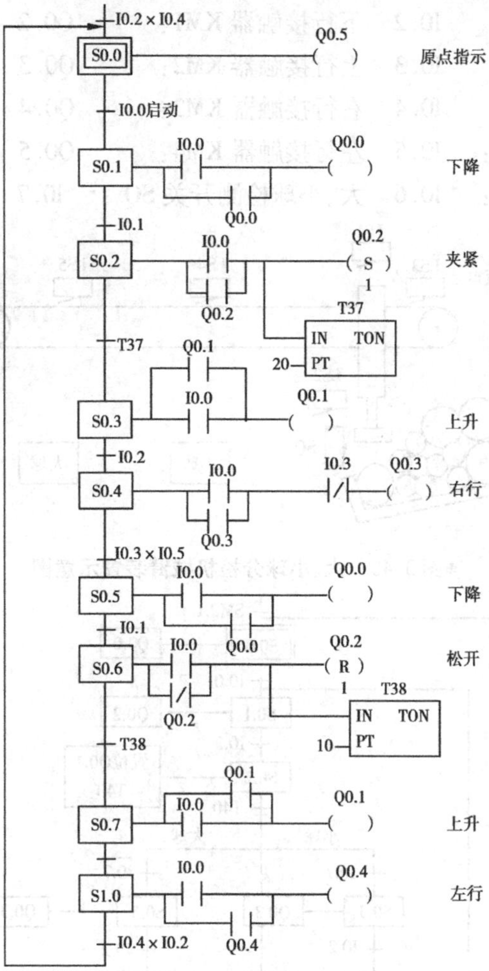

▲图 3.47 步进操作功能流程图

【知识拓展】

大、小球分检机械臂装置的控制

①大、小球分检机械臂装置的工作过程。大、小球分检机械臂装置如图 3.48 所示。当机械臂处于原始位置时，即上限位开关 LS1 和左限位开关 LS3 压下，抓球电磁铁处于失电状态，这时按动启动按钮后，机械臂下行，碰到下限位开关后停止下行，且电磁铁得电吸球。如果吸住的是小球，则大、小球检测开关 SQ 为 ON；如果吸住的是大球，则 SQ 为 OFF。1 s 后，机械臂上行，碰到上限位开关 LS1 后右行，它会根据大、小球的不同，分别在 LS4（小球）和 LS5（大球）处停止右行，然后下行至下限位停止，电磁铁失电，机械臂把球放在小球箱或大球箱里，1 s 后返回。如果不按停止按钮，则机械臂一直工作下去；如果按了停止按钮，则无论何时按，机械臂最终都会停在原始位置。再次按动启动按钮后，系统可以从头开始循环工作。

②输入/输出点地址分配。

启动按钮SB1:	I0.0	原始位置指示灯HL:	Q0.0
停止按钮SB2:	I0.1	抓球电磁铁K:	Q0.1
上限位开关LS1:	I0.2	下行接触器KM1:	Q0.2
下限位开关LS2:	I0.3	上行接触器KM2:	Q0.3
左限位开关LS3:	I0.4	右行接触器KM3:	Q0.4
小球右限位开关LS4:	I0.5	左行接触器KM4:	Q0.5
大球右限位开关LS5:	I0.6	大、小球检测开关SQ:	I0.7

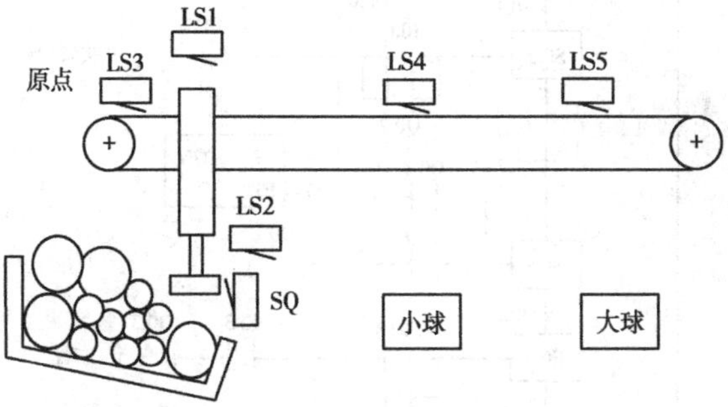

▲图3.48　大、小球分检机械臂装置示意图

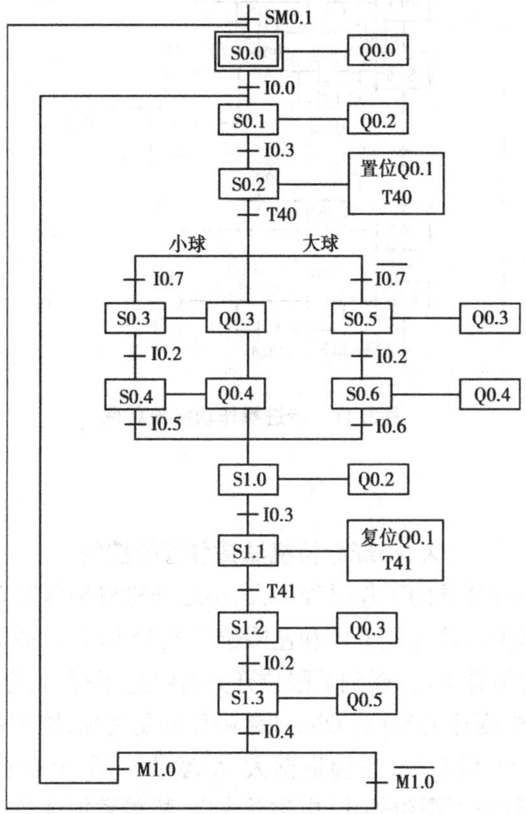

▲图3.49　大、小球分检机械臂装置功能图

③绘制大、小球分检机械臂装置顺序功能图如图 3.49 所示。这是一个单序列加选择序列的功能图,一个周期中机械臂的上行出现 3 次,下行出现两次,右行出现两次,为了避免出现前面所讲的双线圈输出,编程时用位存储器代替;抓球电磁铁 K 从抓到放是一个存储命令,这里用置位指令执行,其余的可以用线圈指令;如果不按停止按钮,则机械臂一直工作下去,如果按了停止按钮,则无论何时按,机械臂最终都会停在原始位置,根据这一要求,这里用 M1.0 作为选择条件,选择回到原点或直接进入循环。

④设计控制梯形图程序如图 3.50 所示。机械臂用 SM0.1 启动,同时加了一个启动选择存储位 M1.0,选择系统是进行单周期操作还是循环操作。机械臂的上行出现 3 次,分别用 M0.1,M0.3 和 M0.6 标志,下行出现两次,分别用 M0.0 和 M0.5 标志,右行出现两次,分别用 M0.2 和 M0.6 标志,最后来合并输出处理,其余直接用本位线圈输出。机械手在上、下、左、右行走的控制中,加上了一个软件联锁触点,替代了 SM0.0。

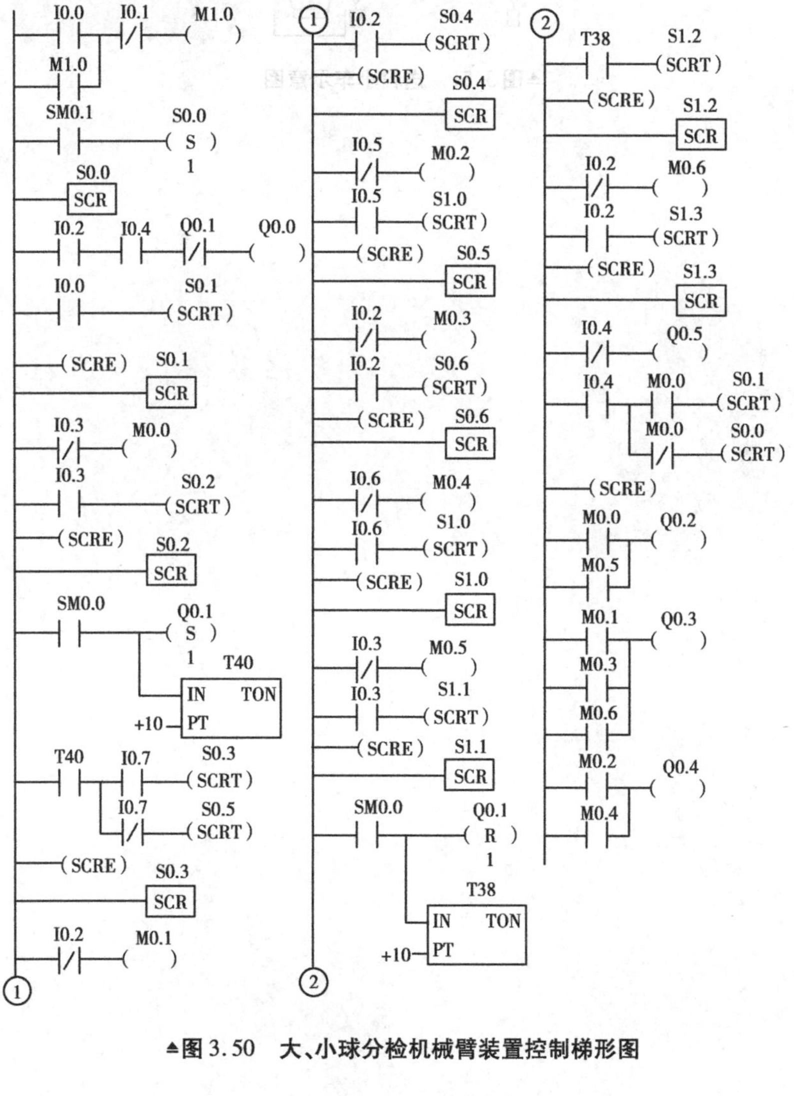

▲图 3.50 大、小球分检机械臂装置控制梯形图

【思考问题】

试设计一个送料小车自动循环送料控制系统,如图 3.51 所示,要求:

(1)初始状态:小车在起始位置时,压下 SQ1。

(2)启动:按下启动按钮 SB1,小车在起始位置装料,10 s 后向右运动,至 SQ2 处停止,开始下料,5 s 后下料结束,小车返回起始位置,再用 10 s 的时间装料,然后向右运动到 SQ3 处下料,5 s 后再返回到起始位置……完成自动循环送料,直到有复位信号输入(提示:可用计数器计下小车经过 SQ2 的次数)。

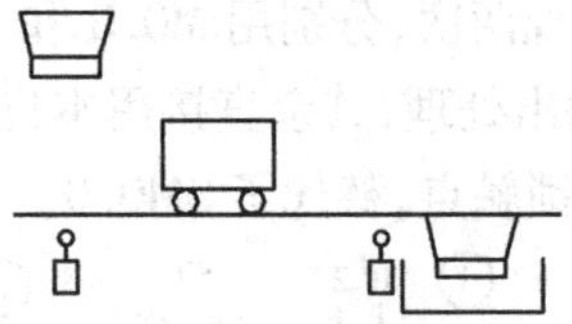

▲图 3.51 送料小车示意图

项目四

PLC功能指令及其应用

任务一　霓虹灯的控制

【内容提要】

本任务主要通过学习 S7-200 系列 PLC 功能指令中数据处理指令的原理及应用来完成 PLC 控制的霓虹灯控制系统的安装与调试。

霓虹灯

【学习要求】

①掌握基本功能指令中数据处理指令的原理及应用。

②掌握 PLC 控制的霓虹灯控制系统原理及安装调试。

【任务导入】

随着改革的不断深入,社会主义市场经济的不断繁荣和发展,各大中小城市都在进行亮化工程。各企业为宣传自己企业的形象和产品,往往采用霓虹灯广告屏来实现这一目的。当夜晚我们行走在大街上时,能看到马路两旁各色各样的霓虹灯广告,一种是采用霓虹灯管做成各种形状和多种彩色灯管,另一种是以日光灯管或白炽灯管作为光源,另配大型广告语或宣传画来达到宣传效果。这些灯的亮灭、闪耀时刻及流淌方向等均能通过操纵 PLC 来达到要求。

【知识链接】

学习情境 1: 数据处理指令

数据处理指令包括数据传送指令、移位指令、交换/填充指令等。

1)数据传送

数据传送指令有字节、字、双字和实数的单个传送指令,还有以字节、字、双字为单位的数据块的成组传送指令,用来实现各存储器单元之间数据的传送和复制。

(1)单一数据传送 MOVB,MOVW,MOVD,MOVR

单一数据传送指令一次完成一个字节、字或双字的传送。指令格式见表 4.1。

表 4.1　传送指令格式

LAD	功　能
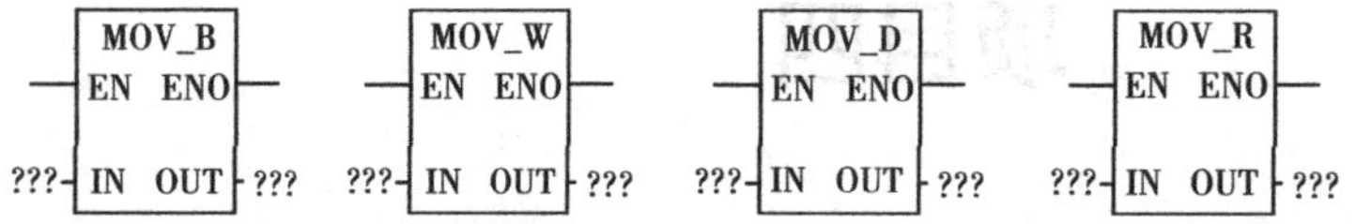	IN = OUT

功能：使能流输入 EN 有效时，把一个输入 IN 单字节数据、单字长或双字长数据、双字长实数数据送到 OUT 指定的存储器单元输出。

数据类型分别为 B、W、DW 和常数。

影响允许输出 ENO 正常工作的出错条件是：SM4.3，0006（间接寻址错误）。

（2）数据块传送 BMB，BMW，BMD

数据块传送指令一次可完成 *N* 个（最多 255 个）数据的成组传送。指令类型有字节块、字块或双字块 3 种。

表 4.2　块传送指令格式

LAD	功　能
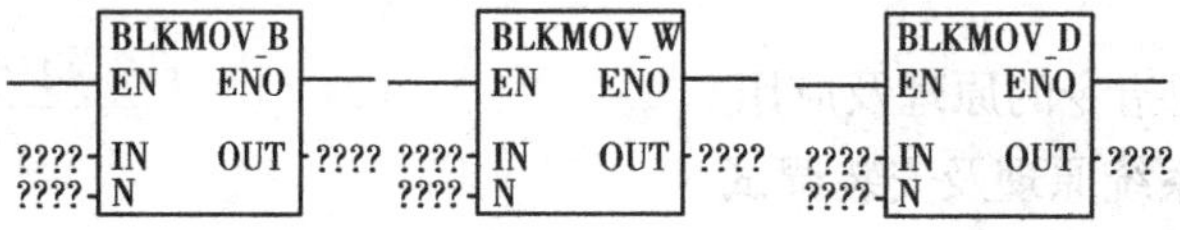	字节、字和双字块传送

①字节的数据块传送指令。使能输入 EN 有效时，把从输入 IN 字节开始的 *N* 个字节数据传送到以输出字节 OUT 开始的 *N* 个字节中。

②字的数据块传送指令。使能输入 EN 有效时，把从输入 IN 字开始的 *N* 个字的数据传送到以输出字 OUT 开始的 *N* 个字的存储区中。

③双字的数据块传送指令。使能输入 EN 有效时，把从输入 IN 双字开始的 *N* 个双字的数据传送到以输出双字 OUT 开始的 *N* 个双字的存储区中。

IN，OUT 操作数的数据类型分别为 B，W，DW；N（BYTE）的数据范围为 0～255。

影响允许输出 ENO 正常工作的出错条件是：SM4.3（运行时间），0006（间接寻址错误），0091（操作数超界）。

例如，将变量存储器 VW10 中的内容送到 VW30 中。其程序如图 4.1 所示。

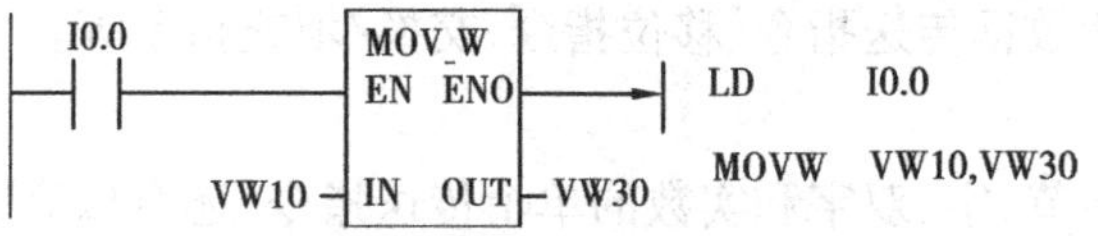

▲图 4.1　传送指令应用梯形图

2）移位指令

移位指令在 PLC 控制中是比较常用的，移位指令分左、右移位和循环左、右移位及寄存器移位指令三大类。前两类移位指令按移位数据的长度又分为字节型、字型、双字型 3 种，移位

指令最大移位位数 $N \leqslant$ 数据类型（B、W、DW）对应的位数，移位位数（次数）N 为字节型数据。

（1）左、右移位指令

左、右移位数据存储单元的移出端与 SM1.1（溢出）端相连，移出位被放到 SM1.1 特殊存储单元，移位数据存储单元的另一端补 0。当移位操作结果为 0 时，SM1.0 自动置位。移位指令格式见表 4.3。

表 4.3　移位指令格式及功能

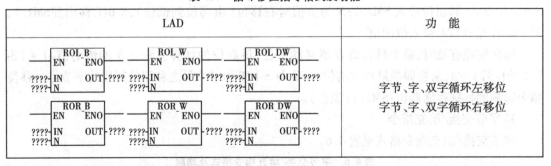

LAD	功　能
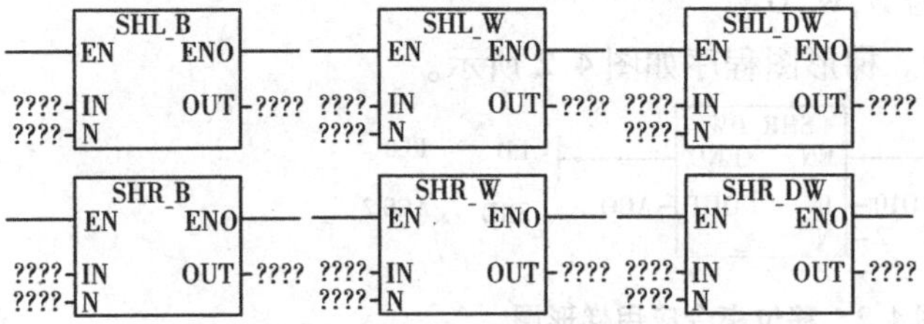	字节、字、双字左移 字节、字、双字右移

①被移位的数据是无符号的。

②左移位指令 SHL（Shift Left）。使能输入有效时，将输入的字节、字或双字 IN 左移 N 位后（右端补 0），将结果输出到 OUT 所指定的存储单元中，最后一次移出位保存在 SM1.1（溢出）中。

③右移位指令 SHR（Shift Right）。使能输入有效时，将输入的字节、字或双字 IN 右移 N 位后，将结果输出到 OUT 所指定的存储单元中，最后一次移出位保存在 SM1.1 中。

④移位次数 N 与移位数据长度有关，如果 N 小于实际的数据长度，则执行 N 次移位；如果 N 大于实际的数据长度，则执行移位的次数等于实际的数据长度。

（2）循环左、右移位

循环移位将移位数据存储单元的首尾相连，同时又与溢出标志 SM1.1 连接，SM1.1 用来存放被移出的位。指令格式见表 4.4。

表 4.4　循环移位指令格式及功能

LAD	功　能
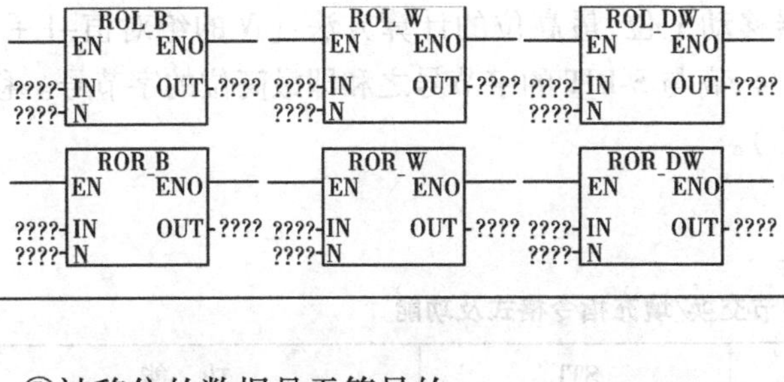	字节、字、双字循环左移位 字节、字、双字循环右移位

①被移位的数据是无符号的。

②循环左移位指令 ROL（Rotate Left）。使能输入有效时，字节、字或双字 IN 数据循环左移 N 位后，将结果输出到 OUT 所指定的存储单元中，并将最后一次移出位送 SM1.1。

③循环右移位指令 ROR（Rotate Right）。使能输入有效时，字节、字或双字 IN 数据循环右

移 N 位后,将结果输出到OUT所指定的存储单元中,并将最后一次移出位送SM1.1。

④移位次数 N 与移位数据长度有关,如果 N 小于实际数据长度,则执行 N 次移位;如果 N 大于实际数据长度,则执行移位的次数等于实际的数据长度。

(3)左、右移位及循环移位指令对标志位、ENO的影响及操作数的寻址范围

移位指令影响的特殊存储器位:SM1.0(零);SM1.1(溢出)。如果移位操作使数据变为0,则SM1.0置位。

影响允许输出ENO正常工作的出错条件是:SM4.3(运行时间),0006(间接寻址错误)。

N,IN,OUT操作数的数据类型为B,W,DW。

例如,将VD10右移两位送AC0。梯形图程序如图4.2所示。

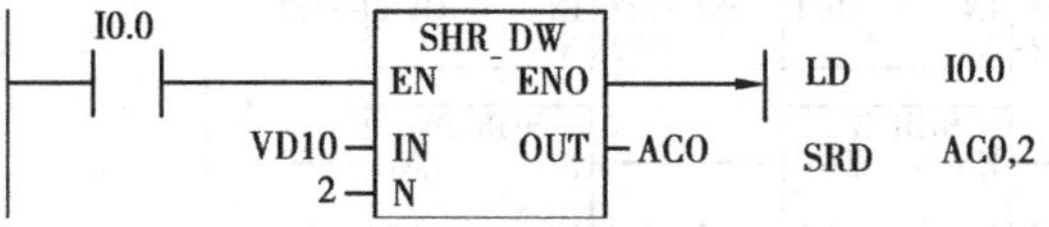

▲图4.2 移位指令应用梯形图

(4)移位寄存器指令SHRB

移位寄存器指令是一个移位长度可指定的移位指令。在顺序控制和步进控制中,应用移位寄存器编程较方便。移位寄存器指令格式示例见表4.5。

表4.5 移位寄存器指令示例

LAD	STL	功 能
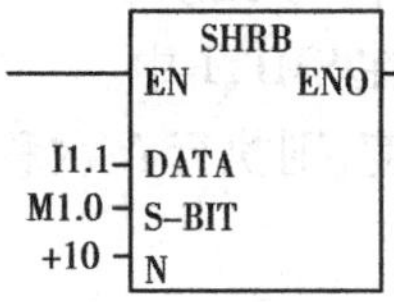 SHRB EN ENO; I1.1 DATA; M1.0 S-BIT; +10 N	SHRB I1.1, M1.0, +10	寄存器移位

梯形图中DATA为数值输入,指令执行时将该位的值移入移位寄存器。S-BIT为寄存器的最低位。N 为移位寄存器的长度(1~64),N 为正值时左移位(由低位到高位),DATA值从S-BIT位移入,移出位进入SM1.1;N 为负值时右移位(由高位到低位),S-BIT移出到SM1.1,另一端补充DATA移入位的值。

每次使能有效时,整个移位寄存器移动1位,最高位的计算方法:[N 的绝对值-1+(S-BIT的位号)]/8,余数即是最高位的位号,商与S-BIT的字节号之和即最高位的字节号。移位指令影响的特殊存储器位:SM1.1(溢出)。

3)字节交换/填充指令

字节交换/填充指令格式见表4.6。

表4.6 字节交换/填充指令格式及功能

LAD	STL	功 能
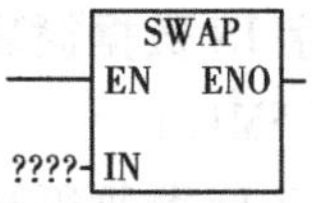 SWAP EN ENO; ???? IN  FILL_N EN ENO; ???? IN OUT ????; ???? N	SWAP IN FILL IN, N, OUT	字节交换 字填充

(1)字节交换指令 SWAP

字节交换指令是用来将字型输入数据 IN 高位字节与低位字节进行交换,因此又可称为半字交换指令。

使能输入 EN 有效时,将输入字 IN 的高、低字节交换的结果输出到 OUT 指定的存储器单元。

IN、OUT 操作数的数据类型为 INT(WORD)。

影响允许输出 ENO 正常工作的出错条件是:SM4.3(运行时间),0006(间接寻址错误)。

(2)字节填充指令 FILL

使能输入 EN 有效时,用字输入数据 IN 填充从输出 OUT 指定单元开始的 N 个字存储单元。N(BYTE)的数据范围为 0~255。IN、OUT 操作数的数据类型为 INT(WORD)。

影响允许输出 ENO 正常工作的出错条件是:SM4.3(运行时间),0006(间接寻址错误),0091(操作数超界)。

例如,将从 VW100 开始的 256 个字节(128 个字)存储单元清零。程序如图 4.3 所示。本条指令执行结果:从 VW100 开始的 256 个字节(VW100~VW354)的存储单元清零。

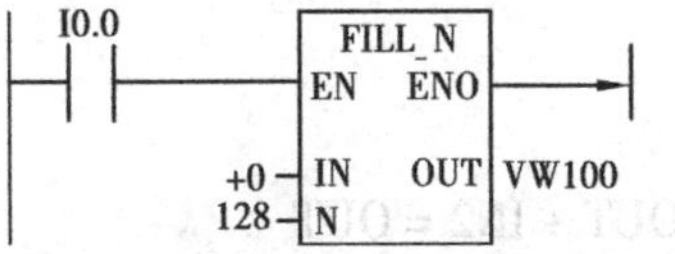


```
LD    I0.0
FILL  +0, VW100,128
```

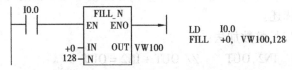

▲图 4.3 填充指令应用梯形图

学习情境 2: 运算指令

运算指令包括算术运算指令和逻辑运算指令。算术运算包括加、减、乘、除运算和常用的数学函数变换;在算术运算中,数据类型为整型 INT、双整型 DINT 和实数 REAL。逻辑运算包括逻辑与、逻辑或、逻辑非、逻辑异或等,数据类型为字节型 BYTE、字型 WORD、双字型 DWORD。

1)算术运算指令

(1)加/减运算

加/减运算指令是对符号数的加/减运算操作,包括整数加/减、双整数加/减运算和实数加/减运算。

加/减运算指令采用指令盒格式,指令盒由指令类型,使能端 EN,操作数(1N1、IN2)输入端,运算结果输出 OUT,逻辑结果输出端 ENO 等组成。

①加/减运算指令格式。加/减运算 6 种指令的梯形图指令格式见表 4.7。

加/减运算指令操作数类型:INT,DINT,REAL。

②指令类型和运算关系。

a. 整数加/减运算 ADD I/SUB I(ADD Integer / Subtract Integer) 使能 EN 输入有效时,将两个单字长(16 位)符号整数(IN1 和 IN2)相加/减,然后将运算结果送 OUT 指定的存储器单元输出。

表 4.7　加/减运算指令格式及功能

<table>
<tr><th>LAD</th><th>功　能</th></tr>
<tr><td>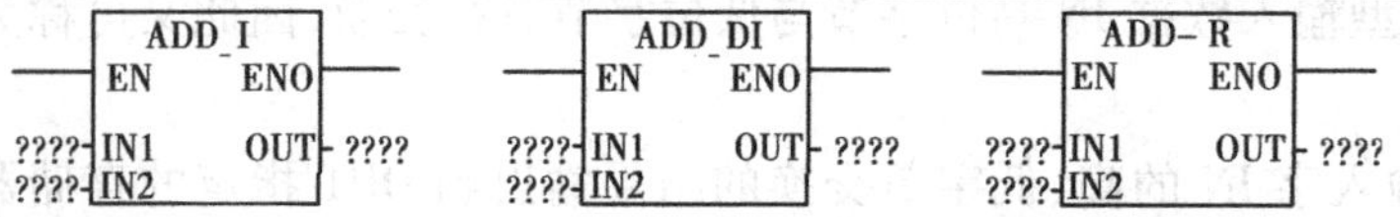
</td><td>IN1 + IN2 = OUT</td></tr>
<tr><td>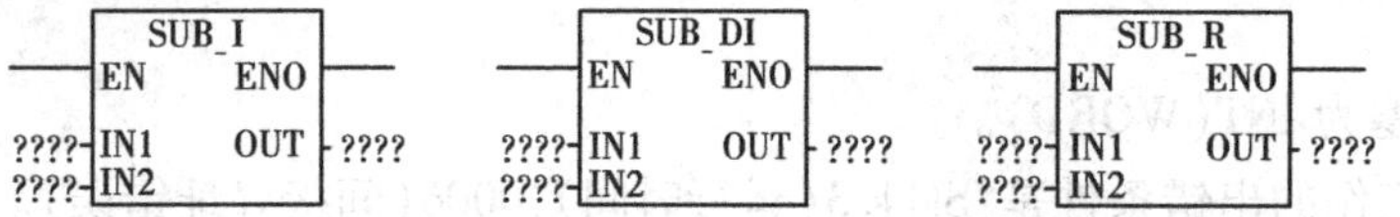
</td><td>IN1 –IN2 = OUT</td></tr>
</table>

STL 运算指令及运算结果:

整数加法:MOVW　IN1,OUT　　// IN1→OUT
　　　　　　+I　IN2,OUT　　// OUT + IN2 = OUT
整数减法:MOVW　IN1,OUT　　// IN1→OUT
　　　　　　–I　IN2,OUT　　// OUT –IN2 = OUT

从 STL 运算指令可以看出,IN1,N2 和 OUT 操作数的地址不相同时,STL 将 LAD 的加/减运算分别用两条指令描述。

IN1 或 IN2 = OUT 时,整数加法:

　　　　+I　IN2,OUT　　// OUT + IN2 = OUT

IN1 或 IN2 = OUT 时,加法指令节省一条数据传送指令,本规律适用于所有算术运算指令。

b. 双整数加/减运算 ADD DI/SUB DI(ADD Double Integer / Subtract Double Integer)使能输入 EN 有效时,将两个双字长(32 位)符号整数(IN1 和 IN2)相加/减,运算结果送 OUT 指定的存储器单元输出。

STL 运算指令及运算结果:

双整数加法:MOVD　IN1　OUT　　// IN1→OUT
　　　　　　　+D　IN2　OUT　　// OUT + IN2 = OUT
双整数减法:MOVD　IN1　OUT　　// IN1→OUT
　　　　　　　–D　IN2　OUT　　//OUT –IN2 = OUT

c. 实数加/减运算 ADD R/SUB R(ADD Real / Subtract Real)使能输入 EN 有效时,将两个双字长(32 位)的有符号实数 IN1 和 IN2 相加/减,运算结果送 OUT 指定的存储器单元输出。

LAD 运算结果:IN1 ±　IN2 = OUT

STL 运算指令及运算结果:

实数加法:　MOVR　IN1　OUT　　//IN1→OUT
　　　　　　　+R　IN2　OUT　　// OUT + IN2 = OUT
实数减法:　MOVR　IN1　OUT　　// IN1→OUT
　　　　　　　–R　IN2　OUT　　// OUT –IN2 = OUT

③加/减运算 IN1,IN2,OUT 操作数的数据类型:INT、DINT:REAL。

④对标志位的影响。算术运算指令影响特殊标志的算术状态位 SM1.0 ~ SM1.3,并建立指令盒能量流输出 ENO。

a. 算术状态位(特殊标志位)SM1.0(零),SM1.1(溢出),SM1.2(负)。

SM1.1 用来指示溢出错误和非法值。如果 SM1.1 置位,SM1.0 和 SM1.2 的状态无效,原始操作数不变。如果 SM1.1 不置位,SM1.0 和 SM1.2 的状态反映算术运算的结果。

b. ENO(能量流输出位)使能输入 EN 有效,运算结果无错时,ENO = 1,否则 ENO = 0(出错或无效)。影响允许输出 ENO 正常工作的出错条件:SM1.1 = 1(溢出),0006(间接寻址错误),SM4.3(运行时间)。

例如,求 100 加 200 的和,100 在数据存储器 VW100 中,将结果存入 VW200。梯形图程序如图 4.4 所示。

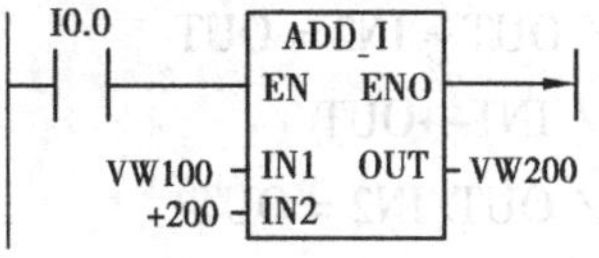


```
LD      I0.0
MOVD    VW100,VW200
+I      +200,VW200
```

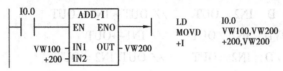

▲图 4.4　加法指令应用梯形图

(2)乘/除运算

乘/除运算是对符号数的乘法运算和除法运算,包括整数乘/除运算、双整数乘/除运算、整数乘/除双整数输出运算、实数乘/除运算等。

①乘/除运算指令格式。乘/除运算指令采用同加减运算相类似的指令盒指令格式。指令分为 MUL I/DIV I 整数乘/除运算、MUL DI/DIV DI 双整数乘/除运算、MUL/DIV 整数乘/除双整数输出、MUL R/DIV R 实数乘/除运算 8 种类型。

LAD 指令执行的结果:乘法 IN1 * IN2 = OUT。

除法 IN1/IN2 = OUT。

乘/除运算指令格式及功能,见表 4.8。

表 4.8　乘/除运算指令格式及功能

LAD	功　能
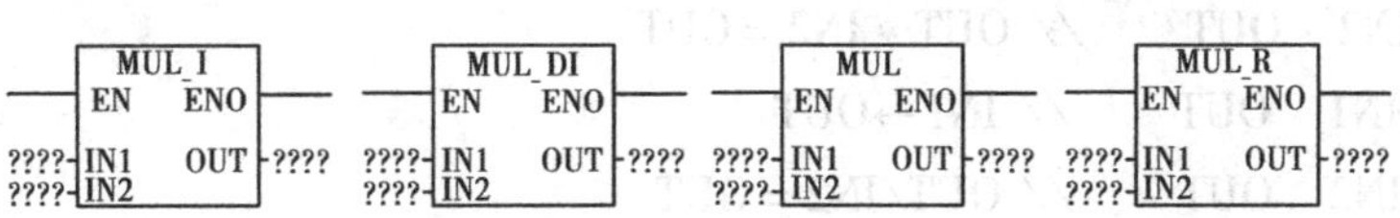	乘法运算
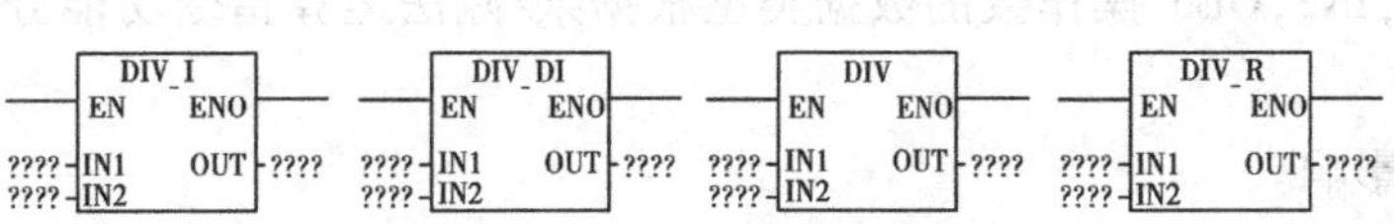	除法运算

②指令功能分析。

a. 整数乘/除法指令 MUL I/DIV I(Multiple Integer / Divide Integer)。使能输入 EN 有效时,将两个单字长(16 位)符号整数 IN1 和 IN2 相乘/除,产生一个单字长(16 位)整数结果,从 OUT(积/商)指定的存储器单元输出。

STL 指令格式及功能：

```
整数乘法：  MOVW   N1    OUT     // IN1→OUT
            *I     IN2   OUT     // OUT * IN2 = OUT
整数除法：  MOVW   IN1   OUT     // IN1→OUT
            /I     IN2   OUT     // OUT/IN2 = OUT
```

b. 双整数乘/除法指令 MUL DI/DIV DI。使能输入 EN 有效时，将两个双字长(32 位)符号整数 IN1 和 IN2 相乘/除，产生一个双字长(32 位)整数结果，从 OUT(积/商)指定的存储器单元输出。

STL 指令格式及功能：

```
双整数乘法：  MOVD   IN1   OUT     // IN1→OUT
              * D    IN2   OUT     // OUT * IN2 = OUT
双整数除法：  MOVD   IN1   OUT     // IN1→OUT
              /D     IN2   OUT     // OUT/IN2 = OUT
```

c. 整数乘/除指令 MUL/DIV。使能输入 EN 有效时，将两个单字长(16 位)符号整数 IN1 和 IN2 相乘/除，产生一个双字长(32 位)整数结果，从 OUT(积/商)指定的存储器单元输出。整数除法产生的 32 位结果中低 16 位是商，高 16 位是余数。

STL 指令格式及功能：

```
整数乘法产生双整数：  MOVW   IN1   OUT     // IN1→OUT
                      MUL    IN2   OUT     // OUT *  IN2 = OUT
整数除法产生双整数：  MOVW   IN1   OUT     // IN1→OUT
                      DIV    IN2   OUT     // OUT/IN2 = OUT
```

d. 实数乘/除法指令(MUL R/DIV R)。使能输入 EN 有效时，将两个双字长(32 位)符号实数 IN1 和 IN2 相乘/除，产生一个双字长(32 位)的实数结果，从 OUT(积/商)指定的存储器单元输出。

STL 指令格式及功能：

```
实数乘法：  MOVR   IN1   OUT     // IN1→OUT
            *R     IN2   OUT     // OUT * IN2 = OUT
实数除法：  MOVR   IN1   OUT     // IN1→OUT
            /R     IN2   OUT     // OUT/IN2 = OUT
```

③操作数寻址范围。IN1,IN2,OUT 操作数的数据类型根据乘/除法运算指令功能分为 INT/(WORD),DINT,REAL。

④乘/除运算对标志位的影响。

a. 乘/除运算指令执行的结果影响算术状态位(特殊标志位)：SM1.0(零)、SM1.1(溢出)、SM1.2(负)、SM1.3(被 0 除)。

乘法运算过程中 SM1.1(溢出)被置位，就不写输出，并且所有其他的算术状态位置为 0(整数乘法产生双整数指令输出不会产生溢出)。

如果除法运算过程中 SM1.3 置位(被 0 除)，其他的算术状态位保留不变，原始输入操作数不变。SM1.3 不被置位，所有有关的算术状态位都是算术操作的有效状态。

b. 影响允许输出 ENO 正常工作的出错条件是：SM1.1（溢出）、SM4.3（运行时间）、0006（间接寻址错误）。

例如，乘/除法指令的应用。程序运行结果如图 4.5 所示。

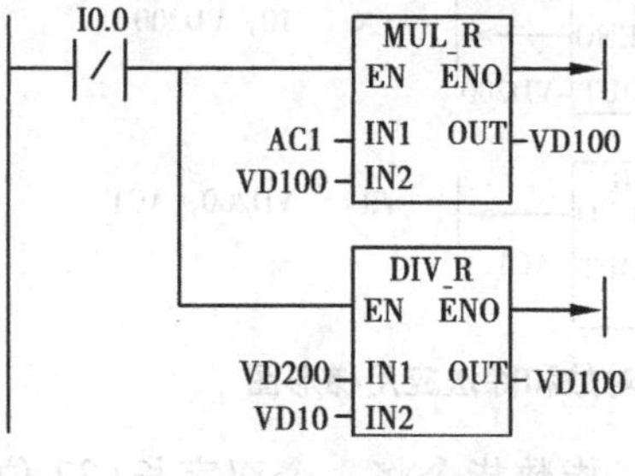


```
LDN    I0.0
*R     AC1,VD100
MOVR   VD200,VD100
/R     VD10,VD100
```

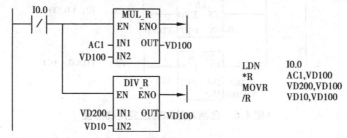

▲图 4.5 乘/除法指令的应用梯形图

2）数学函数指令

数学函数指令包括平方根、自然对数、指数、三角函数等几个常用的函数指令。除 SQRT 外，数学函数需要 CPU 224 1.0 以上版本支持。

（1）平方根/自然对数/指数指令

平方根/自然对数/指数指令格式及功能见表 4.9。

①平方根指令 SQRT（Square Root）。平方根指令是把一个双字长（32 位）的实数 IN 开方，得到 32 位的实数运算结果，通过 OUT 指定的存储器单元输出。

②自然对数 LN（Natural Logarithm）。自然对数指令将输入的一个双字长（32 位）实数 IN 的值取自然对数，得到 32 位的实数运算结果，通过 OUT 指定的存储器单元输出。

表 4.9 平方根/自然对数/指数指令格式及功能

LAD	STL	功 能
SQRT EN ENO ????-IN OUT-????	SORT IN,OUT	求平方根指令 SORT(IN) = OUT
LN EN ENO ????-IN OUT-????	LN IN, OUT	求(IN)的自然对数指令 LN(IN) = OUT
EXP EN ENO ????-IN OUT-????	EXP IN, OUT	求(IN)的指数指令 EXP(IN) = OUT

当求解以 10 为底的常用对数时，用实数除法指令将自然对数除以 2.302 585① 即可。

例如，求以 10 为底，200 的常用对数，200 存于 VD100，将结果放到 AC1 中（应用对数的换底公式求解 $\lg 150 = \dfrac{\ln 150}{\ln 10}$）。梯形图程序如图 4.6 所示。

① $\ln 10 \approx 2.302\ 585$。

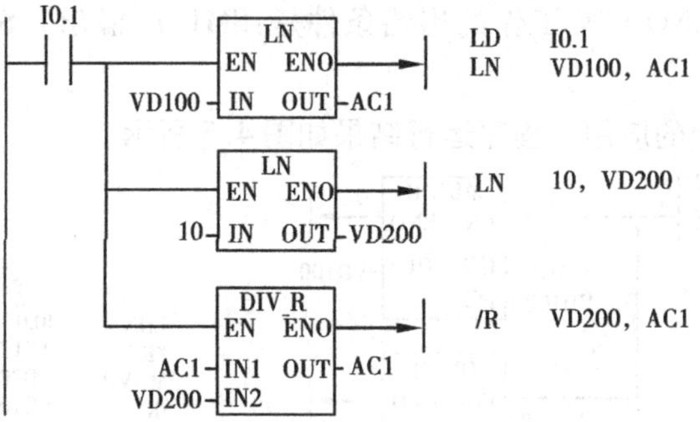

▲图 4.6　自然对数和除法应用梯形图

③指数指令 EXP(Natural Exponential)。指数指令将一个双字长(32 位)实数 IN 的值取以 e 为底的指数,得到 32 位的实数运算结果,通过 OUT 指定的存储器单元输出。

该指令可与自然对数指令相配合,完成以任意数为底,任意数为指数的计算。可以利用指数函数求解任意函数的 x 次方 $y^x = e^{x\ln y}$。

(2)三角函数

三角函数运算指令包括正弦(sin)、余弦(cos)和正切(tan)指令。三角函数指令运行时把一个双字长(32 位)的实数弧度值 IN 分别取正弦、余弦、正切,得到 32 位的实数运算结果,通过 OUT 指定的存储器单元输出。三角函数运算指令格式见表 4.10。

表 4.10　三角函数运算指令格式

LAD	STL	功　能
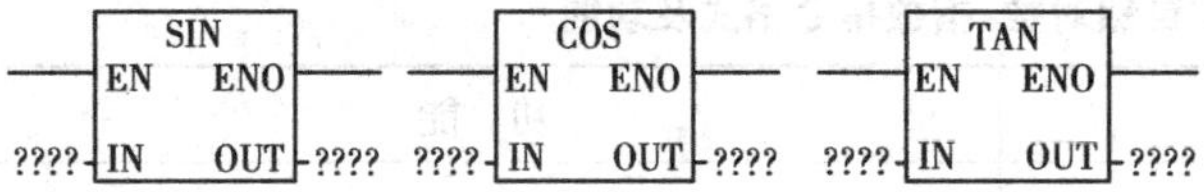	SIN IN, OUT COS IN, OUT TAN IN, OUT	SIN (IN) = OUT COS (IN) = OUT TAN (IN) = OUT

例如,求 65°的正切值。梯形图程序如图 4.7 所示。

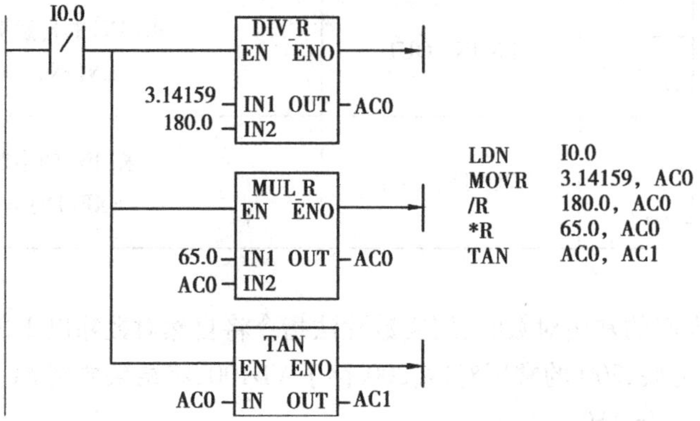

▲图 4.7　三角函数应用梯形图

(3)数学函数变换指令对标志位的影响

①平方根、自然对数、指数、三角函数运算指令执行的结果影响特殊存储器位:SM1.0(零)、SM1.1(溢出)、SM1.2(负)、SM1.3(被0除)。

②影响允许输出 ENO 正常工作的出错条件是:SM1.1(溢出)、SM4.3(运行时间)、0006(间接寻址错误)。

③IN、OUT 操作数的数据类型为 REAL。

3)增1/减1计数指令

增1/减1计数器用于自增、自减操作,以实现累加计数和循环控制等程序的编制。梯形图为指令盒格式,增1/减1指令操作数长度可以是字节(无符号数)、字或双字(有符号数)。指令格式见表4.11。

表 4.11 增 1/减 1 计数指令(字节操作)

LAD	功 能
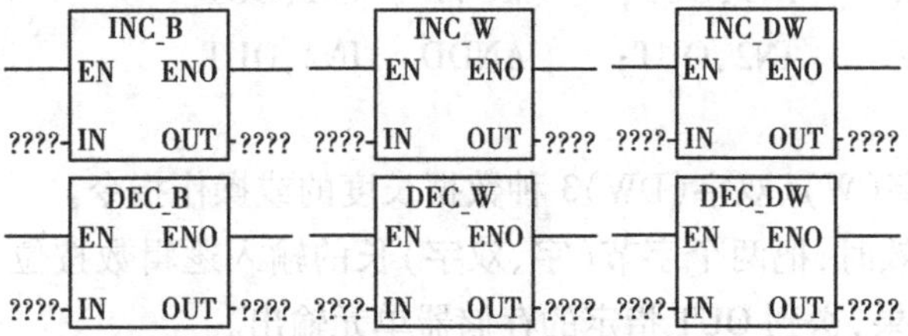	字节、字、双字增1 字节、字、双字减1 OUT ±1 = OUT

(1)字节增1/减1(INC B/DEC B, Increasement Byte / Decreasement Byte)

字节增1指令(INC B),用于使能输入有效时,把一个字节的无符号输入数 IN 加1,得到一个字节的运算结果,通过 OUT 指定的存储器单元输出。

字节减1指令(DEC B),用于使能输入有效时,把一个字节的无符号输入数 IN 减1,得到一个字节的运算结果,通过 OUT 指定的存储器单元输出。

(2)字增1/减1(INC W/DEC W)

字增1(INC W)/减1(DEC W)指令,用于使能输入有效时,将单字长符号输入数 IN 加1/减1,得到一个字的运算结果,通过 OUT 指定的存储器单元输出。

(3)双字增1/减1(INC DW/DEC DW)

双字增1/减1(INC DW/DEC DW)指令,用于使能输入有效时,将双字长符号输入数 IN 加1/减1,得到双字的运算结果,通过 OUT 指定的存储器单元输出。

IN、OUT 操作数的数据类型为 DINT。

4)逻辑运算指令

逻辑运算是对无符号数进行的逻辑处理,主要包括逻辑与、逻辑或、逻辑异或和取反等运算指令。按操作数长度可分为字节、字和双字逻辑运算。IN1, IN2, OUT 操作数的数据类型为:B, W, DW。字节操作逻辑运算指令格式见表4.12。

表 4.12 逻辑运算指令格式(字节操作)

LAD	功 能
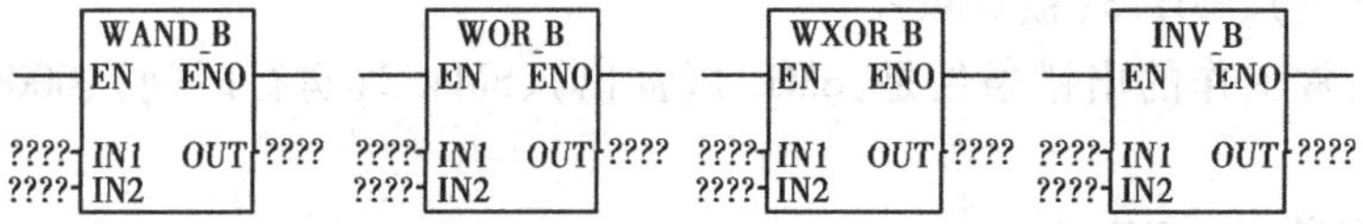	与、或、异或、取反

(1)逻辑与指令 WAND(AND Byte)

逻辑与操作指令包括字节(B)、字(W)、双字(DW)3 种数据长度的与操作指令。

逻辑与指令功能:使能输入有效时,把两个字节(字、双字)长的输入逻辑数按位相与,得到一个字节(字、双字)逻辑运算结果,送到 OUT 指定的存储器单元输出。

STL 指令格式分别为:

```
MOVB   IN1,OUT;   MOVW   IN1,OUT;   MOVD   IN1,OUT
ANDB   IN2,OUT;   ANDW   IN2,OUT;   ANDD   IN2,OUT
```

(2)逻辑或指令 WOR(OR Byte)

逻辑或操作指令包括字节(B)、字(W)、双字(DW)3 种数据长度的或操作指令。

逻辑或指令的功能:使能输入有效时,把两个字节(字、双字)长的输入逻辑数按位相或,得到一个字节(字、双字)逻辑运算结果,送到 OUT 指定的存储器单元输出。

STL 指令格式分别为:

```
MOVB   IN1,OUT;   MOVW   IN1,OUT;   MOVD   IN1,OUT
ORB    IN2,OUT;   ORW    IN2,OUT;   ORD    IN2,OUT
```

(3)逻辑异或指令 WXOR(Exclusive OR Byte)

逻辑异或操作指令包括字节(B)、字(W)、双字(DW)3 种数据长度的异或操作指令。

逻辑异或指令的功能:使能输入有效时,把两个字节(字、双字)长的输入逻辑数按位相异或,得到一个字节(字、双字)逻辑运算结果,送到 OUT 指定的存储器单元输出。

STL 指令格式分别为:

```
MOVB   IN1,OUT;   MOVW   IN1,OUT;   MOVD   IN1,OUT
XORB   IN2,OUT;   XORW   IN2,OUT;   XORD   IN2,OUT
```

(4)取反指令 INV(Invert)

取反指令包括字节(B)、字(W)、双字(DW)3 种数据长度的取反操作指令。

取反指令功能:使能输入有效时,将一个字节(字、双字)长的逻辑数按位取反,得到一个字节(字、双字)逻辑运算结果,送到 OUT 指定的存储器单元输出。

STL 指令格式分别为:

```
MOVB   IN,OUT;   MOVW   IN,OUT;   MOVD   IN,OUT
INVB   OUT;      INVW   OUT;      INVD   OUT
```

例如,字或、双字异或、字求反、字节与操作编程举例。梯形图程序如图 4.8 所示。

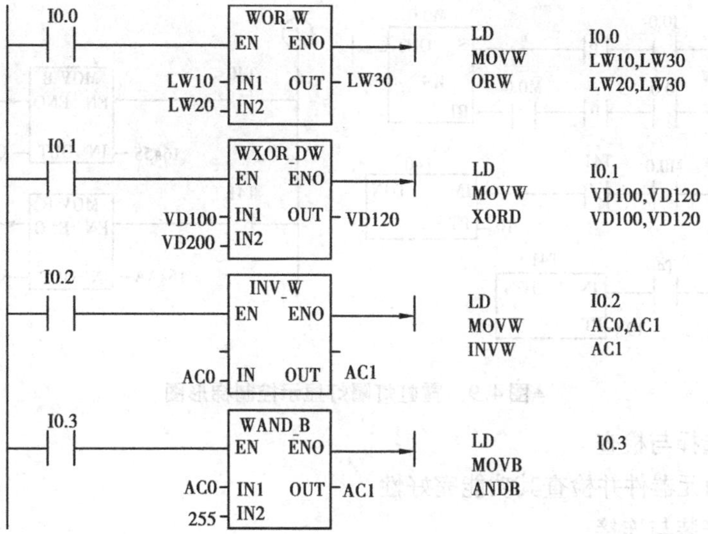

▲图 4.8　字或、双字异或、字求反、字节与操作的梯形图

【任务实战】

1)霓虹灯控制系统任务要求

有一组霓虹灯 HL1～HL8,要求隔灯显示,每 1 秒变换 1 次,反复进行。用一个开关实现启停控制。

2)分配输入/输出地址

由于本控制系统有 2 个输入设备和 8 个输出设备,因此,PLC 至少需要 2 个输入点和 8 个输出点。具体 I/O 分配见表 4.13。

表 4.13　彩灯循环点亮控制 I/O 分配表

输　入		输　出	
输入寄存器	输入设备	输出寄存器	输出设备
I0.0	SB1	Q0.0～Q0.7	HL1～HL8
I0.1	SB2		

3)绘制梯形图

控制梯形图程序如图 4.9 所示。在程序中,用了一个二分频电路,一般认为按钮是不自锁的,即短信号,用一个按钮实现启停功能,前面的二分频均可实现这个功能,用 RS 触发器同样可以实现单按钮启停功能。当然这里可以直接用 I0.0,不过它的启动功能是带自锁的。

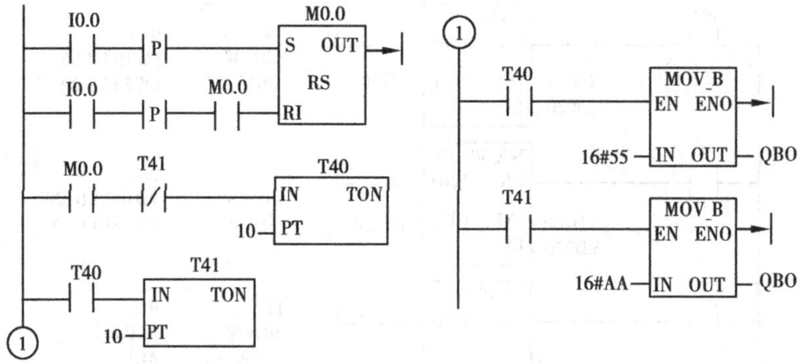

▲图 4.9 霓虹灯隔灯显示控制梯形图

4)元器件选择与检查

选出合适的元器件并检查其功能完好性。

5)电路的安装与连接

根据主电路接好 PLC 控制电路。

6)电路的检查

接好电路后,应使用万用表等电气仪表对电路进行检查,确保线路无误后方可通电试车。

7)通电试车

通电试车时应注意安全,观察按钮的按下情况与电动机的运行状态。

【知识拓展】

有一组霓虹灯 HL1 ~ HL6,当 I0.0 为 ON 时,霓虹灯每隔 1 s 依次点亮 HL1→HL2→HL3→HL4→HL5→HL6→HL5→HL4→HL3→HL2→HL1,反复循环。按停止按钮 I0.1,霓虹灯停止工作。

本控制程序只有两个输入信号 I0.0 和 I0.1,I0.0 启动霓虹灯循环,I0.1 停止霓虹灯工作,而且是任何时刻。霓虹灯 HL1 ~ HL6 输出是 Q0.0 ~ Q0.5。

本控制程序采用乘法和除法运算指令编程,控制梯形图如图 4.10 所示。

在控制程序中,I0.0 启动控制程序,一个周期后,由 Q0.0 点亮 1 s 后来启动控制程序;程序中间的转换由 Q0.5 和 T40 来启动后半段的运行,即由 Q0.5 到 Q0.0 的循环。霓虹灯工作的停止由 I0.1 完成,它控制 M0.0 和 M0.1 的复位,同时通过传送指令使霓虹灯失电。

霓虹灯移动是通过 M0.0 得电后,使 Q0.0 得电,即 Q0.0 为"1",1 s 后,乘法指令运算一次,$1\times2=2$,Q0.1 为"1",Q0.0 为"0";再过 1 s,乘法指令再运算一次,$2\times2=4$,Q0.2 为"1",Q0.1 和 Q0.0 为"0";依次相乘,完成 Q0.0 到 Q0.5 的依次点亮。反向依次点亮由除法运算指令来完成,当 Q0.5 亮时,Q0.5 在输出字数据中相当于十进制的 32,依次相除,完成 Q0.5 到 Q0.0 的依次点亮。在这里可以不要 Q0.5 的线圈置位,因为当前半段使 Q0.5 为"1"后,程序虽然通过跳转指令跳离乘法运算这一段,但是 Q0.5 还是"1"。这里没有去掉这一条,是为了程序的对称和便于读者理解。

这个控制程序也可以用字节左移和字节右移指令分别来代替乘法和除法指令,程序的其他部分完全一样,程序的运行结果也一样。

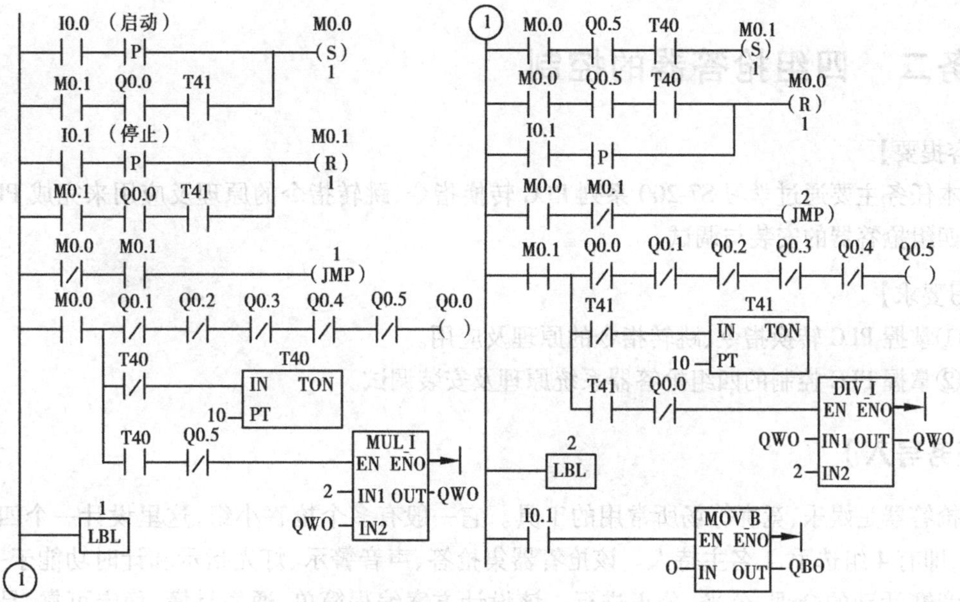

▲图 4.10　霓虹灯正反向依次点亮控制梯形图

【思考问题】

霓虹灯布置如图 4.11 所示，控制要求如下：

(1)当按 I0.0 时，L1 亮，1 s 后 L1 灭，L2，L3，L4，L5 亮，1s 后，L2，L3，L4，L5 灭，L6，L7，L8，L9 亮，1 s 后灭；反复循环两次。

(2)接着 L1 亮，1 s 后 L2，L3，L4，L5 亮，1 s 后 L6，L7，L8，L9 亮，1s 后全灭；循环两次。

(3)再接着以 0.5 s 的速度依次循环闪烁。L1，L4，L8；L1，L5，L9；L1，L2，L6；L1，L3，L7，逆序两周后，反序两周，依次为 L1，L5，L8；L1，L4，L7；L1，L3，L6；L1，L2，L9，反复两次。

(4)重复上述循环，I0.0 断开时停止。

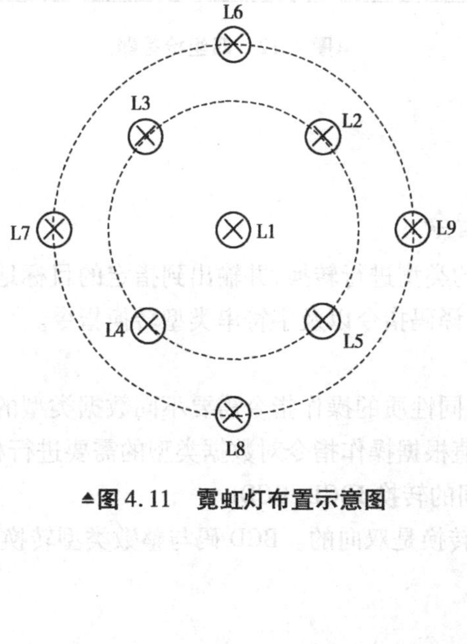

▲图 4.11　霓虹灯布置示意图

任务二 四组抢答器的控制

【内容提要】

本任务主要通过学习S7-200系列PLC转换指令、跳转指令的原理及应用来完成PLC控制的四组抢答器的安装与调试。

【学习要求】

①掌握PLC转换指令、跳转指令的原理及应用。

②掌握PLC控制的四组抢答器系统原理及安装调试。

【任务导入】

抢答器是娱乐、竞赛等场所常用的工具。它一般有多个抢答小组,这里设计一个四组抢答器,即有4组选手,1名主持人。该抢答器集抢答、声音警示、灯光指示和计时功能于一体,确保竞赛活动的合理、公平、公正进行。该设计方案编程简单,通俗易懂,稳定可靠,易于制作,如图4.12所示。

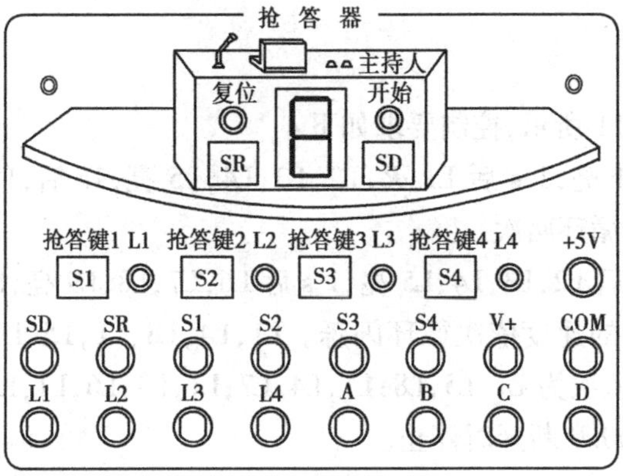

▲图4.12 四组抢答器

【知识链接】

学习情境1:转换指令

转换指令是对操作数的类型进行转换,并输出到指定的目标地址中。转换指令包括数据类型转换指令、数据编码和译码指令以及字符串类型转换指令。

1)数据类型转换指令

在进行数据处理时,不同性质的操作指令需要不同数据类型的操作数。数据类型转换指令的功能是将一个固定数值根据操作指令对数据类型的需要进行相应的转换。

(1)BCD码与整数之间的转换IBCD,BCDI

BCD码与整数之间的转换是双向的。BCD码与整数类型转换的指令格式见表4.14。

说明：

①IN 和 OUT 为字型数据。

表 4.14 BCD 码与整数类型转换的指令格式

LAD	STL	功能描述
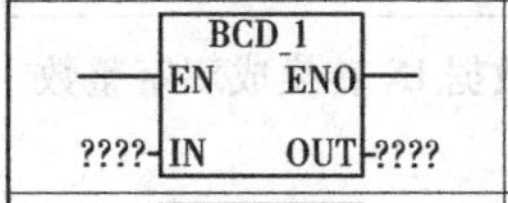	BCDI OUT	使能输入有效时，将 BCD 码输入数据 IN 转换成字整数类型，并将结果送到 OUT 输出
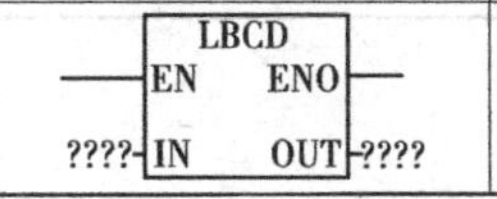	IBCD OUT	使能输入有效时，将字整数输入数据 IN 转换成 BCD 码类型，并将结果送到 OUT 输出

②梯形图中，IN 和 OUT 可指定同一元件，以节省元件。若 IN 和 OUT 操作数地址指的是不同元件，在执行转换指令时，分成两条指令来操作：

MOV IN OUT

BCDI OUT

③若 IN 指定的源数据格式不正确，则 SM1.6 置 1。

④数据 IN 的范围为 0 ~ 9 999。

(2)字节与字整数之间的转换

字节型数据是无符号数，字节型数据与字整数类型之间转换的指令格式见表 4.15。

表 4.15 字节型数据与字整数类型之间转换的指令格式

LAD	STL	功能描述
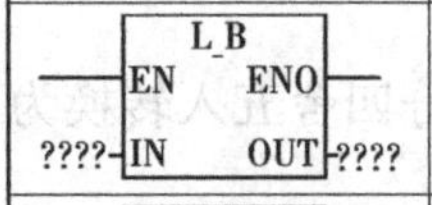	BTI IN,OUT	使能输入有效时，将字节型输入数据 IN 转换成字整数类型，并将结果送到 OUT 输出
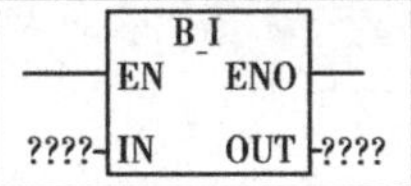	ITB IN,OUT	使能输入有效时，将字整数输入数据 IN 转换成字节型类型，并将结果送到 OUT 输出

说明：

①整数转换到字节指令 ITB 中，输入数据的大小为 0 ~ 255，若超出这个范围，则会造成溢出，使 SM1.1 = 1。

②影响允许输出 ENO 正常工作的出错条件：SM4.3(运行时间)，0006(间接寻址错误)。

③IN 和 OUT 的数据类型一个为字整数，另一个为字节型数据。

(3)字型整数与双字整数之间的转换

字型整数与双字整数的类型转换指令格式见表 4.16。

说明：

①双整数转换为字整数时，输入数据超出范围则产生溢出。

②影响允许输出 ENO 正常工作的出错条件：SM1.1(溢出)、SM4.3(运行时间)、0006(间接寻址错误)。

③IN、OUT 的数据类型一个为双字整数，另一个为字型数据。

表 4.16　字型整数与双字整数的类型转换指令格式

LAD	STL	功能描述
DI_I EN ENO ????-IN OUT-????	DTI　IN, OUT	使能输入有效时,将双字整数输入数据 IN 转换成字整数类型,并将结果送到 OUT 输出
I_DI EN ENO ????-IN OUT-????	IDT　IN, OUT	使能输入有效时,将字整数输入数据 IN 转换成双字整数类型,并将结果送到 OUT 输出

(4)双字整数与实数之间的转换

双字整数与实数的类型转换指令格式见表 4.17。

表 4.17　双字整数与实数的类型转换指令格式

LAD	STL	功能描述
ROUND EN ENO ????-IN OUT-????	ROUND　IN,OUT	使能输入有效时,将实数型输入数据 IN 转换成双字整数类型,并将结果送到 OUT 输出
TRUNC EN ENO ????-IN OUT-????	TRUNC　IN,OUT	使能输入有效时,将 32 位实数转换成 32 位有符号整数输出,只有实数的整数部分被转换
DI_R EN ENO ????-IN OUT-????	DTR　IN,OUT	使能输入有效时,将双字整数输入数据 IN 转换成实数型,并将结果送到 OUT 输出

说明:

①ROUND 和 TRUNC 都能将实数转换成双字整数。但前者将小数部分四舍五入转换为整数,而后者将小数部分直接舍去取整。

②将实数转换成双字整数的过程中,会出现溢出现象。

③IN、OUT 的数据类型都为双字型数据。

④影响允许输出 ENO 正常工作的出错条件:SM1.1(溢出)、SM4.3(运行时间)、0006(间接寻址错误)。

例如,在控制系统中,有时需要进行单位互换,若把英寸转换成厘米,C10 的值为当前的英寸计数值,1 in = 2.54 cm,(VD4) = 2.54。梯形图程序如图 4.13 所示。

2)数据的编码和译码指令

在 PLC 中,字型数据可以是 16 位二进制数,也可用 4 位十六进制数来表示,编码过程就是把字型数据中最低有效位的位号进行编码,而译码过程是将执行数据所表示的位号对所指定单元的字型数据的对应位置 1。数据译码和编码指令包括编码、译码、七段显示译码。

(1)编码指令 ENCO(Encode)

编码指令的指令格式见表 4.18。

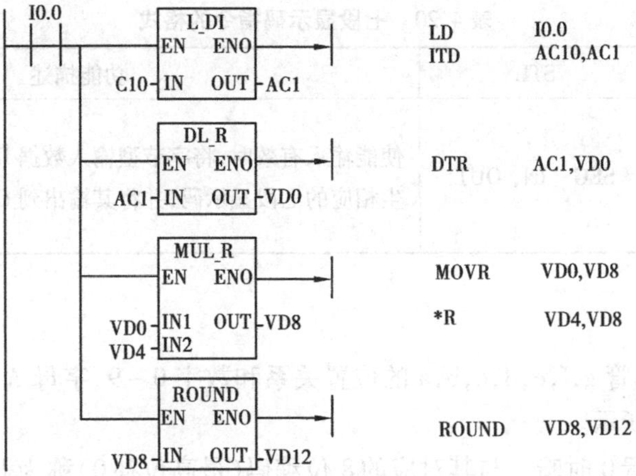

▲图 4.13 转换指令应用梯形图

表 4.18 编码指令的指令格式

LAD	STL	功 能
???? ENCO EN ENO ????-LEN OUT-????	ENCO IN,OUT	使能输入有效时，将字型输入数据 IN 的低有效位（值为 1 的位）的位号输入 OUT 所指定的字节单元的低 4 位

说明：

①IN 和 OUT 的数据类型分别为 W 和 B。

②影响允许输出 ENO 正常工作的出错条件：SM4.3（运行时间）、0006（间接寻址错误）。

(2)译码指令 DECO(Decode)

译码指令的指令格式见表 4.19。

说明：

①IN 和 OUT 的数据类型分别为 B 和 W。

②影响允许输出 ENO 正常工作的出错条件：SM4.3（运行时间）、0006（间接寻址错误）。

表 4.19 译码指令的指令格式

LAD	STL	功能描述
DECO EN ENO ????-IN OUT-????	DECO IN,OUT	使能输入有效时，将字节型输入数据 IN 的低四位所表示的位号对 OUT 所指定的字单元的对应位置 1，其他位复 0

(3)七段显示译码指令 SEG(Segment)

七段显示译码指令的格式见表 4.20。

表 4.20　七段显示码指令的格式

LAD	STL	功能描述
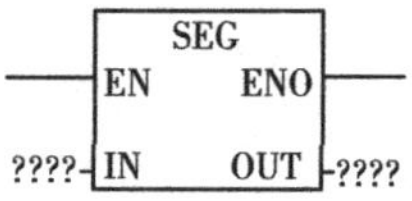	SEG　IN, OUT	使能输入有效时,将字节型输入数据 IN 的低四位有效数字产生相应的七段显示码,并将其输出到 OUT 指定的单元

说明:

①七段显示数码管 g,f,e,d,c,b,a 的位置关系和数字 0 ~ 9、字母 A ~ F 与七段显示码的对应关系如图 4.13 所示。

每段置 1 时亮,置 0 时暗。与其对应的 8 位编码(最高位补 0)称为七段显示码。例如,要显示数据“0”时,七段数码管明暗规则依次为$(0111111)_2$(g 管暗,其余各管亮),将高位补 0 后为$(00111111)_2$。即“0”译码为“$(3F)_{16}$”。

②IN 和 OUT 的数据类型为 B。

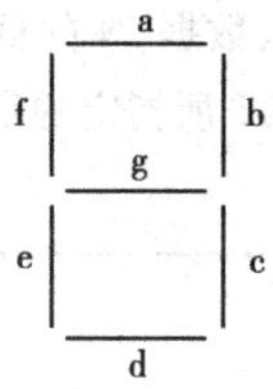

IN (LSD)	OUT	IN (LSD)	OUT	IN (LSD)	OUT	IN (LSD)	OUT
0	3F	4	66	8	7E	C	39
1	06	5	6D	9	6F	D	5E
2	5B	6	7D	A	77	E	79
3	4F	7	07	B	7C	F	71

▲图 4.14　七段显示数码及对应代码

③影响允许输出 ENO 正常工作的出错条件:SM4.3(运行时间)、0006(间接寻址错误)。

例如,编写实现用七段码显示数字 5 段代码的程序。程序实现如图 4.15 所示的梯形图。

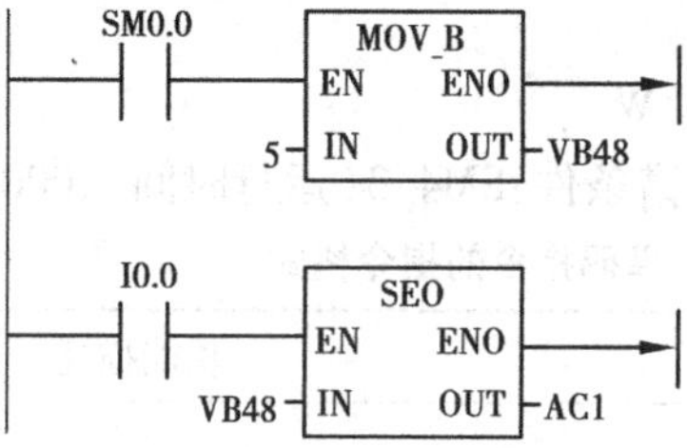


```
LD      SM0.0
MOVB    5, VB48

LD      I0.0
SEG     VB48, AC1
```

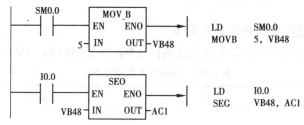

▲图 4.15　七段码显示译码指令的应用梯形图

程序运行结果为$(AC1) = (6D)_{16}$。

(4)字符串转换指令

字符串转换指令是将标准字符编码 ASCII 码字符串与十六进制数、整数、双整数及实数之间进行转换。字符串转换的指令格式见表 4.21。

表 4.21 字符串转换的指令格式

LAD	STL	功能描述
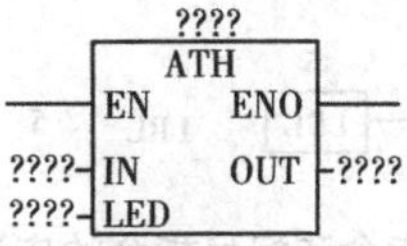	ATH IN,OUT,LEN	使能输入有效时，把从 IN 字符开始，长度为 LEN 的 ASCII 码字符串 换成从 OUT 开始的十六进制数
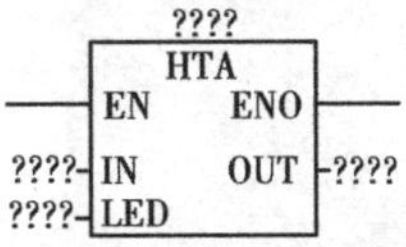	HTA IN,OUT,LEN	使能输入有效时，把从 IN 字符开始，长度为 LEN 的十六进制数转换成从 OUT 开始的 ASCII 码字符串
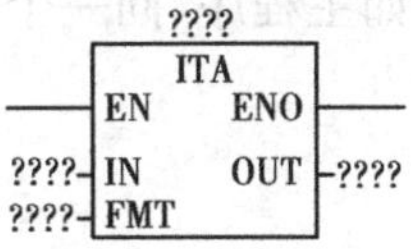	ITA IN,OUT,FMT	使能输入有效时，把输入端 IN 的整数转换成一个 ASCII 码字符串
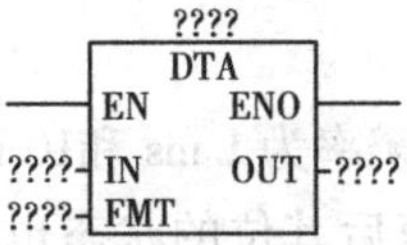	DTA IN,OUT,FMT	使能输入有效时，把输入端 IN 的双字整数转换成一个 ASCII 码字符串
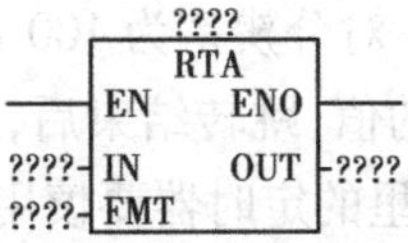	RTA IN,OUT,FMT	使能输入有效时，把输入端 IN 的实数转换成一个 ASCII 码字符串

说明：可进行转换的 ASCII 码为 0～9 及 A～F 的编码。

例如，编程将 VD100 中存储的 ASCII 代码转换成十六进制数。已知（VB100）=33，（VB101）=32，（VB102）=41，（VB103）=45。设计梯形图如图 4.16 所示。

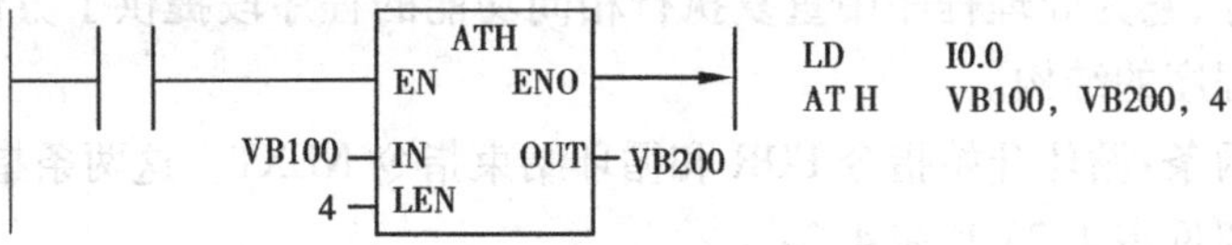

▲图 4.16 转换指令应用梯形图

程序运行结果：

执行前：（VB100）=33，（VB101）=32，（VB102）=41，（VB103）=45

执行后：（VB200）=32，（VB201）=AE。

学习情境 2：跳转指令 JMP 与标号指令 LBL

跳转指令可以大大提高 PLC 编程的灵活性，使主机可根据对不同条件的判断，选择不同的程序段执行程序。

跳转指令和标号指令的 LAD 和 STL 格式见表 4.22。跳转指令和标号指令的应用如图 4.17所示。

表 4.22 跳转指令和标号指令的 LAD 和 STL 格式

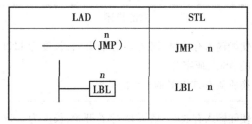

LAD	STL
	JMP n
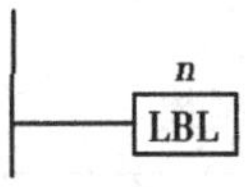	LBL n

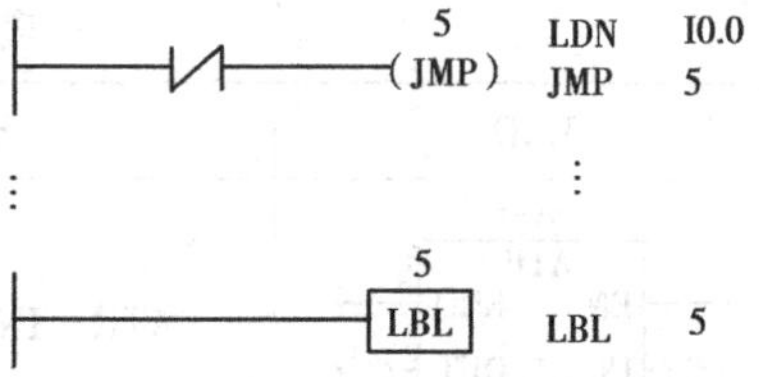

▲图 4.17 跳转指令和标号指令的应用

使用说明:

①跳转指令和标号指令必须配合使用,且只能使用在同一程序块中,如主程序、同一个子程序或同一个中断程序。不能在不同的程序块中互相跳转。

②执行跳转后,被跳过程序段中的各元器件的状态:

a. Q,M,S,C 等元器件的位保持跳转前的状态。

b. 计数器 C 停止计数,当前值存储器保持跳转前的计数值。

c. 对定时器来说,因刷新方式不同而工作状态不同。在跳转期间,分辨率为 1 ms 和10 ms 的定时器会一直保持跳转前的工作状态,原来工作的继续工作,到设定值后其位的状态也会改变,输出触点动作,其当前值存储器一直累计到最大值 32 767 才停止。对分辨率为 100 ms 的定时器来说,跳转期间停止工作,但不会复位,存储器中的值为跳转时的值,跳转结束后,若输入条件允许,可继续计时,但已失去了准确计时的意义。所以在跳转段里的定时器要慎用。

③“跳转”及对应的“标号”指令必须始终位于相同的代码段中(主程序、子程序或中断程序)。

学习情境 3:循环指令 FOR 和 NEXT

在 PLC 的编程设计中有时会碰到相同功能的程序段需要重复执行,S7-200 CPU 指令系统提供了循环指令,它为处理程序中重复执行相同功能的程序段提供了方便,合理利用该指令可以大大简化程序的结构。

循环指令有两条:循环开始指令 FOR 和循环结束指令 NEXT。这两条指令的 LAD 和 STL 格式以及功能介绍见表 4.23 和表 4.24。

表 4.23 循环开始指令的 LAD 和 STL 格式及功能

LAD	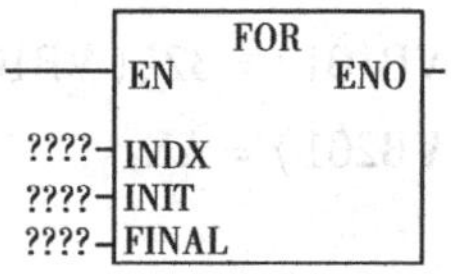
STL	FOR INDX,INIT,FINAL
功能	执行 FOR 和 NEXT 之间的指令。INDX 为当前循环计数;INIT 为循环初始值;FINAL 为循环终止值

表 4.24 循环结束指令的 LAD 和 STL 格式及功能

LAD	——(NEXT)
STL	NEXT
功能	循环结束

使用说明：

①循环开始指令 FOR:用来标记循环体的开始。

②循环结束指令 NEXT:用来标记循环体的结束。无操作数。

③FOR 和 NEXT 之间的程序段称为循环体,每执行一次循环体,当前计数值增 1,并且将其结果同终值进行比较,如果大于终值,则终止循环。

④循环开始指令在使用时必须指定当前循环计数、初始值和终止值。FOR 和 NEXT 可以循环嵌套,嵌套最多为 8 层,但各个嵌套之间不可有交叉现象。初始值大于终止值时,循环体不被执行。

⑤循环开始指令 FOR 和循环结束指令 NEXT 必须成对使用。

⑥每次使能输入(EN)重新有效时,指令将自动复位各参数。

表 4.25 为循环开始指令在输入时对应的操作数及数据类型。

表 4.25 循环开始指令的操作数说明

输 入	操作数	数据类型
INDX	VW,IW,QW,MW,SW,SMW,LW,T,C,AC, * VD, * LD, * AC	整数
INIT	VW,IW,QW,MW,SW,SMW,T,C,AC,LW,AIW,常量, * VD, * LD, * AC	整数
FINAL	VW,IW,QW,MW,SW,SMW,T,C,AC,LW,AIW,常量, * VD, * LD, * AC	整数

循环指令的应用举例如图 4.18 所示。该段程序的功能是:当 I1.0 接通时,外层循环 1 执行 50 次;当 I1.1 接通时,内层循环 2 执行 5 次。

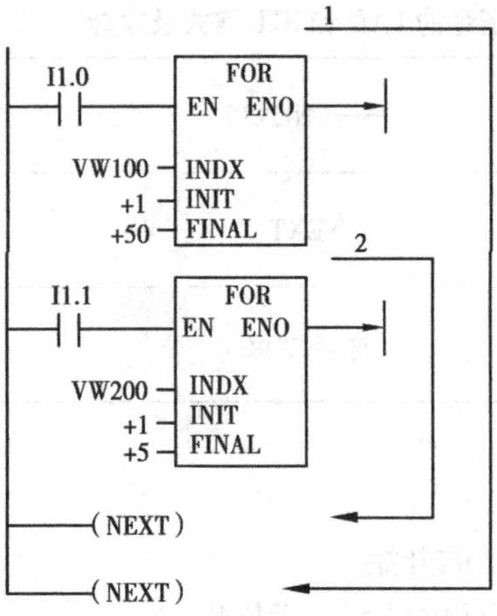

(a)梯形图

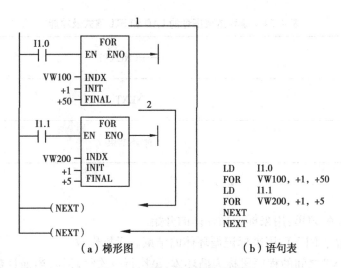

```
LD     I1.0
FOR    VW100, +1, +50
LD     I1.1
FOR    VW200, +1, +5
NEXT
NEXT
```

(b)语句表

▲图4.18 循环指令的应用举例

【任务实战】

1)四组抢答器控制系统任务要求

主持人有一个开始答题按钮,一个系统复位按钮。如果主持人按下开始答题按钮后,开始计时,时间在数码管上显示,在8 s内仍无选手抢答,则系统超时指示灯亮,此后不能再有选手抢答;如果有人抢答,优先抢到者抢答指示灯亮,同时选手序号在数码管上显示(不再显示时间),其他选手按钮不起作用。如果主持人未按下开始答题按钮,就有选手抢答,则认为犯规,犯规指示灯亮并闪烁,同时选手序号在数码管上显示,其他选手按钮不起作用。所有各种情况,只要主持人按下系统复位按钮后,系统回到初始状态。抢答器的示意图如图4.19所示。

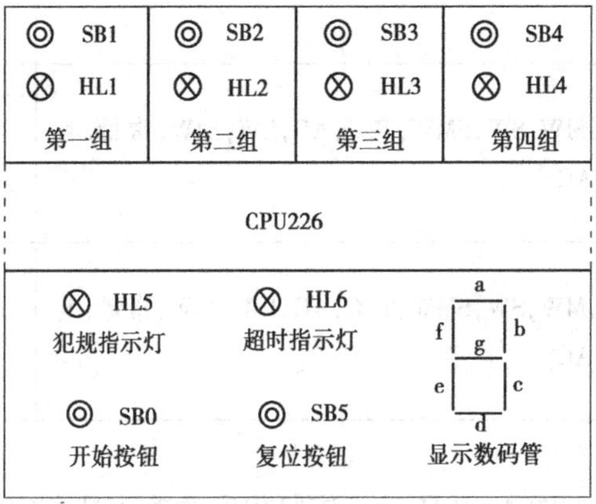

▲图4.19 抢答器示意图

2)分配输入/输出地址

I/O分配:SB0:I0.0 SB1:I0.1 SB2:I0.2 SB3:I0.3 SB4:I0.4 SB5:I0.5

HL1:Q0.1 HL2:Q0.2 HL3:Q0.3 HL4:Q0.4 HL5:Q0.5 HL6:Q0.6

数码管a: Q1.0 b:Q1.1 c:Q1.2 d:Q1.3 e:Q1.4 f:Q1.5 g:Q1.6

3)绘制梯形图

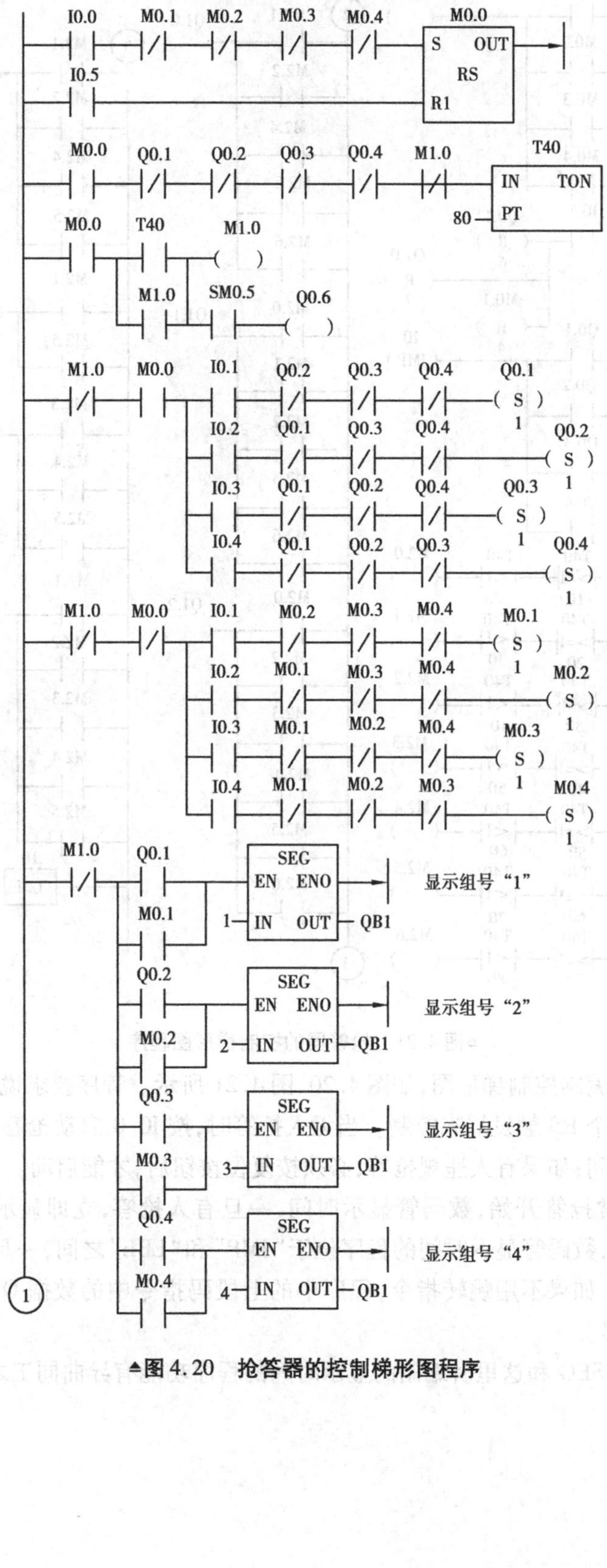

▲图 4.20 抢答器的控制梯形图程序

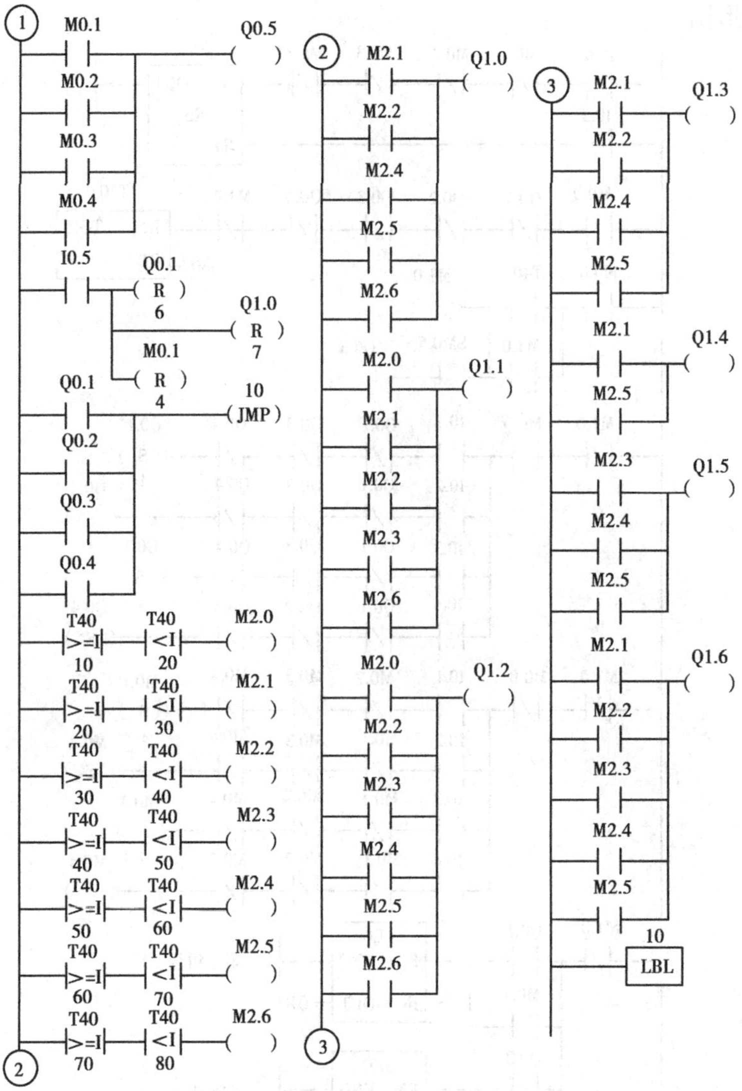

▲图4.21 抢答器的控制梯形图程序

根据控制要求编制控制梯形图,如图4.20、图4.21所示。程序要求说明以下几点:

①启动通过一个RS触发器来控制。当无人抢答时,按I0.0启动抢答,定时器开始计时,并用数码管显示时间;如果有人违规抢答,必须按复位按钮后,才能启动。

②启动后,正常抢答开始,数码管显示时间,一旦有人抢答,立即显示组号,不再显示时间。按开始按钮后,数码管显示时间的程序位于"JMP"和"LBL"之间,一旦有人抢答,程序将无条件跳转。注意,如果不用跳转指令,程序中的七段码指令中的数据QB1与Q1.0~Q1.6重复,无法显示组号。

③七段码指令SEG和这里所编制的显示时间的程序功能有异曲同工之处,只是硬件接线较复杂。

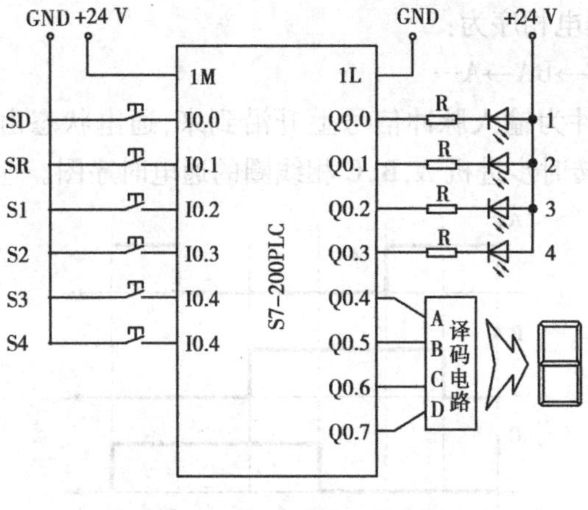

▲图 4.22 抢答器的接线图

4)元件选择与检查

选出合适的元件并检查其功能完好性。

5)电路的安装与连接

根据图 4.22 接好 PLC 控制电路。

6)电路的检查

接好电路后,应使用万用表等电气仪表对电路进行检查,确保线路无误后方可通电试车。

7)通电试车

通电试车时应注意安全,观察按钮的按下情况与电动机的运行状态。

【知识拓展】

三相步进电机的控制

步进电动机(Stepping Motor)又称为脉冲电动机或阶跃电动机,简称步进电机。步进电机是根据输入的脉冲信号,每改变一次励磁状态就前进一定角度(或长度),若不改变励磁状态,则保持一定位置而静止的电动机。

步进电机可以对旋转角度和转动速度进行高精度控制,所以其应用十分广泛。例如,用在仪器仪表、机床等设备中都是以步进电机作为其传动核心。

步进电机同普通电机一样,也有转子、定子和定子绕组。定子绕组分若干相,每相的磁极上有极齿,转子在轴上也有若干个齿。当某相定子绕组通电时,相应的两个磁极就分别形成N-S 极,产生磁场,并与转子形成磁路。如果这时定子的小齿与转子的小齿没有对齐,则转子在磁场的作用下将转动一定的角度,使转子上的齿与定子的极齿对齐。因此,它是按电磁铁的作用原理进行工作的,在外加电脉冲信号作用下一步一步地运转,是一种将电脉冲信号转换成相应角位移的机电元件。

步进电机的种类较多,有单相、双相、三相、四相、五相及六相等多种类型。

三相步进电机有 A,B,C 3 个绕组,按一定的规律给 3 个绕组供电,就能使其按要求的规律转动。例如,双向三相六拍步进电机。

正转时,步进电机 A,B,C 相线圈的通电相序为:

A→AB→B→BC→C→CA→A···

反转时,各相线圈通电相序为:

A→AC→C→CB→B→BA→A…

各通电状态转换条件为输入脉冲信号上升沿到来,通电状态由前一状态转换为后一状态,如图4.23所示是正转时步进机A,B,C相线圈的通电时序图。

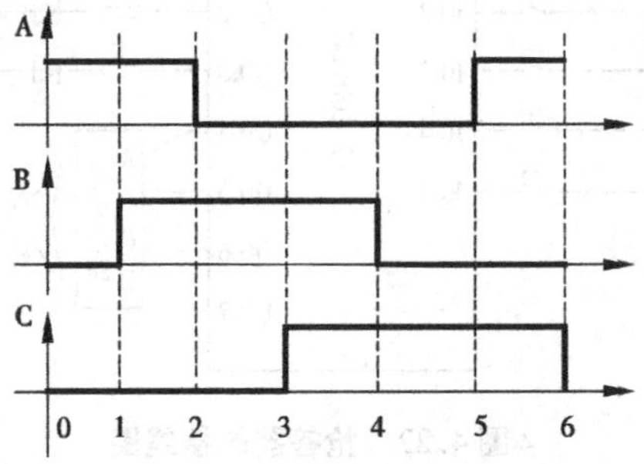

▲图4.23 正转时步进电机A,B,C相线圈的通电时序图

使用PLC控制一个三相六拍的步进电机的运行,当按下正转启动按钮时,步进电机进行正转;当按下反转启动按钮时,步进电机进行反转;当按下停止按钮时停止转动。步进电机的步速为1步/s。

I/O分配:停止按钮:I0.0,正转启动按钮:I0.1,反转启动按钮:I0.2

A相线圈:Q0.0,B相线圈:Q0.1,C相线圈:Q0.2

编制控制梯形图,如图4.24所示。

这是一个三相六拍的步进电机的控制,由于只有6步,很难用循环移位指令来编制程序(如果是四相八拍的步进电机用循环移位指令很容易编制程序),这里采用字节移位指令来编制程序,用字节左移和右移来控制脉冲循环。大家都知道,一个字节有8位,我们只能用其中的6位,如M1.0~M1.5,而且任何时间都是这6位在左右移动,即正转和反转可以随时切换,而且是就地切换,而不是从M1.0步或M1.5步开始。要实现这一点,在这里使用了跳转指令,否则,由于M1.0和M1.5的线圈在程序中出现,而且与MB1字节数据发生冲突,即双线圈现象,S7-200 PLC的顺序功能指令不支持直接输出(=)的双线圈操作,如果出现了,左移不会有M1.5输出,右移不会出现M1.0输出,无法实现同步,这里用跳转指令就可以避免这种现象的发生。

M1.0和M1.5的置位,这里采用的是一般线圈输出指令,复位用的传送指令,千万不能使用复位指令。当然M1.0和M1.5置位也可以采用置位指令和传送指令,但是要注意它的复位,否则,移位就不是1个数据了。

一般一个步进电机有多种步速,可以用选择开关选择步速,例如,通过选择开关将数据传送到数据存储器,数据存储器中的数据即为时间继电器设定值,定时器产生的脉冲快慢就可以决定步进电机的转速。这里的程序已经过简单的信号灯演示过,频率快了,无法分辨,所以只选择步速为1步/s的速度。

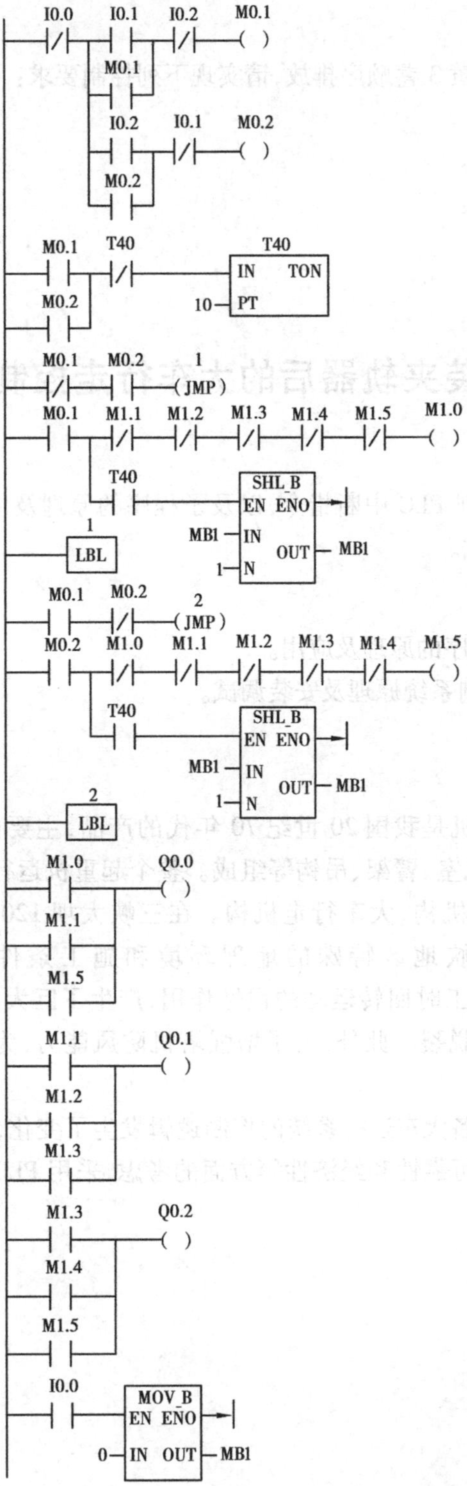

▲图 4.24　三相六拍的步进电机控制梯形图

【思考问题】

有4组节日彩灯,每组由红、绿、黄3盏顺序排放,请实现下列控制要求:

(1)每0.5 s移动1个灯位。

(2)每次亮1 s。

(3)可用1个开关选择点亮方式:

①每次点亮1盏彩灯。

②每次点亮1组彩灯。

任务三　塔架起重机加装夹轨器后的大车行走控制系统

【内容提要】

本任务主要通过学习S7-200系列PLC中断指令,以及子程序的原理及应用来完成PLC控制的大车行走控制系统安装与调试。

【学习要求】

①掌握PLC中断指令,以及子程序的原理及应用。

②掌握PLC控制的大车行走控制系统原理及安装调试。

【任务导入】

STDQ1800/60型单臂塔架起重机是我国20世纪70年代的产品,主要由塔架、运行台车架、台车、转盘、人字架、机房、司机室、臂架、吊钩等组成。整个起重机运行机构主要分为4个部分:起升机构、变幅机构、旋转机构、大车行走机构。在三峡大坝120栈桥上施工的单臂塔架起重机有4台,由于三峡地区特殊的地理环境和施工条件,同时也由于STDQ1800/60型单臂塔架起重机施工时回转运动的惯性作用,产生了巨大的冲击力,常使台车联动轴扭断或减速器固定底盘脱裂。此外,为了增强塔机防风能力,为每台塔机设计并加装了四套夹轨器。

当塔机加装了夹轨器后,原有设备大车运行系统的控制逻辑发生了变化,原有的继电-接触器控制系统已无法满足要求,综合可靠性和经济性等方面的考虑,采用PLC控制系统来替代原有的继电控制系统。

【知识链接】

学习情境 1：中断指令

中断是计算机在实时处理和实时控制中不可缺少的一项技术，应用十分广泛。所谓中断，是当控制系统执行正常程序时，系统中出现了某些急需处理的异常情况或特殊请求，这时系统暂时中断现行程序，转去对随机发生的更紧迫事件进行处理（执行中断服务程序），当该事件处理完毕后，系统自动回到原来被中断的程序继续执行。

中断事件的发生具有随机性，中断在 PLC 应用系统中的人机联系、实时处理、通信处理和网络中非常重要。与中断相关的操作有中断服务和中断控制两种。

1）中断源

（1）中断源

中断源是中断事件向 PLC 发出中断请求的来源。S7-200 CPU 最多可有 34 个中断源，每个中断源都分配一个编号用于识别，称为中断事件号。这些中断源大致分为三大类：通信中断、I/O 中断和时基中断。

①通信中断。PLC 的自由通信模式下，通信口的状态可由程序来控制。用户可以通过编程来设置通信协议、波特率和奇偶校验等参数。

②I/O 中断。I/O 中断包括外部输入中断、高速计数器中断和脉冲串输出中断。外部输入中断是系统利用 I0.0 ~ I0.3 的上升或下降沿产生中断。这些输入点可被用作连接某些一旦发生必须引起注意的外部事件；高速计数器中断可以响应当前值等于预设值、计数方向的改变、计数器外部复位等事件所引起的中断；脉冲串输出中断可以用来响应给定数量的脉冲输出完成所引起的中断。

③时基中断。时基中断包括定时中断和定时器中断。定时中断可用来支持一个周期性活动。周期时间以 1 ms 为单位，周期设定时间为 5 ~ 255 ms。对定时中断 0，把周期时间值写入 SMB34；对定时中断 1，把周期时间值写入 SMB35。每当达到定时时间值，相关定时器溢出，执行中断处理程序。定时中断可以用来以固定的时间间隔作为采样周期，对模拟量输入进行采样，也可以用来执行一个 PID 控制回路。

定时器中断，就是利用定时器来对一个指定的时间段产生中断。这类中断只能使用 1 ms 通电和断电延时定时器 T32 和 T96。当所用的当前值等于预设值时，在主机正常的定时刷新中，执行中断程序。

（2）中断优先级

在 PLC 应用系统中通常有多个中断源。当多个中断源同时向 CPU 申请中断时，要求 CPU 能将全部中断源按中断性质和处理的轻重缓急进行排队，并给予优先权。给中断源指定处理的次序就是给中断源确定中断优先级。

SIEMENS 公司 CPU 规定的中断优先级由高到低依次是：通信中断、I/O 中断和定时中断。每类中断的不同中断事件又有不同的优先权。详细内容请查阅 SIEMENS 公司的有关技术规定。

2)中断控制

经过中断判优后,将优先级最高的中断请求送给CPU,CPU响应中断后自动保存逻辑堆栈、累加器和某些特殊标志寄存器位,即保护现场。中断处理完后,又自动恢复这些单元保存起来的数据,即恢复现场。中断控制指令有4条,其指令格式见表4.26。

表4.26 中断类指令的指令格式

LAD	STL	功能描述
——(ENI)	ENI	开中断指令,使能输入有效时,全局地允许所有中断事件中断
——(DISI)	DISI	关中断指令,使能输入有效时,全局地关闭所有被连接的中断事件
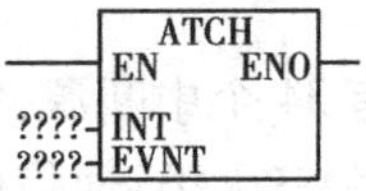	ATCH INT EVENT	中断连接指令,使能输入有效时,把一个中断事件EVENT和一个中断程序INT联系起来,并允许这一中断事件
	DTCH EVENT	中断分离指令,使能输入有效时,切断一个中断事件和所有中断程序的联系,并禁止该中断事件

说明:

①当进入正常运行RUN模式时,CPU禁止所有中断,但可以在RUN模式下执行中断允许指令ENI,允许所有中断。

②多个中断事件可以调用一个中断程序,但一个中断事件不能同时连续调用多个中断程序。

③中断分离指令DTCH禁止中断事件和中断程序之间的联系,它仅禁止某中断事件;全局中断禁止指令DISI,禁止所有中断。

④操作数。

INT 中断程序号 0~127(为常数)

EVENT 中断事件号 0~32(为常数)

例如,编写一段中断事件0的初始化程序。中断事件0是I0.0上升沿产生的中断事件。当I0.0有效时,开中断,系统可以对中断0进行响应,执行中断服务程序INT0。梯形图主程序如图4.25所示。

3)中断程序

中断程序也称为中断服务程序,是用户为处理中断事件而事先编制的程序,编程时可以用中断程序入口处的中断程序号来识别每一个中断程序。中断服务程序由中断程序号开始,以无条件返回指令结束。在中断程序中,用户也可根据前面逻辑条件使用条件返回指令,返回主程序。PLC系统中的中断指令与微机原理中的中断不同,它不允许嵌套。

中断服务程序中,禁止使用以下指令:DISI,ENI,CALL,HDEF,FOR/NEXT,LSCR,SCRE,SCRT,END。

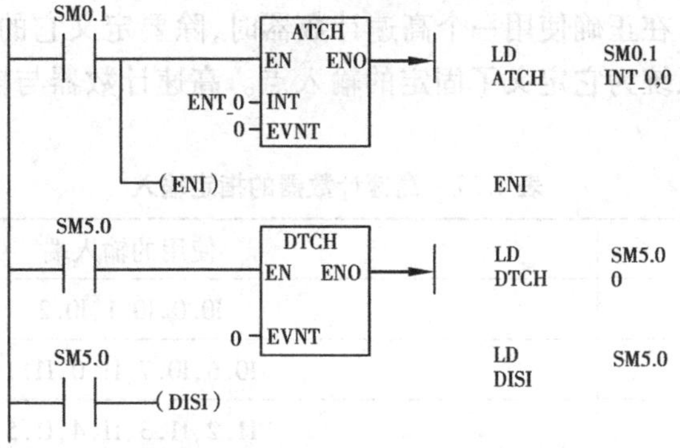

▲图 4.25 中断程序应用梯形图

学习情境 2：高速处理类指令

高速处理类指令有高速计数指令和高速脉冲输出指令两种。

1)高速计数指令

高速计数器 HSC(High Speed Counter)在现代自动控制的精确定位控制领域中有重要的应用价值。高速计数器用来累计比 PLC 扫描频率高得多的脉冲输入(30 kHz),利用产生的中断事件完成预定的操作。

(1)S7-200 系列的高速计数器

不同型号的 PLC 主机,高速计数器的数量不同,使用时每个高速计数器都有地址编号(HCn,非正式程序中有时也用 HSCn)。HC(或 HSC)表示该编程元件是高速计数器,n 为地址编号。每个高速计数器包含两个方面的信息:计数器位和计数器当前值。高速计数器当前值为双字长的符号整数,且为只读值。

S7-200 系列中 CPU 221 和 CPU 222 有 4 个,分别是 HC0,HC3,HC4 和 HC5;CPU 224 和 CPU 226 有 6 个,分别是 HC0 ~ HC5。

(2)中断事件类型

高速计数器的计数和动作可采用中断方式进行控制。各种型号的 CPU 采用高速计数器的中断事件大致分为 3 种方式:当前值等于预设值中断、输入方向改变中断和外部复位中断。所有高速计数器都支持当前值等于预设值中断,但并不是所有的高速计数器都支持 3 种方式。高速计数器产生的中断事件有 14 个。中断源优先级等详细情况可查阅有关技术手册。

(3)工作模式和输入点的连接

①工作模式。每种高速计数器有多种功能不相同的工作模式。高速计数器的工作模式与中断事件密切相关。使用一个高速计数器,首先要定义高速计数器的工作模式。可用 HDEF 指令来进行设置。

高速计数器最多有 12 种工作模式。不同的高速计数器有不同的模式。

高速计数器 HSC0、HSC4 有模式 0,1,3,4,6,7,9,10。

HSC1 有模式 0,1,2,3,4,5,6,7,8,9,10,11。

HSC2 有模式 0,1,2,3,4,5,6,7,8,9,10,11。

HSC3 和 HSC5 只有模式 0。

②输入点的连接。在正确使用一个高速计数器时,除要定义它的工作模式外,还必须注意它的输入端连接。系统为它定义了固定的输入点。高速计数器与输入点的对应关系见表4.27。

表4.27　高速计数器的指定输入

高速计数器	使用的输入端
HSC0	I0.0,I0.1,I0.2
HSC1	I0.6,I0.7,I1.0,I1.1
HSC2	I1.2,I1.3,I1.4,I1.5
HSC3	I0.1
HSC4	I0.3,I0.4,I0.5
HSC5	I0.4

使用时必须注意,高速计数器输入点、输入输出中断的输入点都包括在一般数字量输入点的编号范围内。同一个输入点只能有一种功能。如果程序定义了某些输入点由高速计数器使用,只有高速计数器不用的输入点才可以用来作为输入输出中断或一般数字量的输入点。

(4)高速计数指令

高速计数指令有HDEF和HSC两条。其指令格式见表4.28。

表4.28　高速计数指令的格式

LAD	STL	功　能
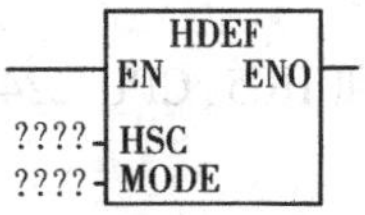	HDEF　HSC　MODE	高速计数器定义指令,使能输入有效时,为指定的高速计数器分配一种工作模式
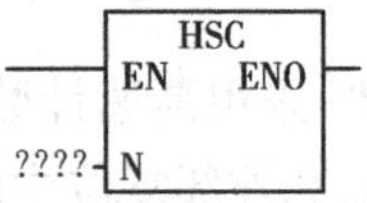	HSC　N	高速计数器指令,使能输入有效时,根据高速计数器特殊存储器位的状态,并按照HDEF指令指定的模式,设置高速计数器并控制其工作

说明:

①操作数类型。

HSC:　　高速计数器编号　字节型0~5的常数

MODE:　工作模式　　　　字节型0~11的常数

N:　　　高速计数器编号　字型0~5的常数

②影响允许输出ENO正常工作的出错条件:SM4.3(运行时间)、0003(输入冲突)、0004(中断中的非法指令)、000A(HSC重复定义)、0001(在HDEF之前使用HSC)、0005(同时操作HSC/PLS)。

③每个高速计数器都有固定的特殊功能存储器与之配合,完成计数功能。这些特殊功能存储器包括状态字节、控制字节、当前值双字、预设值双字。

例如，将 HSC1 定义为工作模式 11，控制字节（SMB47）=（F8）$_{16}$，预置值（SMD52）=50，当前值（CV）= 预置值（PV），响应中断事件。因此用中断事件 13，连接中断服务程序 INT_0。初始化梯形图程序如图 4.26 所示。

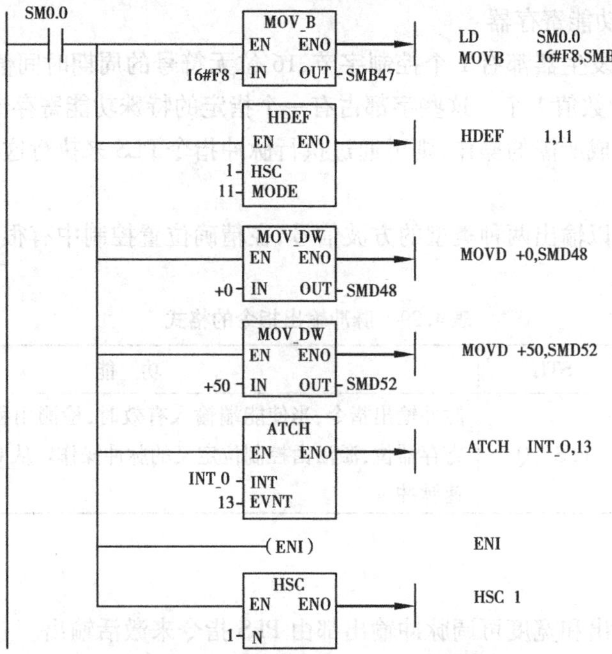

▲图 4.26　高速处理指令应用梯形图

2）高速脉冲输出

高速脉冲输出功能是指在 PLC 的某些输出端产生高速脉冲，用来驱动负载，实现高速输出和精确控制。

（1）高速脉冲输出的方式和输出端子的连接

①高速脉冲输出的形式。高速脉冲输出有高速脉冲串输出（PTO）和宽度可调脉冲输出（PWM）两种形式。

高速脉冲串输出主要用来输出指定数量的方波（占空比 50%），用户可以控制方波的周期和脉冲数。

高速脉冲串的周期以 μs 或 ms 为单位，是一个 16 位无符号数据，周期变化范围为 50～65 535 μs或 2～65 535 ms，编程时将周期值一般设置成偶数。脉冲串的个数，用双字长无符号数表示，脉冲数取值范围为 1～4 294 967 295。

宽度可调脉冲输出主要用来输出占空比可调的高速脉冲串，用户可以控制脉冲的周期和脉冲宽度。

宽度可调脉冲的周期或脉冲宽度以μs 或 ms 为单位，是一个 16 位无符号数据，周期变化范围同高速脉冲串输出。

②输出端子的连接。每个 CPU 有两个 PTO/PWM 发生器产生高速脉冲串和脉冲宽度可调的波形，一个发生器分配在数字输出端 Q0.0，另一个分配在 Q0.1。PTO/PWM 发生器和输出映像寄存器共同使用 Q0.0 和 Q0.1，当 Q0.0 或 Q0.1 设定为 PTO 或 PWM 功能时，PTO/

PWM 发生器控制输出,在输出点禁止使用通用功能。输出映像寄存器的状态、强制输出、立即输出等指令的执行都不影响输出波形,当不使用 PTO/PWM 发生器时,输出点恢复为原通用功能状态,输出点的波形由输出映像寄存器来控制。

(2)相关的特殊功能寄存器

每个 PTO/PWM 发生器都有 1 个控制字节、16 位无符号的周期时间值和脉宽值各 1 个、32 位无符号的脉冲计数值 1 个。这些字都占有一个指定的特殊功能寄存器,一旦这些特殊功能寄存器的值被设置成所需的操作,则可通过执行脉冲指令 PLS 来执行这些功能。

3)脉冲输出指令

脉冲输出指令可以输出两种类型的方波信号,在精确位置控制中有很重要的应用。其指令格式见表 4.29。

表 4.29 脉冲输出指令的格式

LAD	STL	功 能
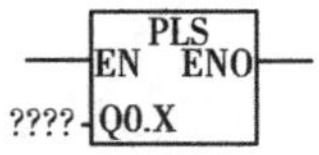	PLS Q	脉冲输出指令,当使能端输入有效时,检测用程序设置的特殊功能寄存器位,激活由控制位定义的脉冲操作。从 Q0.0 或 Q0.1 输出高速脉冲

说明:

①高速脉冲串输出和宽度可调脉冲输出都由 PLS 指令来激活输出。

②操作数 Q 为字型常数 0 或 1。

③高速脉冲串输出可采用中断方式进行控制,而宽度可调脉冲输出只能由指令 PLS 来激活。

例如,编写实现脉冲宽度调制 PWM 的程序。根据要求控制字节(SMB77) = $(DB)_{16}$设定周期为 10 000 ms,脉冲宽度为 1 000 ms,通过 Q0.1 输出。高速脉冲输出指令设计梯形图程序如图 4.27 所示。

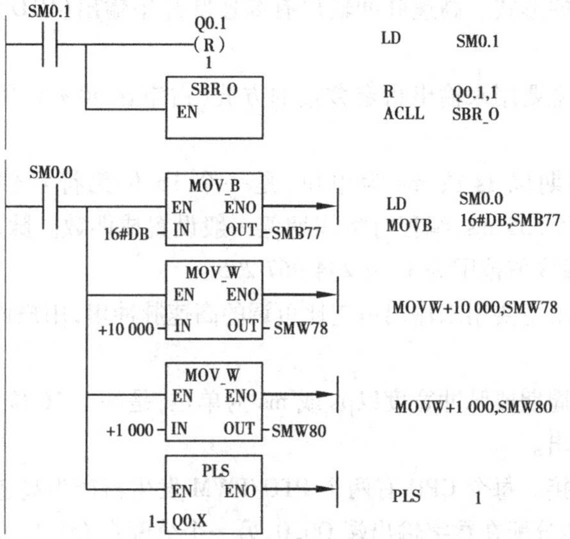

▲图 4.27 高速脉冲输出指令设计梯形图

学习情境 3：子程序

S7-200 PLC 的程序主要包括主程序(OB1)、子程序(SBR_N)和中断程序(INT_N)三大类。子程序在结构化程序设计中是一种方便有效的工具。S7-200 PLC 的指令系统具有简单、方便、灵活的子程序调用功能。与子程序有关的操作有建立子程序、子程序的调用和返回。

1)建立子程序

建立子程序是通过编程软件来完成的。可用编程软件“编辑”菜单中的“插入”选项，选择“子程序”，以建立或插入一个新的子程序，同时在指令树窗口中可以看到新建的子程序图标，默认的程序名是 SBR_N，编号 N 从 0 开始按递增顺序生成，也可以在图标上直接更改子程序的程序名，把其变为更能描述该子程序功能的名字。在指令树窗口中双击子程序的图标即可进入子程序，并对其进行编辑。

2)子程序调用

①子程序调用指令 CALL。在使能输入有效时，主程序把程序控制权交给子程序。子程序的调用可以带参数，也可以不带参数。它在梯形图中以指令盒的形式编程。指令格式见表 4.30。

表 4.30 子程序调用指令格式

指 令	子程序调用指令	子程序条件返回指令
LAD	SBR_0 —EN	—(RET)
STL	CALL SBR_0	CRET

②子程序条件返回指令 CRET。在使能输入有效时，结束子程序的执行，返回主程序中(此子程序调用的下一条指令)。梯形图中以线圈的形式编程，指令不带参数。指令格式见表 4.30。

③应用举例。如图 4.28 所示的程序实现用外部控制条件分别调用两个子程序。

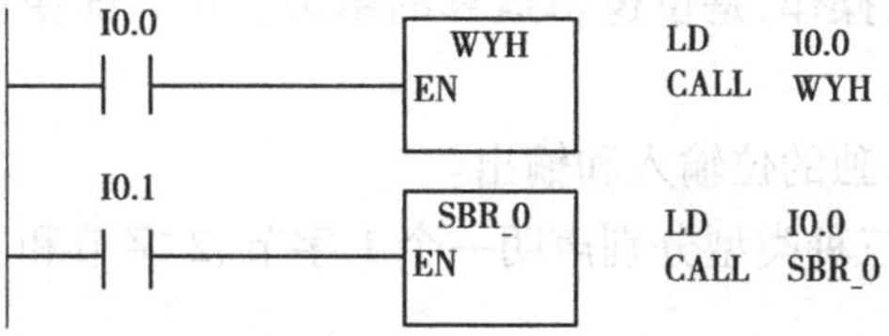

▲图 4.28 子程序调用程序

使用说明：

①CRET 多用于子程序的内部，由判断条件决定是否结束子程序调用，CRET 用于子程序的结束。用 Micro/WIN V4.0 编程时，编程人员不需手动输入 RET 指令，而是由软件自动加在每个子程序结尾。

②子程序嵌套：如果在子程序的内部又对另一子程序执行调用指令，则这种调用称为子程序的嵌套。子程序的嵌套深度最多为 8 级。

③当一个子程序被调用时，系统自动保存当前的堆栈数据，并将栈顶置 1，堆栈中的其他

置为 0,子程序占有控制权。子程序执行结束,通过返回指令自动恢复原来的逻辑堆栈值,调用程序又重新取得控制权。

④累加器可在调用程序和被调用子程序之间自由传递,所以累加器的值在子程序调用时既不保存也不恢复。

3)带参数的子程序调用

子程序中可以有参变量,带参数的子程序调用扩大了子程序的使用范围,增加了调用的灵活性。子程序的调用过程如果存在数据的传递,则在调用指令中应包含相应的参数。

(1)子程序参数

子程序最多可以传递 16 个参数。参数在子程序的局部变量表中加以定义。参数包含下列信息:变量名、变量类型和数据类型。

①变量名:变量名最多用 8 个字符表示,第一个字符不能是数字。

②变量类型:变量类型是按变量对应数据的传递方向来划分的,可以是传入子程序(IN)、传入和传出子程序(IN/OUT)、传出子程序(OUT)和暂时(TEMP)4 种变量类型。4 种变量类型的参数在变量表中的位置必须遵循下列先后顺序。

IN 类型:传入子程序参数。所接的参数可以是直接寻址数据(如 VB100)、间接寻址数据(如 AC1)、立即数(如 16#2344)和数据的地址值(如 &VB106)。

IN/OUT 类型:传入传出子程序参数。调用时将指定参数位置的值传到子程序,返回时从子程序得到的结果值被返回到同一地址。参数可以采用直接和间接寻址,但立即数(如 16#1234)和地址值(如 &VB100)不能作为参数。

OUT 类型:传入子程序参数。它将从子程序返回的结果值送到指定的参数位置。输出参数可以采用直接寻址和间接寻址,但不能是立即数或地址编号。

TEMP 类型:暂时变量类型。在子程序内部暂时存储数据,不能用来与主程序传递参数数据。

③数据类型:局部变量表中还要对数据类型进行声明。数据类型可以是能流、布尔型、字节型、字型、双字型、整数型、双整型和实型。

能流:仅允许对位输入操作,是位逻辑运算的结果。在局部变量表中布尔能流输入处于所有类型的最前面。

布尔型:布尔型用于单独的位输入和输出。

字节、字和双字型:这三种类型分别声明一个 1 字节、2 字节和 4 字节的无符号输入或输出参数。

整数、双整数型:这两种类型分别声明一个 2 字节或 4 字节的有符号输入或输出参数。

实型:该类型声明一个 IEEE 标准的 32 位浮点参数。

(2)参数子程序调用的规则

常数参数必须声明数据类型。例如,把值为 223344 的无符号双字作为参数传递时,必须用 DW#223344 来指明。如果缺少常数参数的这一描述,常数可能会被当作不同类型使用。

输入或输出参数没有自动数据类型转换功能。例如,局部变量表中声明一个参数为实型,而在调用时使用一个双字,则子程序中的值就是双字。

参数在调用时必须按照一定的顺序排列,先是输入参数,然后是输入输出参数,最后是输出参数。

(3)变量表使用

按照子程序指令的调用顺序,参数值分配给局部变量存储器,起始地址是 L0.0。使用编程软件时,地址分配是自动的。在局部变量表中要加入一个参数,右击要加入的变量类型区可以得到一个选择菜单,选择“插入”,然后选择“下一行”即可。局部变量表使用局部变量存储器。当在局部变量表中加入一个参数时,系统自动给各参数分配局部变量存储空间。

参数子程序调用指令格式:CALL　子程序,参数 1,参数 2,……,参数 n。

(4)程序实例

如图 4.29 所示为一个带参数调用的子程序实例,其局部变量分配见表 4.31。

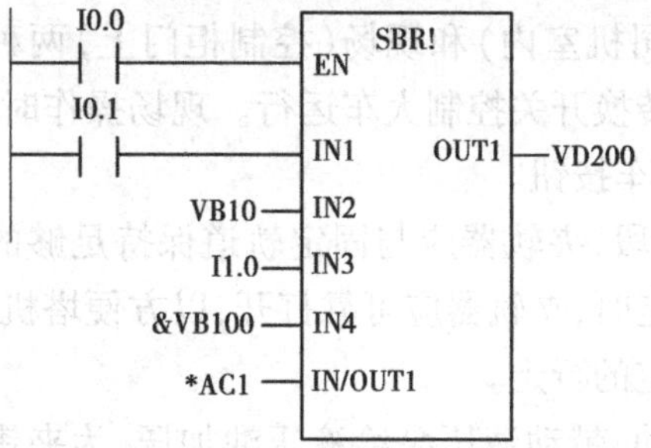


```
LD     I0.0
CALL   1, I0.1, VB10,
       I1.0, &VB100,
       *AC1, VD200
```

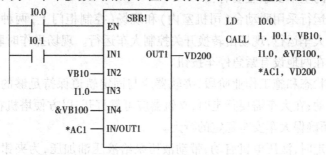

▲图 4.29　带参数子程序调用程序

表 4.31　局部变量表

L 地址	参　数	参数类型	数据类型	说　明
无	EN	IN	BOOL	指令使能输入参数
LB0.0	IN1	IN	BOOL	第 1 个输入参数,布尔型
LB1	IN2	IN	BYTE	第 2 个输入参数,字节型
LB2.0	IN3	IN	BOOL	第 3 个输入参数,布尔型
LD3	IN4	IN	DWORD	第 4 个输入参数,双字型
LW7	IN/OUT1	IN/OUT	WORD	第 1 个输入/输出参数,字型
LD9	OUT1	OUT	DWORD	第 1 个输入参数,双字型

学习情境 4:大车行走控制系统

1)大车行走控制系统

塔架起重机系统的大车运行机构有 4 组独立的台车组件,分别安装在门架端梁的 4 个支承架下方。运行台车组的机构包括支承架、平衡梁、主动台车、从动台车等。

(1)塔机加装夹轨器前大车运行控制机构

①大车行走警声灯一共有 4 组,分别安装在塔机台车外侧显眼的地方,通过声音和灯光提醒大家注意安全。

②拖动大车的电动机及电力液压推杆制动器。拖动大车运行的是 8 台绕线式异步电动机,采用串电抗器启动;制动采用液压推杆制动器,大车运行时启动液压电机,打开制动包扎,

大车停止时由弹簧推动推杆进行制动。

③拖动电缆卷筒的力矩电动机,用于电缆的收放,由一台力矩电动机拖动。

④大车左、右运行设极限限位保护。

(2)塔机加装夹轨器后大车运行控制机构

经过精心设计和调试后的自动液压弹簧式夹轨器焊接在台车端部,与台车连成一个整体。大车运行控制系统就增加了一套液压控制系统,液压控制系统主要由液压泵站、控制夹轨器开钳与夹钳的三位四通电磁阀和开钳到位与夹钳到位限位开关组成。

(3)塔机大车行走控制技术要求和动作过程

大车行走控制的基本要求主要有:

①塔机大车的运行采用联动台(司机室内)和现场(控制柜门上)两种操作方式,联动台由主令控制器控制大车运行,现场由转换开关控制大车运行。现场操作时联动台的主令控制器应在零位。同时在两地设有紧急停车按钮。

②塔机在停机状态和施工作业阶段,夹轨器应与固定轨道保持足够的连接,不会因大风和施工工作产生滑动;在大车需要行走时,夹轨器应可靠打开,以方便塔机在轨道上行走且不产生任何阻力,从而确保大车安全稳定的行走。

③大车需要行走时,液压电机启动,带动液压泵给液压油加压,为夹钳的运动提供条件。同时可考虑加装压力开关和进行延时补偿,以缓解压力管的压力和溢流阀的压力,延长设备的使用寿命。通过电磁阀选择液压油的流动方向,以决定夹轨器的开启。在夹轨器可靠的打开或关闭时应停止液压泵电机的工作,以免液压泵电机长时间运行甚至超载运行烧坏电机。

④大车行走时,电力液压推杆制动器应可靠打开,停止行走时,电力液压推杆制动器应延时制动,延时时间不能过长,应根据具体情况而定。

⑤电缆卷筒拖动电机应和大车行走时同时启动,停止时适当延时,务求电缆完全收放,既不能收得太紧,也不能太松。

⑥大车行走警声灯在大车行走前应发出声光信号,提醒附近人员注意安全。

⑦大车控制系统应改为 PLC 控制系统,应与原来的控制系统匹配,不再增加司机室的控制主令电器,由于中心受电器的受电环预留有限,不能增加太多新的控制线路。

⑧所有电力及控制电缆必须穿管敷设,中间不能有接头和分支。

根据甲方要求及现场考察的实际情况,归纳并整理塔机大车运行控制技术要求,塔机动作功能描述如下:

①PLC 上电(包括停电后来电、电动机保护动作后恢复供电、上班送电等)。PLC 自检夹钳限位开关的状态,如果检测不到夹轨器可靠夹钳到位信号,PLC 将自动启动警声灯和液压站,完成夹钳,这是为了确保塔机和轨道始终连接;检测到夹钳到位信号,则保持夹钳。

②大车行走。大车接收到行车指令,警声灯发出声光信号,延时,液压站电机启动,延时,开钳(电磁阀)动作,夹轨器打开,开钳限位信号回 PLC,大车制动器动作,延时,大车电动机和电缆卷筒(力矩电动机)启动,大车行走,电缆卷筒自动收放电缆。

③停大车。无行车指令(大车已动),停大车电动机,延时,停大车制动器,延时,停电缆卷筒,夹钳动作,夹钳限位信号回 PLC,停液压站和警声灯,零位信号回联动台。

④启动过程中,无行车指令(即两地控制开关中途回零位),PLC 则根据实际运行状态,按

停车后必须可靠夹钳的原则执行停车过程。

⑤大车行程限位动作。大车按停车动作程序执行，主令控制开关同向操作时无效，反向操作则按行车动作程序执行。

⑥大车操作应从零位状态下开始才有效。

2）现场控制柜盘面布置

现场控制柜安装在塔吊台车主横梁上方，与上行扶梯临近。图 4.30 为现场控制柜操作面板布置图。

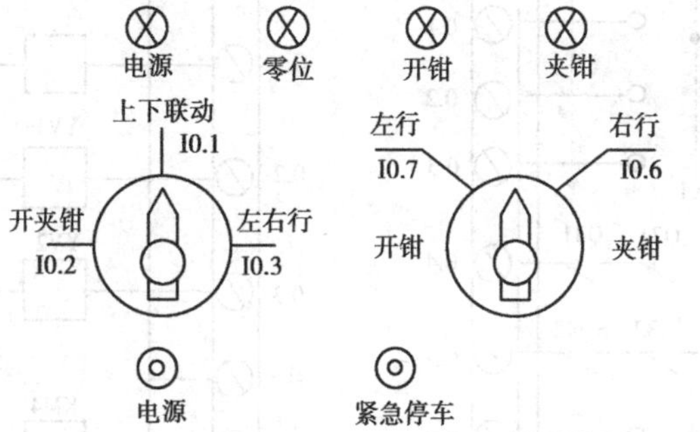

▲图 4.30 控制柜操作面板布置图

控制柜面板上一排为信号灯。当工作人员上班时，按启动按钮，电源指示灯亮，现场控制柜通电，同时轴流风机启动，为 PLC 等通风降温（为了节省输入点，启动按钮信号不进入 PLC，这也是减少输入点的方法）；当司机室主令开关处于零位和大车电机保护正常时，零位指示灯亮；开钳、夹钳指示灯指示夹轨器工作状态。

I0.1 接通，司机室和现场都可以按照正常程序操作，即完成左、右行走，正常工作过程。I0.2 接通，调试开夹钳工作状态，如果 I0.7 接通，开钳；如果 I0.6 接通，夹钳。I0.3 接通，调试大车运行工作状态，如果 I0.7 接通，大车左行；如果 I0.6 接通，大车右行。

控制柜面板下一排有两个按钮：一个是电源启动按钮，为了减少输入点，启动按钮直接接通控制柜电源，为现场操作提供条件；另一个是现场急停（紧急停车）按钮，直接停止供电，所有工作过程结束。

【任务实战】

1）PLC 外部接线图及输入/输出端子地址分配

大车行走控制系统所采用的 PLC 是德国西门子公司生产的 S7-200 CPU 224，图 4.31 是 S7-200 CPU 244 输入/输出端子地址分配图和接线图。该控制系统共使用了 14 个输入量，9 个输出量。其中需要说明的是：

①I0.0 是 8 台行走电机的热继电器的常闭接点，在正常工作中，只要有一台电机过载，I0.0 的信号就进入 PLC，停止 PLC 的运行。现场有时根据需要也只开 4 台电机，由于塔吊自重超过 800 t，启动时，电机基本上处于过载状态，使 PLC 无法运行。在这种情况下，可设延时电路躲过，或直接去掉该信号。

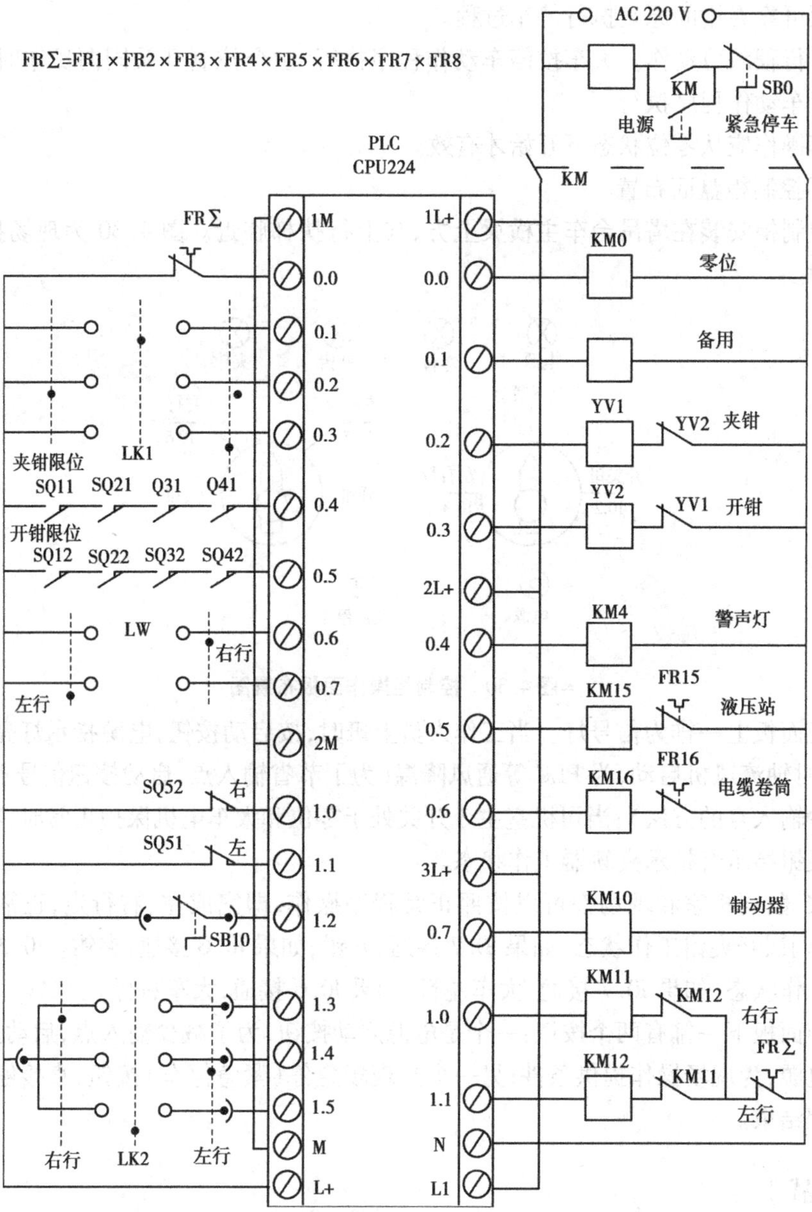

▲图 4.31 PLC 接线图和输入/输出端子分配

②I0.4 和 I0.5 分别是夹钳到位信号和开钳到位信号，它们常用的是常开接点的串联方式，只要有一个夹轨器夹钳或开钳不到位，PLC 都不会执行下一个动作。

③I0.6 和 I0.7 分别是现场控制柜控制大车右行或左行的控制主令开关信号。I1.3 和 I1.4 是由司机室通过中心受电环过来的控制大车右行或左行的控制主令开关信号。I1.5 是主令开关零位信号，任何操作都要从零位开始。

④I1.0 和 I1.1 是大车左、右行极限限位开关，是保护塔吊不出轨道的终极保护输入信号。

⑤I1.2 是由司机室通过控制中心发送的急停指令，现场的急停按钮直接切断控制柜的电源。

⑥零位信号、夹钳和开钳信号控制由变压器降压后的指示灯电路，显示其工作状态；夹钳和开钳（不仅在程序中互锁，而且在硬件电路中也互锁）主要控制三位四通的电磁阀，控制夹轨器的夹轨和打开。

⑦液压泵电机和电缆卷筒电机的热继电器信号不进 PLC，直接接入控制电路中，同样可以起到保护电机的作用。

⑧大车电机接触器的工作电流比较大，有时需要用中间继电器放大，此处没有作处理。热继电器的信号既进入了 PLC，也在控制回路中直接断开接触器，保护电机。在实际工作中，尤其是重载的情况下，这种电路不可取。

2）设计大车行走控制系统程序

设计大车行走控制整体程序如图 4.32 所示。它由三部分组成，位于 JMP1 和 LBL1 之间的程序是大车正常工作时的运行程序，这里称为主程序，执行它的条件是 LK1 置于零位、热继电器不动作，即现场柜处于司机室控制状态，行走电机不超载，同时现场调试程序均不执行；位于 JMP3 和 LBL3 之间的程序是现场控制开钳和夹钳的程序，当 I0.2 闭合时，由 I0.7 和I0.6 决定开钳或夹钳，它主要用来调试夹轨器的状态；位于 JMP4 和 LBL4 之间的程序是现场控制大车左行和大车右行的程序，其前提条件是夹轨器已开启到位，I0.3 闭合，行走时，电缆卷筒和制动器打开，停止时，5 s 后关制动器，8 s 后停电缆卷筒。这段程序主要用来实现现场调整大车的位置。

大车的司机室控制程序如图 4.33 所示。这是用经验法编制的程序，看起来比较复杂，其实层次很清晰。这里只对位存储信号进行介绍。M0.1 是行车标志信号，不论是现场还是司机室、是左行还是右行；M0.4 是初始化标志信号，主要用来检测夹轨器是否夹钳到位，否则启动夹钳；M0.5 是在无行车信号的状态下，夹钳不到位信号标志；M0.6 是行车警声灯已得电，而液压站没动的标志信号；M0.7 是液压站已动，而延时时间没到的标志信号；M1.0 是正开钳，但是没开到位标志信号；M1.1 是开钳到位，而电缆卷筒没动的标志信号；M0.3 是夹钳到位标志信号；M0.2 是延时 5 s 去控制大车制动的标志信号。知道这些信号的作用后，再去分析程序就简单多了。还有一个问题要注意的是，左、右限位等信号进入 PLC 是常闭接点信号，所以在程序中如果是常开接点的，程序运行时接点处于闭合状态，这是一个基本概念。大车和电缆卷筒的制动，在这个程序中用的是通电延时定时器，而在整体程序中用的是断电延时定时器，其实用断电时间定时器更方便，更符合实际。大车和电缆卷筒的制动用断电延时定时器是对断电延时定时器的最好的诠释。

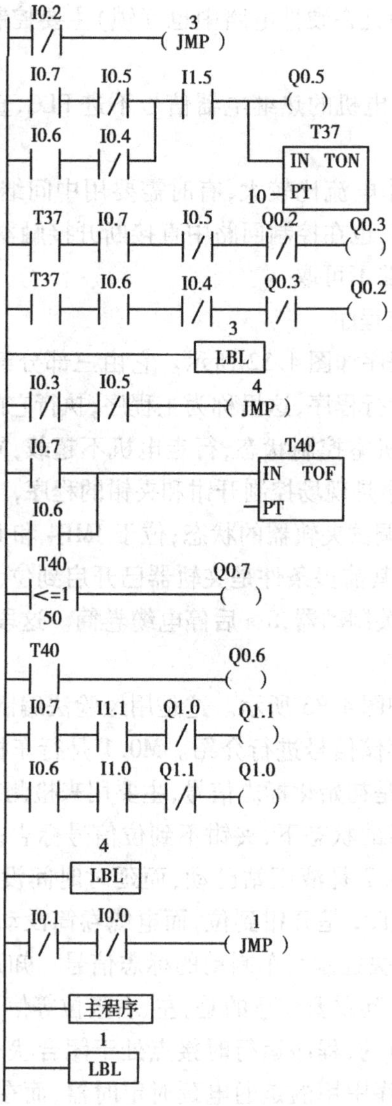

▲图 4.32 大车运行的整体程序

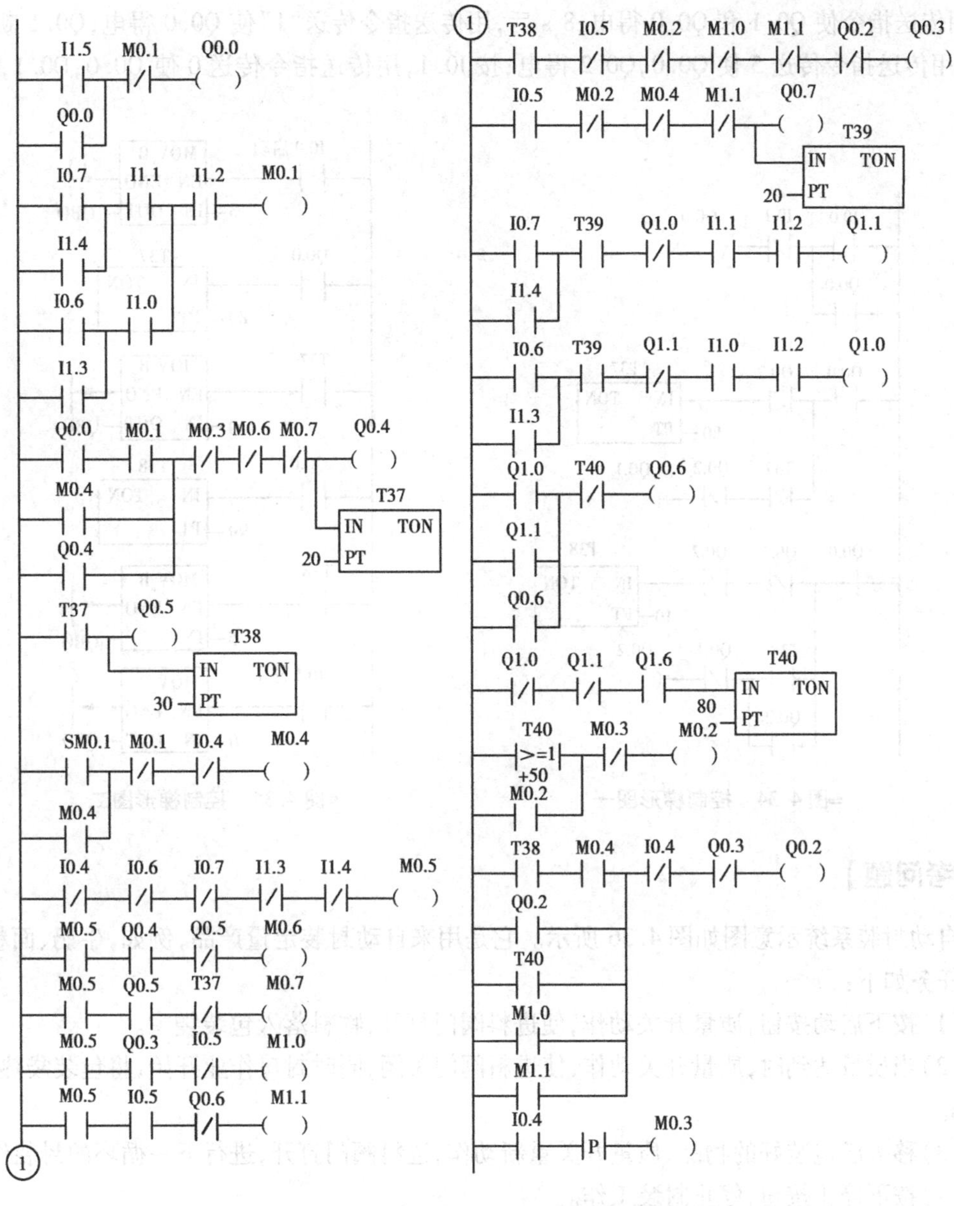

▲图 4.33 大车的司机室控制梯形图程序

【知识拓展】

三相步进电机的控制

三相笼型异步电动机星形-三角形启动继电器控制电路在模块一的项目五已介绍。当启动电动机时,按启动按钮 SB2:I0.0,接触器 KM:Q0.0、KM_Y:Q0.1 同时得电,KM_Y的主触点闭合,将电动机接成星形并经过 KM 的主触点接至电源,电动机降压启动。当时间继电器延时 8 s后,KM_Y线圈失电,1 s 后,三角形控制接触器 $KM_\triangle$:Q0.2 线圈得电,电动机主回路接成三角形,电动机进入正常运行。按停止按钮 SB1:I0.1,电机停止。用基本指令编制控制梯形图,如图 4.34 所示。用传送指令设计的控制梯形图,如图 4.35 所示。在图 4.34 中,当 I0.0 ON

后,用传送指令使Q0.1和Q0.0得电;8 s后,用传送指令传送“1”使Q0.0得电,Q0.1断开;1 s后,用传送指令传送5使Q0.0,Q0.2得电;按I0.1,用传送指令传送0使Q0.0,Q0.1,Q0.2断电。

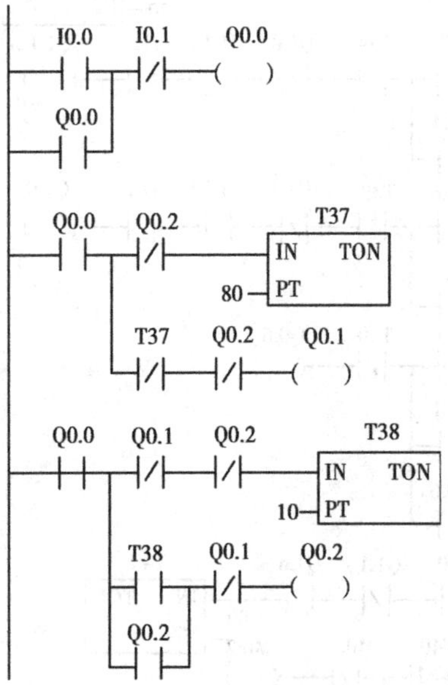

▲图4.34 控制梯形图一

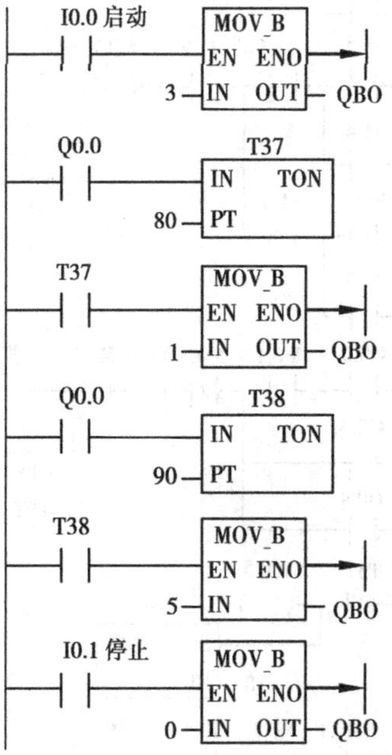

▲图4.35 控制梯形图二

【思考问题】

自动封装系统示意图如图4.36所示。它是用来自动封装定量产品,例如,牛奶、面粉等。控制任务如下:

(1)按下启动按钮,质量开关动作,使进料阀门打开,物料落入包装袋中。

(2)当质量达到时,质量开关动作,使进料阀门关闭,同时封口作业开始,将包装袋热凝封口5 s。

(3)移去已包装好的物品,质量开关重新动作,进料阀门打开,进行下一循环的封装作业。

(4)按下停止按钮,停止封装工作。

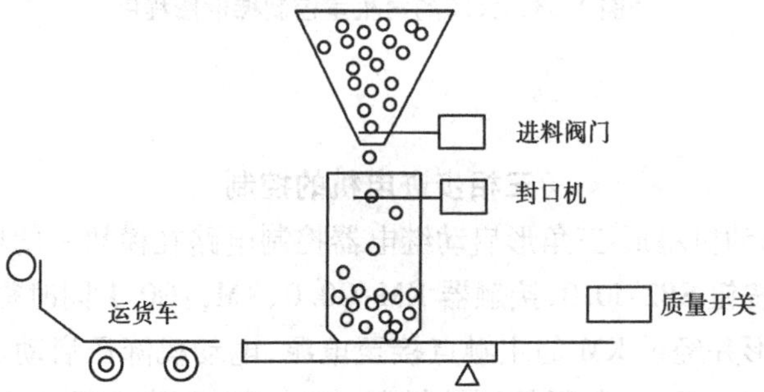

▲图4.36 自动封装系统示意图

附 录

附录 A　S7-200 PLC 快速参考信息

附表 1.1　常用特殊继电器 SM0 和 SM1 的位信息

特殊存储器位			
SM0.0	该位始终为 1	SM1.0	操作结果 =0 时置位
SM0.1	首次扫描时为 1	SM1.1	结果溢出或非法数值时置位
SM0.2	保持数据丢失时为 1	SM1.2	结果为负数时置位
SM0.3	开机进入 RUN 时为一个扫描周期	SM1.3	试图除以零时置位
SM0.4	时钟脉冲:30 s 闭合/30 s 断开	SM1.4	执行 ATT 指令,超出表范围时置位
SM0.5	时钟脉冲:0.5 s 闭合/0.5 s 断开	SM1.5	从空表中读数时置位
SM0.6	时钟脉冲:闭合 1 个扫描周期/断开 1 个扫描周期	SM1.6	BCD 到二进制转换出错时置位
SM0.7	开关放置在 RUN 位置时为 1	SM1.7	ASCII 码到十六进制转换出错时置位

附表 1.2　S7-200 CPU 存储器范围和特性汇总

描　述	范　围				存取格式			
	CPU 221	CPU 222	CPU 224	CPU 226	位	字节	字	双字
用户程序区	2 KB 字	2 KB 字	4 KB 字	4 KB 字				
用户数据区	1 KB 字	1 KB 字	2.5 KB 字	2.5 KB 字				
输入映像寄存器	I0.0 ~ I15.7	I0.0 ~ I15.7	I0.0 ~ I15.7	I0.0 ~ I15.7	Ix.y	IBx	IWx	IDx
输出映像寄存器	Q0.0 ~ Q15.7	Q0.0 ~ Q15.7	Q0.0 ~ Q15.7	Q0.0 ~ Q15.7	Qx.y	QBx	QWx	QDx
模拟输入(只读)	—	AIW0 ~ AIW30	AIW0 ~ AIW30	AIW0 ~ AIW30			AIWx	

续表

描　述	范　围				存取格式			
	CPU 221	CPU 222	CPU 224	CPU 226	位	字节	字	双字
模拟输出(只写)	—	AQW0 ~ AQW30	AQW0 ~ AQW30	AQW0 ~ AQW30			AQWx	
变量存储器(V)	VB0.0 ~ VB2047.7	VB0.0 ~ VB2047.7	VB0.0 ~ VB5119.7	VB0.0 ~ VB5119.7	Vx.y	VBx	VWx	VDx
局部存储器(L)	LB0.0 ~ LB63.7	LB0.0 ~ LB63.7	LB0.0 ~ LB63.7	LB0.0 ~ LB63.7	Lx.y	LBx	LWx	LDx
位存储器(M)	M0.0 ~ M31.7	M0.0 ~ M31.7	M0.0 ~ M31.7	M0.0 ~ M31.7	Mx.y	MBx	MWx	MDx
特殊存储器(SM)只读	SM0.0 ~ SM179.7 SM0.0 ~ SM29.7	SM0.0 ~ SM179.7 SM0.0 ~ SM29.7	SM0.0 ~ SM179.7 SM0.0 ~ SM29.7	SM0.0 ~ SM179.7 SM0.0 ~ SM29.7	SMx.y	SMBx	SMWx	SMDx
定时器	256 (T0 ~ T255)	256 (T0 ~ T255)	256 (T0 ~ T255)	256 (T0 ~ T255)	Tx		Tx	
保持接通延时 1 ms	T.0,T64	T0,T64	T0,T64	T0,T64				
保持接通延时 10 ms	T1 ~ T4	T1 ~ T4	T1 ~ T4	T1 ~ T4				
保持接通延时 100 ms	T65 ~ T68 T5 ~ T31	T65 ~ T68 T5 ~ T31	T65 ~ T68 T5 ~ T31	T65 ~ T68 T5 ~ T31				
接通/断开延时 1 ms	T69 ~ T95 T32,T96	T69 ~ T95 T32,T36	T69 ~ T95 T32,T96	T69 ~ T95 T32,T96	Cx		C x	
接通/断开延时 10 ms	T33 ~ T36	T97 ~ T100	T37 ~ T63	T37 ~ T63				
接通/断开延时 100 ms	T97 ~ T100 T101 ~ T255	T37 ~ T63 T101 ~ T255	T97 ~ T100 T101 ~ T255	T97 ~ T100 T101 ~ T255				
计数器	C0 ~ C255	C0 ~ C255	C0 ~ C255	C0 ~ C255	Cx			Cx
高速计数器	HC0,HC3 HC4,HC5	HC0,HC3 HC4,HC5	HC0—HC5	HC0—HC5				HCx
顺控继电器(s)	S0.0 ~ S31.7	S0.0 ~ S31.7	S0.0 ~ S31.7	S0.0 ~ S31.7	Sx.y	SBx	SWx	SDx

续表

描　述	范　围				存取格式			
	CPU 221	CPU 222	CPU 224	CPU 226	位	字节	字	双字
累加器	AC0 ~ AC3	AC0 ~ AC3	AC0 ~ AC3	AC0 ~ AC3		ACx	ACx	ACx
跳转/标号	0 ~ 255	0 ~ 255	0 ~ 255	0 ~ 255				
调用/子程序	0 ~ 63	0 ~ 63	0 ~ 63	0 ~ 63				
中断程序	0 ~ 127	0 ~ 127	0 ~ 127	0 ~ 127				
回路	0 ~ 7	0 ~ 7	0 ~ 7	0 ~ 7				
通信口	0	0	0	0				

注:(1)所有存储器可以保持在永久存储器中。

(2)LB60 到 LB63 为 STEP7-Micro/WIN 32 V3.0 或更高版本保留。

附表 1.3　S7-200 CPU 指令系统速查表

传送、移位、循环和填充指令		表、查找和转换指令	

MOVB IN,OUT
MOVW IN,OUT
MOVD IN,OUT
MOVR IN,OUT
BIR IN,OUT
BIW IN,OUT
	字节、字、双字和实数传送	ATT
		DATA,TABLE
			把数据加入表中

		LIFO TABLE,DATA FIFO TABLE,DATA	从表中提取数据
BMB IN,OUT,N BMW IN,OUT,N BMD IN,OUT,N	字节、字和双字块传送	FND = TBL,PATRN,INDX FND < > TBL,PATRN,INDX FND < TBL,PATRN,INDX FND > TBL,PATRN,INDX	依据比较条件在表中查找数据
		BCDI OUT IBCD OUT	把 BCD 码转换成整数 把整数转换成 BCD 码
SWAP IN	交换字节	BTI IN,OUT ITB IN,OUT ITD IN,OUT DTI IN,OUT	把字节转换成整数 把整数转换成字节 把整数转换成双整数 把双整数转换成整数
SHRB DATA, S-BIT,N	寄存器移位		
SRB OUT,N SRW OUT,N SRD OUT,N	字节、字和双字右移		

续表

传送、移位、循环和填充指令	
SLB OUT,N SLW OUT,N SLD OUT,N	字节、字和双字左移
RRB OUT,N RRW OUT,N RRD OUT,N	字节、字和双字循环右移
RLB OUT,N RLW OUT,N RLD OUT,N	字节、字和双字循环左移
FILL IN,OUT,N	用指定的元素填充存储器空间
逻辑操作	
ALD OLD	与一个组合 或一个组合
LPS LRD LPP LDS	逻辑堆栈(堆栈控制) 读逻辑栈(堆栈控制) 逻辑出栈(堆栈控制) 装入堆栈(堆栈控制)
AENO	对ENO进行与操作
ANDB IN1,OUT ANDW IN1,OUT ANDD IN1,OUT	对字节、字和双字取逻辑与

表、查找和转换指令	
DTR IN,OUT	把双字转换成实数
TRUNC IN,OUT ROUND IN,OUT	把实数转换成双字(舍去小数) 把实数转换成双整数(保留小数)
ATH IN,OUT,LEN HTA IN,OUT,LEN ITA IN,OUT,FMT DTA IN,OUT,FM RTA IN,OUT,FM	把ASCⅡ码转换成16进制格式 把16进制格式转换成ASCⅡ码 把整数转换成ASCⅡ码 把双整数转换成ASCⅡ码 把实数转换成ASCⅡ码
DECO IN,OUT ENCO IN,OUT	解码 编码
SEG IN, OUT	产生7段码显示器格式
中　断	
CRETI	从中断返回
ENI 允许中断 DISI 禁止中断	
ATCH INT,EVENT DTCH EVENT	给事件分配中断程序 解除中断事件
通　信	
XMT TABLE,PORT RCV TABLE,PORT	自由口传送 自由口接收信息

续表

传送、移位、循环和填充指令	
ORB IN1,OUT ORW IN1,OUT ORD IN1,OUT	对字节、字和双字取逻辑或
XORB IN1,OUT XORW IN1,OUT XORD IN1,OUT	对字节、字和双字取异或
INVB OUT INVW OUT INVD OUT	对字节、字和双字取反(1的补码)
布尔指令	
LD N LDI N LDN N LDNI N	装载 立即装载 取反后装载 取反后立即装载
A N AI N AN N ANI N	与 立即与 取反后与 取反后立即与
O N OI N ON N ONI N	或 立即或 取反后或 取反后立即或
LDBx N1,N2	装载字节比较的结果 N1(x:<,<=,=,>=,>,<>)N2
ABx N1,N2	与字节比较的结果 N1(x:<,<=,=,>=,>,<>)N2

表、查找和转换指令	
NETR TABLE,PORT NETW TABLE,PORT GPA ADDR,PORT SPA ADDR,PORT	网络读 网络写 获取口地址 设置口地址
高速指令	
HDEF HSC,Mode	定义高速计数器模式
HSC N	激活高速计数器
PLS Q	脉冲输出(Q位0或1)
数学增减指令	
+I IN1,OUT +D IN1,OUT +R IN1,OUT	整数、双整数或实数加法 IN1+OUT=OUT
-I IN1,OUT -D IN1,OUT -R IN1,OUT	整数、双整数或实数减法 IN1-OUT=OUT
DUL IN1,OUT *R IN1,OUT *D,*I IN1,OUT	整数或实数乘法 IN1×OUT=OUT 整数或双整数乘法
DIV IN1,OUT /R IN1,OUT /D,/I IN1,OUT	整数或实数除法 IN1/OUT=OUT 整数或双整数除法
SQRT IN, OUT LN IN, OUT EXP IN,OUT SIN IN, OUT COS IN, OUT TAN IN, OUT	平方根 自然对数 自然指数 正弦 余弦 正切

续表

传送、移位、循环和填充指令	
OBx N1,N2	或字节比较的结果 N1(x: <, < =, =, > =, >, < >)N2
LDWx N1,N2	装载字比较结果 N1(x: <, < =, =, > =, >, < >)N2
AWx N1,N2	与字比较结果 N1(x: <, < =, =, > =, >, < >)N2
OWx N1,N2	或字比较结果 N1(x: <, < =, =, > =, >, < >)N2
LDDx N1,N2	装载双字比较结果 N1(x: <, < =, =, > =, >, < >)N2
ADx N1,N2	与双字比较结果 N1(x: <, < =, =, > =, >, < >)N2
ODx N1,N2	或双字比较结果 N1(x: <, < =, =, > =, >, < >)N2
LDRx N1,N2	装载实数比较结果 N1(x: <, < =, =, > =, >, < >)N2
ARx N1,N2	与实数比较结果 N1(x: <, < =, =, > =, >, < >)N2
ORx N1,N2	或实数比较结果 N1(x: <, < =, =, > =, >, < >)N2
NOT	堆栈取反

表、查找和转换指令	
INCB OUT ONCB OUT INCD OUT	字节、字和双字增1
DECB OUT DECW OUT DECD OUT	字节、字和双字减1
PID Table,Loop	PID回路
定时器和计数器指令	
TON Txxx,PT TOF Txxx,PT TONR Txxx,PT	接通延时定时器 关断延时定时器 带记忆的接通延时定时器
CTU Cxxx,PV CTD Cxxx,PV CTUD Cxxx,PV	增计数 减计数 增/减计数
实时时钟指令	
TODR T TODW T	读实时时钟 写实时时钟
程序控制指令	
END	程序的条件结束
STOP	切换到STOP模式
WDR	看门狗复位(300 ms)
JMP N LBL N	跳到定义的标号 定义一个跳转的标号

续表

布尔指令		数学增减指令	
EU DU = N =1 N	检测上升沿 检测下降沿 赋值 立即赋值	CALL N[N1…] CRET	调用子程序[N1,……可以有16个可选参数] 从SBR条件返回
		FOR INDX,INIT FINAL NEXT	For/Next循环
S S-BIT,N R S-BIT,N SI S-BIT,N RI S-BIT,N	置位一个区域 复位一个区域 立即置位一个区域 立即复位一个区域	LSCR SCRT N SCRE N	顺控继电器段的启动、转换和结束

附录 B　线上教学资源库使用流程

1. 注册时请使用火狐浏览器或 Internet Explorer 8.0 以上浏览器。

2. 注册地址:http://nmzyk.36ve.com/。

3. 单击右上角“注册”按钮。

4. 进行注册,必须填写个人真实有效手机号,单击“获取验证码”并按表单要求进行填写,选择学校、院系级专业需填写本人真实信息,注册密码统一填写 123456。

注册账号
手机号 *
此处所收集的手机号,为注册用户的用户名,用来登录系统
输入验证码 *
获取手机验证码
输入您填写的手机号所收到的验证码
邮箱 *
姓名 *
密码 *
确认密码 *
性别 * ◉ 男 ○ 女
出生日期 *
格式示例:2022-08-22
我是 * ◉ 学生 ○ 教师 ○ 企业用户 ○ 社会学习者 ○ 其他
学号/工号 * 请输入学号/工号
选择学校 * 请选择
没有找到学校点击此处申请,或者联系在线客服
选择院系 请选择
所属专业 * 请选择
是否毕业 * ○ 是 ◉ 否
入学年份 * 请选择
学生类型 * 请选择
用户隐私说明 * □用户隐私说明

5. 完成注册后,进行登录验证,登录成功后右上角显示本人姓名,均为注册成功。

6. 选择标准化课程《PLC 与变频器技术》进入线上课程学习即可。

参考文献

[1] 侯宁. 基于任务引领的 S7-200 应用实例[M]. 北京:机械工业出版社,2020.
[2] 李道霖. 电气控制与 PLC 原理及应用[M]. 北京:电子工业出版社,2015.
[3] 廖常初. S7-200PLC 编程及应用[M]. 北京:机械工业出版社,2014.
[4] 廖常初. PLC 编程及应用[M]. 北京:机械工业出版社,2008.
[5] 阳宪惠. 工业数据通信与控制网络[M]. 北京:清华大学出版社,2003.
[6] 胡学林. 可编程控制器原理及应用[M]. 北京:电子工业出版社,2007.
[7] 熊幸明. 电气控制与 PLC[M]. 北京:机械工业出版社,2011.
[8] 刘美俊. 电气控制与 PLC 工程应用[M]. 北京:机械工业出版社,2011.
[9] 韩战涛. 西门子 S7-200 PLC 功能指令应用详解[M]. 北京:电子工业出版社,2014.
[10] 西门子公司. SIEMENS S7-200 可编程控制器系统手册, 2008.
[11] 西门子公司. SIMATIC 使用 STEP7 编程手册,2007.
[12] 韩相争. 西门子 S7-200 SMART PLC 编程[M]. 北京:化学工业出版社,2021.
[13] 刘振全. PLC 编程及案例手册[M]. 北京:化学工业出版社,2021.
[14] 姚福来. 自动化设备的设计安装调试诊断[M]. 北京:机械工业出版社,2013.
[15] 姜新桥. PLC 应用技术项目教程[M]. 西安:西安电子科技大学出版社,2017.
[16] 王永华. 现代电气控制 PLC 应用技术[M]. 北京:北京航空航天大学出版社,2016.
[17] 张晓娟. 工厂电气控制设备[M]. 北京:电子工业出版社,2020.
[18] 史国生. 电气控制与可编程控制器技术[M]. 北京:化学工业出版社,2010.